電路板機械加工技術與應用

林定皓　編著

全華圖書股份有限公司

編者序

“電路板機械加工技術與應用”，是筆者以過去相關編修版本重新整理編寫的參考書。嘗試將不常使用或已經更新的技術內容，重新編成比較接近現況的技術資料。這些年來，電子產業生態有不小改變，產品設計概念與想法變化頗大，如何因應變化提升製造技術，永遠是業者必須關心，新進者必須要儘快學習的課題。

電路板機械加工技術，最重要的加工領域，仍然離不開鑽、切、沖、削、刨、壓等。筆者嘗試將相關技術的背景與簡單理論，以實務應用的角度編寫。機械加工技術是電路板製造領域，比較具體可見的部分，所涉及化學、材料技術雖然難免，但比其他技術領域單純得多。

希望編修呈現，確實能對有意瞭解這塊領域的讀者，提供一些比較有條理的參考資料。不同業者，會有不同的技術應用觀念與想法，編輯的陳述必然與不同應用者會有差距，如有不盡周全的陳述，也請先進與讀者給予指正建議。

景碩科技 林定皓

2018 年春　謹識 于台北

編輯部序

「系統編輯」是我們的編輯方針，我們所提供給您的，絕不只是一本書，而是關於這門學問的所有知識，它們由淺入深，循序漸進。

電路板機械加工技術是製造電路板不可或缺的工序，舉凡鑽、切、沖、削、刨、壓等工作都是必要的生產技術，隨著產品高密度化、隨身化，使加工複雜度不斷提升，所需機械加工技術的精緻度也隨之而來，本書將電路板機械加工技術分門別類解說，以深入淺出的編寫方式，讓零基礎的讀者知道概括，讓有經驗的讀者更有系統化認知，本書適用於電路板相關從業人員使用。

同時，本書爲電路板系列套書 (共 10 冊) 之一，爲了使您能有系統且循序漸進研習相關方面的叢書，我們分爲基礎、進階、輔助三大類，以減少您研習此門學問的摸索時間，並能對這門學問有完整的知識。若您在這方面有任何問題，歡迎來函聯繫，我們將竭誠爲您服務。

目錄

CONTENTS

CONTENTS

緣起

0-1 電路板使用的主要機械加工製程

機械加工廣泛用於製造業生產技術，在電路板製造領域當然也不例外。如：基板裁切、通孔形成、盲孔製作、外型產生、板邊修整、多層板壓合等，都有機械加工身影。基於機械加工在電路板製造應用比重頗高，要了解電路板製作技術，清楚機械加工技術的角色必不可少。

機械加工類別很多，電路板生產主要使用的機械加工程序，以鑽、切、沖、削、刨、壓爲主要手段。本書內容也以此爲主要探討範圍，撰寫方式則以製程單元及相關應用爲本，會針對不同機械加工程序做介紹。典型硬式多層電路板製作主要製程如下圖所示。

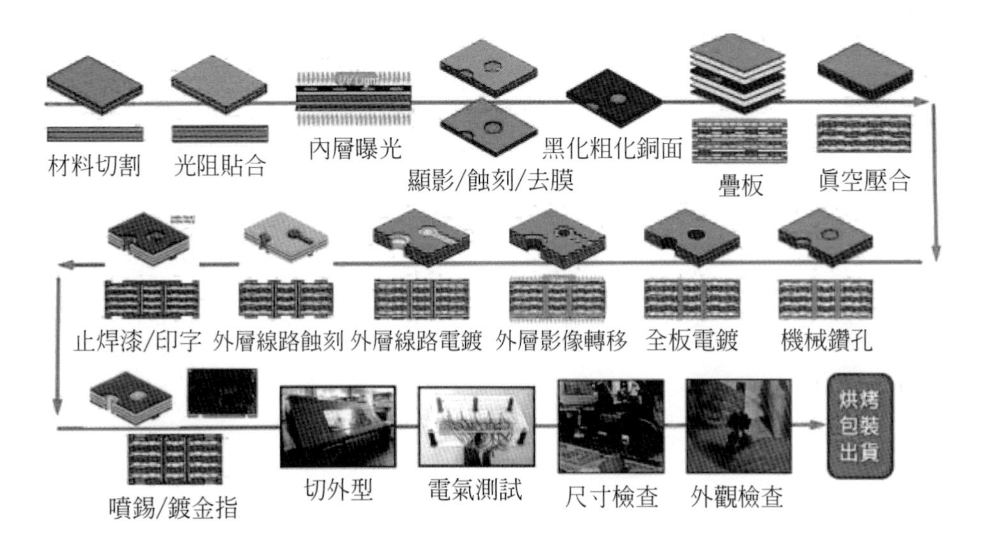

其中包括了機械加工、濕製程、影像轉移三大主要領域，對軟板當然加工方式不同，但相當比例的機械加工技術可共用。本書內容仍以硬板加工法爲主軸，其間偶爾會順道討論軟板相關議題。

電路板的發料

1-1 硬式電路板基材的誕生

電路板產業分工，基材都是由專業材料商製作。一般電路板廠不會涉獵太多材料前段工程，多數都只取銅箔基材及膠片直接製造電路板。但爲了對整體過程有較清楚交待，我們嚐試用一點篇幅了解前段原材料製作過程。一般硬式電路板材料，包含三個主要元素，就是強化材料與纖維、樹脂材料及導體材料銅皮，先針對三者作簡單的製作內容介紹。

強化材料

一般強化材料分爲強化纖維布及填充材料兩部分，強化纖維布最常用的材質是以玻璃纖維爲主。也有部分有機纖維材料加入製作領域，如：PTFE 纖維、改質 Nylon 纖維、LCP 等，但玻璃纖維仍佔最大製造比例。至於填充材料，會隨基板材料需求的不同調整，包含無機與有機材料兩者。因爲樹脂配方變異大，本段探討是以玻璃纖維應用爲主。

玻璃纖維會用在機構強化領域，最常見的用途如：家庭用水塔、浴缸、工廠地板塗裝等都屬於此類材料應用。休閒用遊艇，也有相當大比例素材用這類材料強化。航空器採用的內裝及高級強化樹脂建材，也都是用這類材料構建。

這類材料在硬式電路板應用，除了強度需求外尚需注意電性表現，因此對製作配方有特定要求，一般將這類玻璃纖維等級定義爲所謂“E – Glass”指的就是電子級。玻璃是無機鹽類混合物，內含矽酸鹽類及石英成分，不同配方可表現出不同特性。軟化溫度至少要在 600℃以上，但沒有明確熔點，也沒有漂亮結晶結構。要將這種材料製作成細緻纖維，必須用高溫窯爐熔漿及纖維抽取。由於相關技術進步，目前連續式玻璃纖維製造，已經可做出相當細的纖維直徑，以往少見的特殊布材也都出現在業界使用。

玻璃纖維製造商將原料配製完成後，將原料以高溫熔融成玻璃漿，之後利用耐溫白金篩網將玻璃液體做分散抽絲，抽出的玻璃纖維絲經過延展拉長冷卻，成爲最原始玻璃纖維。圖 1-1 所示，爲玻璃熔融後製作纖維的狀況。

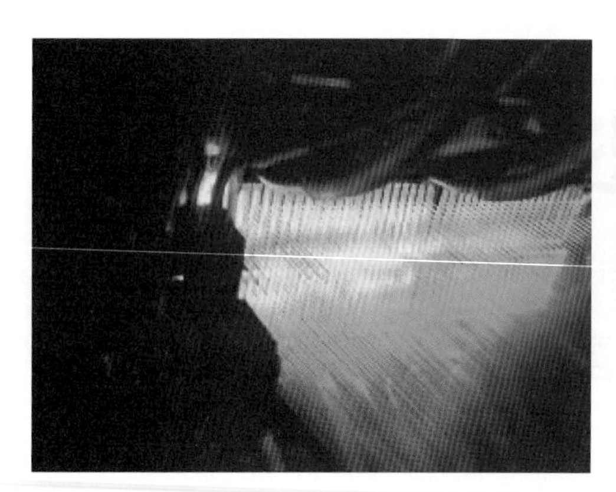
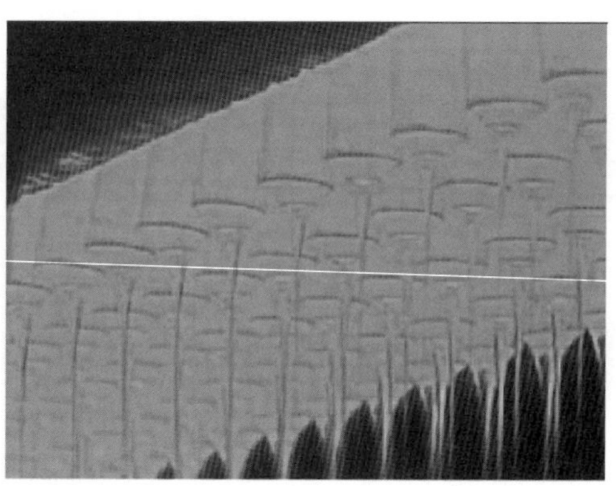

▲ 圖 1-1　白金篩網處理玻璃漿的拉絲狀態

製作出來的纖維，經過紡紗、上漿、編織、燒灰、介面處理等程序，製作出硬式電路板基材可用的玻璃纖維布。紡紗的目的是爲了要將多股纖維扭結成爲紗線，之後做上漿以便作紗材的固定及潤滑，爲後續飛梭編織作業完成準備。圖 1-2 所示，爲典型紡紗作業狀況。

▲ 圖 1-2　典型紡紗作業

當編織完成後紗面漿料功能也不再需要，此時必需做去漿料程序，業者用高溫燒灰處理將漿料去除。之後爲了讓玻璃纖維布與樹脂間能產生良好結合力，會做纖維表面活化處理，常用矽烷 (Silan) 類化學品作爲介面處理劑。圖 1-3 所示，爲玻璃纖維紗錠做玻璃布編織的狀況。

▲ 圖 1-3　玻璃布編織

強化纖維布製作基本型式有兩類，一類是編織型 (Woven) 材料，纖維經過紡紗織布程序製作。另一類屬於不織布 (Non-woven) 型式，結構類似家庭用菜瓜布，屬於直接用纖維製作的布種。其間主要差別在於編織與否，製作方法及使用範圍也略不同。一般編織型材料強度表現較優異，但厚度增加卻是不織布材料較有彈性。因爲這不是本書探討重點，只做簡單陳述。典型不織布與編織型布材範例，如圖 1-4 所示。

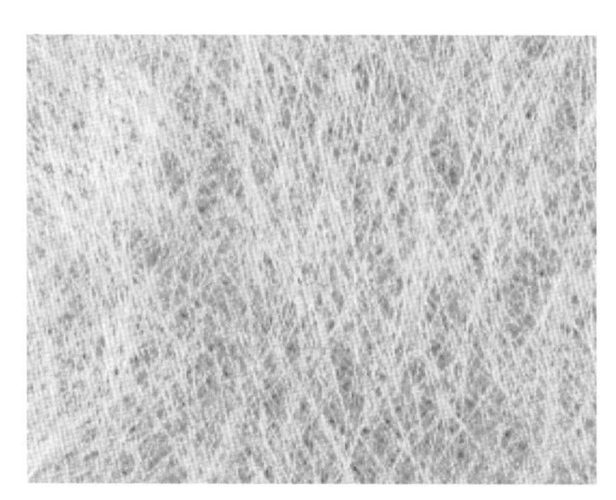

▲ 圖 1-4　不織布與編織布的比較

銅皮材料

一般電路板用的銅皮材料，可大分爲電鍍 (ED-Electro Deposit) 銅皮及壓延 (RA-Rolled & Anneal) 銅皮兩類，軟板因爲有撓曲性需求而採用壓延銅皮，但一般硬式電路板則多採用電鍍銅皮。因爲電鍍銅皮價格低、容易取得，同時生產面積較大厚度也容易控制。典型電鍍銅皮製造狀況，如圖 1-5 所示。

▲ 圖 1-5 典型電鍍銅皮製造

銅皮材料探討會著重在厚度控制、表面處理及晶相結構。電鍍銅皮剛從電鍍鼓生產出來時稱爲“生箔〞，靠電鍍鼓的是光面 (Shining Side) 結構，另一面則是以高電流成長的粗結晶面，稱爲粗糙面 (Matt Side)。生箔會經過再粗化處理建立更細微結合面，之後再製作耐熱及抗氧化處理面成爲所謂熟箔。圖 1-6 所示，爲生箔與熟箔 SEM 照片。

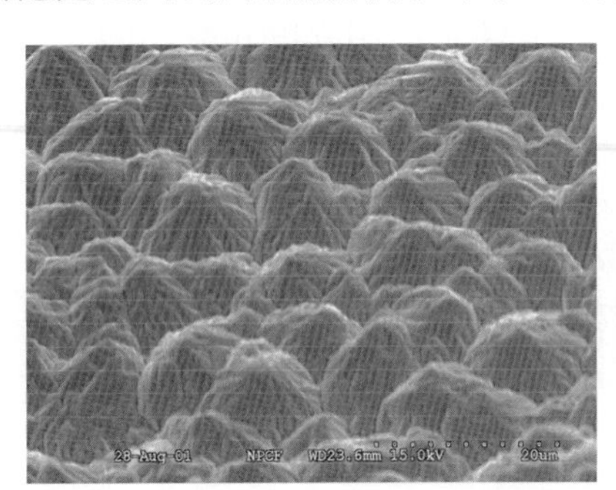

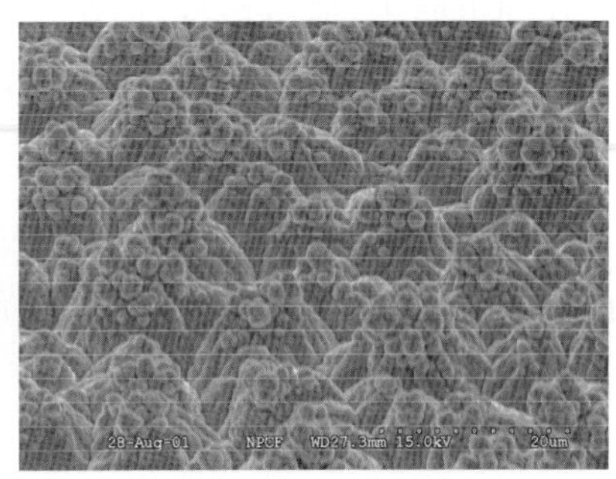

▲ 圖 1-6 生箔與熟箔的比較

銅皮的使用，多採取粗糙面向樹脂貼合的模式，但也有些公司爲了讓未來線路處理及製作空間變大，採取反向操作，將光面銅皮經過適度結合力強化處理，之後做壓板。近來也有廠商爲了製作細線路及特殊電性需求產品，開始採用低稜線 (Low Profile) 銅皮製作電路板，圖 1-7 所示，爲一般銅皮與低稜線銅皮比較。

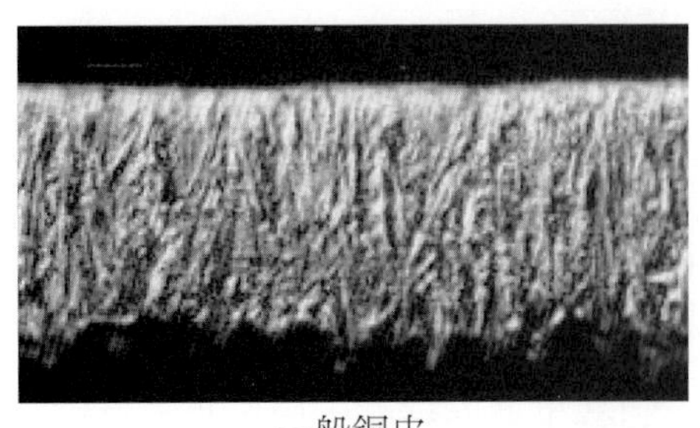

一般銅皮

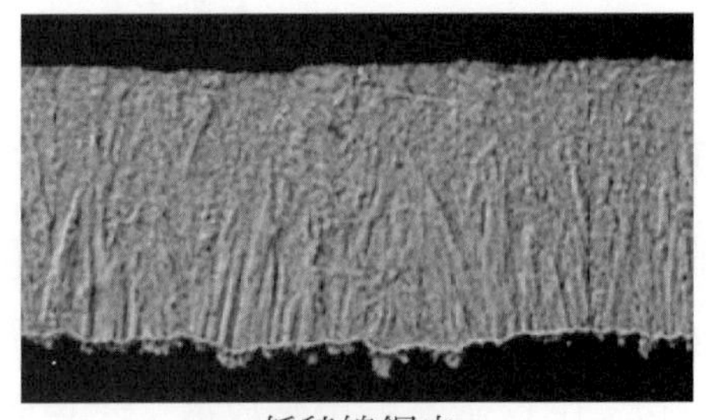

低稜線銅皮

▲ 圖 1-7 所示為一般銅皮與低稜線銅皮比較

爲了特殊應用，也有銅皮廠商嘗試製作載體銅皮，目的在於提升製作超細線路能力。面對未來高頻率產品需求，還有廠商推出所謂無粗度 (或超低粗度) 銅皮，希望能夠在電性表現上有突出表現，但它仍能保持應有拉力水準。圖 1-8 所示，爲典型特殊載體銅皮與超低稜線銅皮外觀。

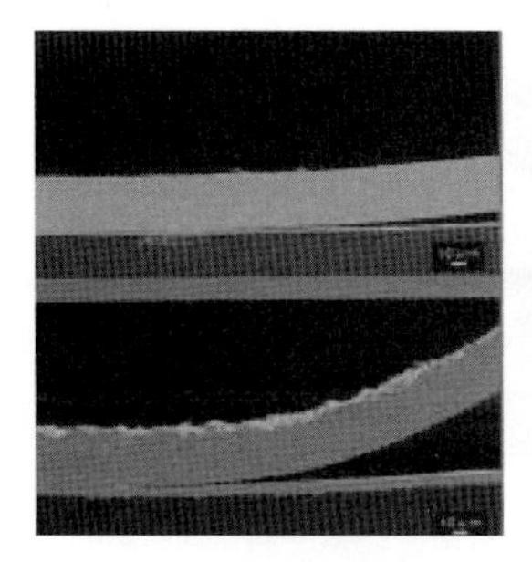

▲圖 1-8　典型特殊載體銅皮與超低稜線銅皮 (來源：古河電工)

IPC-CF-150 對於銅皮基本規格有清楚定義，而 TM-650 規範也對於材料測試法有詳細描述，在此不作太多贅述。一般業者對銅皮概略性描述，主要以銅皮厚度爲指標，常見於業界的描述方式，以每平方英呎重量爲計量單位。常見規格有 2、1、0.5、1/3、1/4 OZ，特殊規格則有所謂的 " 超薄銅皮 "，多數超薄銅皮都以直接描述厚度爲主，目前以 1.5、2、3、5um 厚度規格較常見。因爲這類銅皮厚度過薄無法直接操作，所以都採用其他載體做同步製造，這種產品被稱爲 " 載體銅皮 "。

一般電鍍銅皮，厚度愈高其製作成本會因爲耗用材料與電鍍時間而愈高。但當整體厚度降到某個値以下，又會因爲生產良率與困難度因素價位上揚。這在壓延銅皮製作就非常不同，當銅皮厚度較厚時可能會較便宜，但當變得十分薄時，又由於製作程序較費工又容易在製程中產生瑕疵，且面積也不容易作寬，相對單價上揚。目前一般壓延銅皮可做到的最薄量產厚度，約爲 8 ～ 12μm 左右水準。除非特別作業需要，否則電鍍銅皮在銅皮製造商處就已經完成裁切，電路板廠銅皮的使用會比較單純。圖 1-9 所示，爲整捲式銅皮產品的處理狀況。

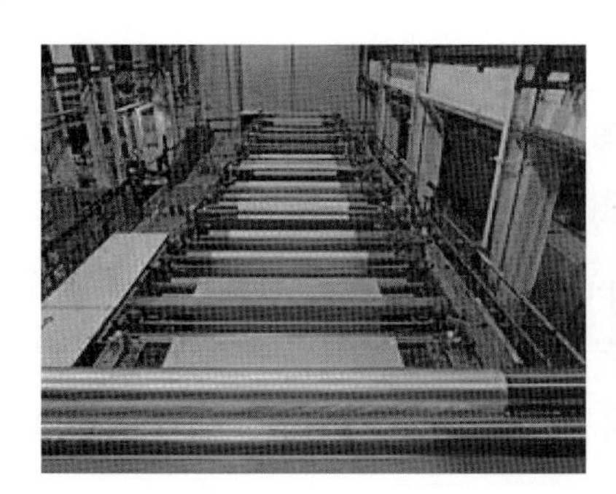

▲圖 1-9　整捲式銅皮處理狀況

由於高散熱、高瓦數電路板應用需求，也有部分廠商將厚度超過 3 OZ 以上的銅皮用在電路板結構，此時會出現電路板斷面特殊銅厚度搭配跡象，如圖 1-10 所示。這種結構，製作者必須做適當材料處理及金屬表面處理，否則可能因樹脂材料填充不良或受到熱衝擊產生信賴度問題。

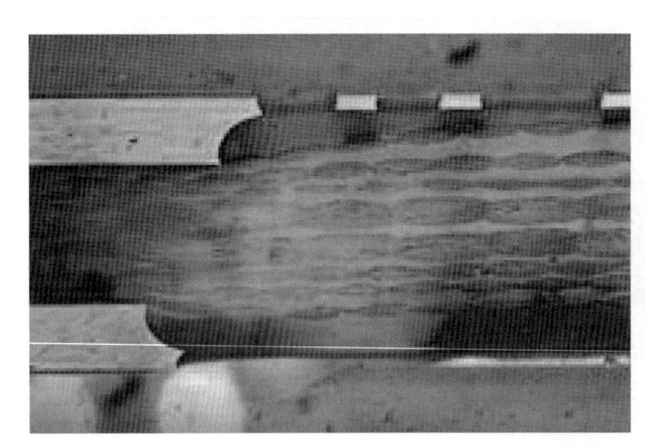
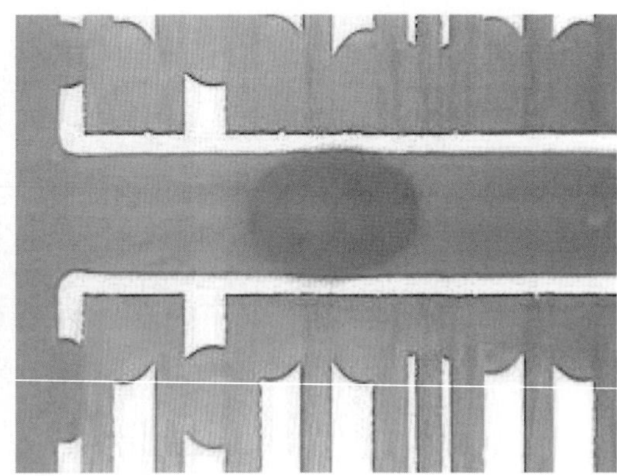

▲圖 1-10　高瓦數應用的電路板使用厚銅皮

樹脂材料

樹脂的種類繁多，用於電路板製作的樹脂依據單面、雙面、多層板不同而有所區別，面對不同產品應用也會有差異。一般單面板多數使用紙漿尿素板或電木板等類基材產品，但多層硬板則多採用環氧樹脂及玻璃纖維製作的材料。至於高速或構裝用載板，較常採用特殊低介電質係數、高玻璃態轉化點溫度的樹脂材料，如：GE-TEK、PPE、BT、FR-5、Megtron、Rogers、FR-408 等，這些都是典型高階樹脂板材料。

基板素材製作，首先會將樹脂配方調配成爲所謂的清漆 (Varnish)，之後將清漆投入塗佈設備做纖維布浸潤、整平、除溶劑硬化處理。一般清漆會適度調入較高溫溶劑 (Solvent)、樹脂單體 (Monomer)、硬化劑 (Hardener)、填充劑 (Filler) 等配方，玻璃纖維布經過適度浸潤後用滾輪 (Doctor Roller) 整平，可將多餘清漆適度推擠整平，並讓纖維布表面富含適當樹脂層。

因爲纖維表面已經做過矽烷活化處理，纖維布可與清漆產生適度的結合力。經過塗佈的布材再經過烤箱加溫去除操作用溶劑，使樹脂材料均勻分佈在玻璃纖維布上，產出的整捲式材料就是一般多層電路板用的膠片 (Prepreg) 材料。膠片材料可依據其溶劑含量及初步聚合度，分爲高、中、低流量材料，使用者可依據不同操作特性或產品需要選用。各廠家也會因應材料特性需求及成本考量，添加不同填充劑及輔助材料做材料改質，藉以提昇材料功能及競爭力。

樹脂在清漆狀態下稱爲樹脂的 A-Stage，而到達膠片狀態時稱爲 B-stage，經過熱壓合硬化製作成實際產品，就稱爲 C-Stage。雖然樹脂狀態有如此區分，但實際物質狀態卻不是界線分明，尤其是 B-Stage 會隨烘烤狀態不同及儲存時間長短發生變異，因此在實際使用狀態分類只是參考，對於實際產品應用仍必需深入了解。圖 1-11 所示，爲一般的電路板樹脂膠片製作。

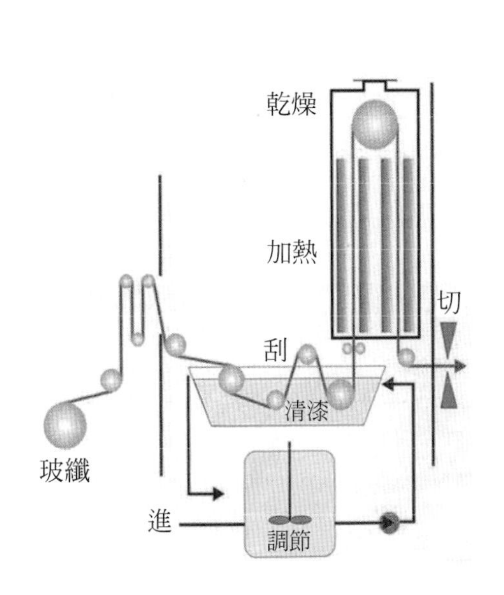

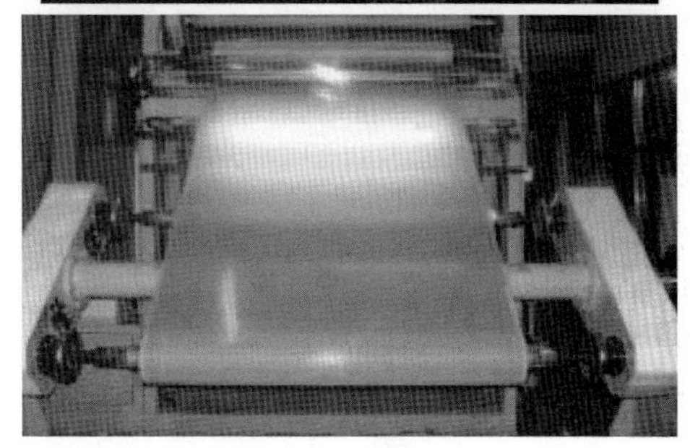

▲ 圖 1-11　電路板樹脂膠片的製作程序

基材製作

經過處理完成的膠片，基材廠會做材料疊合、熱壓合等製作程序，將膠片製成銅箔基材 (Copper Clad Laminate)，而部分膠片材料會交運給電路板廠作爲電路板膠合原料。因爲膠片塗佈及玻璃纖維布編織的過程，都是採用整捲式操作，因此在材料經緯方向會有不同拉扯應力產生，不論如何降低作業拉扯，都無法避免應力殘存。這種應力對後續電路板製作所要注意的尺寸控制，會產生相當重大影響。

一般稱膠片的拉扯操作方向爲機械方向或被稱爲經向，這個方向的拉扯力會比較大，因此產生出來的相對應力也會比較大，這意味著尺寸變異也會較大，在製作中的尺寸控制必須特別針對這些作控制及補償。

捲狀膠片材料製作完成後，就可以製作整張基材。作業人員依據客戶需要，將膠片裁切成必要尺寸大小，與選用銅皮做堆疊整合，最後進行眞空熱壓合程序將基材作出來，圖 1-12 所示，爲典型銅箔基材廠壓製基材的作業狀況。

▲ 圖 1-12　銅箔基材廠壓製基材的作業狀況

前述內容都是以常見多層硬式電路板爲主體，實際上有更大量低階電子產品應用，會採用紙基材或是玻璃席 (不織布類) 基材製作電路板。這類材料其實產量也相當大，其基本的技術類似，僅材料不同而已。筆者也聽過某些廠商採用連續式壓板工程，製作電路板基材，但這方面僅閱讀過文獻與介紹，確實沒有親眼得見。圖 1-13 所示，爲發表文章提供的連續式基材生產圖片資料。

▲ 圖 1-13　電路板基材連續式生產作業狀況

電路板基材製造完成，會依據使用膠片材料幅寬做裁剪，其中最常見的玻璃纖維布寬幅是 50 英吋，因此製作基材時會將兩邊各裁切約一英吋左右寬度，成爲最終幅寬 48 英吋的材料。因爲考慮到電路板業者工作尺寸需求及材料利用率，多數的整張基材尺寸會以 48 英吋作爲長邊，將另外一邊製作成短邊。常見的整張基材規格有，48×42、48×40、40×36 英吋等，因爲這種尺寸較能經濟應用損耗較少。

目前電路板工作尺寸多數都以 24 英吋爲單邊最大尺寸，當然大型電路板製作不在此列。因此如果用 48×40 的基材可以裁出 24×20 的板材四張，48×42 則可以裁出 24×21

材料四張。如果確實使用尺寸就是這種需求，生產材料的利用率就是 100%。不過目前產業競爭激烈利潤有限，爲了再提升工作效率及材料利用率，也有廠商要求特殊裁切尺寸，這類討論並非標準產品形式，需要瞭解最好與基材供應商做協商。

目前多數電路板廠都已經採用電腦管控發料，會在工作流程單上定義使用的材料厚度及基板尺寸、型號、廠牌、規格等。當流程單送交發料單位，生產單位就可依據數量與規格做裁切。裁切單位主要工作是，確認倉存物料型式與數量無誤、取得正確物料做裁切、除毛邊、清潔整理，必要時作烘烤穩定尺寸的工作等等。生產尺寸比較單純的廠商，也有直接要求基材供應商做裁切，之後送交生產廠使用。

基板尺寸安定性

電路板基材是高分子複合材料，製作過程各種應力殘留都會影響後續製程穩定度，其中尤其是尺寸穩定度及材料強度受的影響最大。因此多數電路板商，在材料尺寸穩定度需求較高時，會採用高溫烘烤做應力釋放及前置尺寸穩定處理。一般處理會將裁切出的基材置放在烤箱內，依據需要做 2 ～ 24 小時不等的高溫烘烤，烘烤溫度只要略高於樹脂材料玻璃態轉化點 Tg 值就可以了。

有部分實驗數據顯示，某些材料必須用更高溫烘烤才能達成尺寸穩定要求，這些類說法有許多不同論據，無法一一詳述。不過可以想見的是，烘烤時間加長、溫度提高都有助於尺寸整體穩定性，但溫度過高、時間過長也可能會有板黃及材料變質風險性，這些都是在做穩定尺寸處理必須注意的。

1-2 基板的裁切

最常用於基材發料裁切的設備，包括剪床與鋸床。剪床成本低廉，但相對其生產量及作業精度也較差，又由於所裁切的基材邊緣會有較多斷裂碎片，目前已經沒有廠商大量使用，只用在臨時處理。至於略微低階的基材，則因爲產品需求不同及允收公差有異，目前還是可看到廠商持續使用。

基材的切割

剪力切割

當銅箔基板要做剪切割時，剪切刀面與方形基座刀面間隙應該要控制在 0.001 ～ 0.002 英吋左右距離，如圖 1-14 所示。要剪切的材料愈厚，刀面間夾角角度應該就要愈大。相反的狀態則是：較薄基材應該要有較小夾角角度，同時刀面也該保持較近。

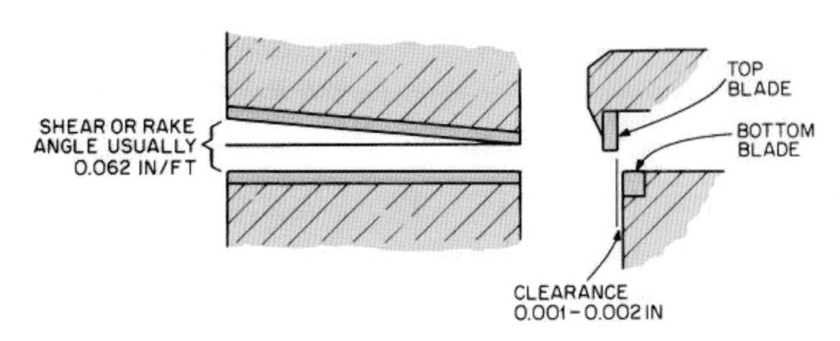

▲ 圖 1-14 典型可調式銅箔基材剪切刀具

因此如同許多金屬剪刀，如果刀面夾角角度及間隙是固定的，則裁切較薄裁料時切掉的部分會產生扭曲或捲曲。紙基材在剪切後也會沿著邊緣產生羽毛狀毛邊，這是因爲有太大間隙或太高剪切角度，這種狀況可在剪切時做兩邊材料支撐，並降低剪切夾角改善。

至於環氧樹脂玻璃纖維基材，因爲它的彎折強度夠不常發生斷裂現象，但如果剪刀面間隙過大或刀面夾角過大，還是可能產生材料變形。如同在成品下料作業一樣，以剪切法做紙基材切割時，如果將材料溫度略微提高，同樣可改善切割品質。

鋸床切割作業

至於用在製作多層板的基材，由於材料內有玻璃纖維，不但用剪床容易產生粉屑，刀具耗損也相當嚴重。目前多數廠商在裁切這種基材時，較常用鋸床分割。

紙基材鋸床切割

對鋸片而言，紙基材比最硬的木材還要硬，在做鋸床切割前應該對影響刀具壽命的因素做瞭解。要以鋸床切割紙基材，最好的方式是採用周邊長度每英吋 10 ～ 12 齒以上的鋸片處理。至於切割線速度，刀具業者建議操作在 7500 ～ 10,000 ft/min 範圍會較理想。鋸片本體有空洞結構，可產生較平滑切面，但不論鋸片形式爲何都會受到基板材料磨損，因此切割電路板基材至少要採用碳化處理以上等級的耐磨鋸片。典型鋸齒外型，如圖 1-15 所示。交替刃外型，可以增加刀具平衡性與切割受力分擔能力。

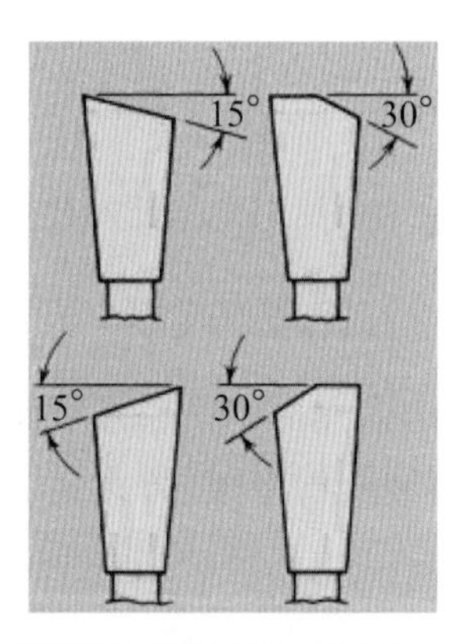

▲ 圖 1-15 常用於切割紙基材與強化基材的鋸齒設計，左邊為傾斜 15 度的兩顆連續交替鋸齒，右邊為兩顆連續交替 30 度去轉角的 (AC-30) 鋸片

當使用的鋸片，研磨週期無法支撐到應有時間週期，可用後續點檢項目做問題檢討。這些步驟相互間有累積性影響，且會因爲幾個因素加成而明顯改變鋸片壽命。比較典型需要點檢的項目如後：

1. 檢查軸承緊密度，正常狀態不應該出現不穩定現象
2. 確認鋸片偏心度，只要出現 0.005 in 偏離就會相當明顯
3. 當使用碳化處理鋸片其鋸齒可用放大鏡檢查，並應該確認沒有使用粗度高於＃ 180 號砂礫研磨材料來磨利鋸片
4. 如果鋸片本體較薄，可用補強軸環降低震動
5. 使用重負荷滑輪及多重 V 型皮帶驅動，系統中旋轉零件應該要有足夠動量來帶動鋸齒，讓鋸齒順利通過且不會有速度變動
6. 檢查支架結構與馬達連結對正狀況

所有步驟都是嘗試降低或排除震動，震動是鋸片壽命最大殺手。如果發現有過度振動存在，就應該找到來源排除。

以鋸床切割樹脂玻璃纖維基材

當要做玻璃纖維材料鋸切，可採用碳化處理過的鋸片。但除非工作量相當低，否則還是應該考慮採用鑲鑽鋸片進一步降低作業成本。製造商建議的鋸片切割速度應該儘量遵循，這類鋸片圓周線速度應該可操作在 15,000 ft/min 左右。如果因爲經濟因素還是要採用碳化處理鋸片切割玻纖基材，可採用與先前提供給紙基材相同用法，同時也要注意鋸片偏心度、震動等問題，在切割玻纖基材時機械零件對位正確性更爲重要。

目前多數鋸床都已經有數位化功能，只要將所需要尺寸參數輸入設備，就會自動做正確尺寸裁切、轉向、分料、傳送等工作。只要材料儲存管理得當，整疊材料送到裁切區做分料相當方便管理，也可降低切割後板邊處理的負擔。

切割概念重要技術之一是切割刀具選用。目前切割工具比較主要的兩類刀具選擇，就是本體刀刃部鋼材表面經過碳化處理或在表面做人工鑽石鑲嵌處理產品。由於人工鑽石硬度高又耐磨，對大量處理材料廠商是較恰當選擇，但對處理量不大，材料硬度也較低的廠商，則採用碳化處理鋸片是較好選擇。由於供應量放大，目前鑽石鋸片 (Diamond Saw) 單價已經較爲合理，亞太地區廠商多數已採用這種刀具。圖 1-16 爲典型人工鑽石切割刀具。

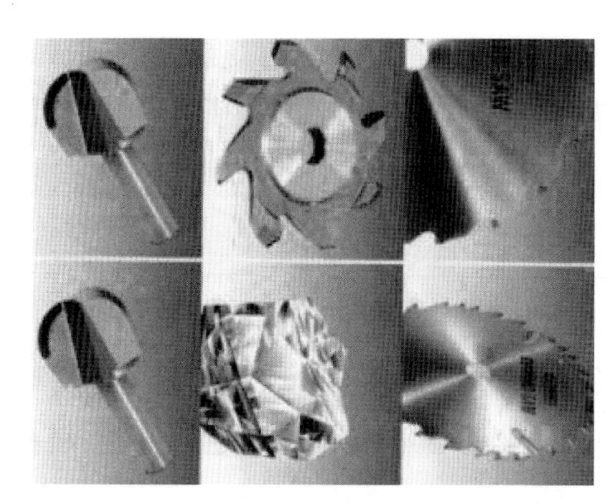

▲ 圖 1-16　人工鑽石切割刀具

1-3 裁切的品質狀況

基材切割主訴求有三個部分，分別是：切割品質、切割效率、刀具壽命。切割品質，簡單描述就是乾淨斷面及微小毛邊。要做到這種要求，最需注意的包括刀具銳利度、單位時間刀齒通過數、進刀速度及排屑條件等，而這些與刀具壽命有關。刀具轉速代表單位時間可通過鋸齒數，如：鋸床轉速 15,000 RPM，鋸片齒數 60 齒，就代表每分鐘有 900,000 次切削發生在刀面。數字愈高切削力愈高，可切削材料總量提昇，理論進刀速就可加大。

延展性好的金屬材料都會有延展與沾黏性，因此銅金屬材料實際切割難易需要測試，並非柔軟就好切。另外材料沾黏性也代表排屑難度，排屑速度低會影響熱散失及增加刀具摩擦。若材料黏度高則殘屑會不易排出，刀具壽命就會受影響，斷面平整度與潔淨度也會變差。至於毛邊產生，最大影響來自材料堆疊密接程度。鋸床裁切都採整疊作業，因此片間必須壓實才能確保金屬與樹脂材料不產生大量毛頭或捲邊問題。

由於基材成本佔整體成本百分比提升，部分工廠在做基材切割時爲了節約成本，會省掉第一刀將材料切齊，這確實可在斤斤計較的材料省點空間，但也因此必需要求供應商供貨要降低基材尺寸變異，否則雖然看起來可增加材料利用率，但實際可能因爲板邊處理不理想，造成後續內層製程品質問題。圖 1-17 所示，爲典型基材邊緣處理不良品質問題。

當材料沒有堆疊整齊，或切割時沒有切到所有材料，就會發生如圖片中基材狀況。這種狀況會使基材完全無法受任何碰撞，只要有點碰撞就會產生捲邊問題。若裁切時還發生沒有完全切到的現象，則不需要碰撞就會發生捲邊問題。一般電路板生產作業，都會做修整轉角處理，這種不整齊外觀，更會讓轉角產生嚴重捲邊。這些問題看起來無關痛癢，但對內層線路製作品質有相當大傷害。

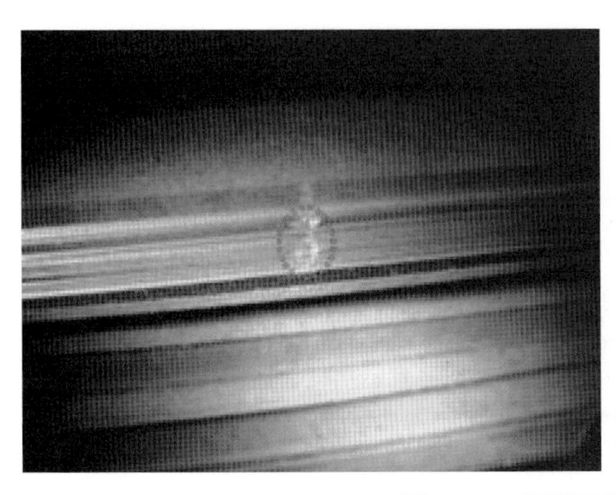

▲ 圖 1-17　切割不理想的可能捲邊狀況

1-4 切割設備與集塵裝置

鋸床產生的粉屑較粗，且累積速度快產出量也大，可用大量抽風設備做蒐集去除。空氣對粒子拉扯，排出力與風速平方成正比，與粒子直徑也成正比，作業設備抽風設計必須偵測設備產出粉屑狀況做，並不是直接安裝就可符合需求。尤其是在增加切割設備時，必須做位置與總量需求再評估，否則很容易出現共用抽風負荷不良問題。另外設計容量及清理頻率也要做適當規定，有好的清除粉塵設計但沒有恰當維護，當濾袋靜壓升高時粉塵去除率降低，切割產生的刀具耗損及切割品質下降都將明顯出現。

圖 1-18 所示，爲基板切割用的 CNC 鑽石鋸床。圖 1-19 所示爲鋸床壓著及鋸片作業狀態。正式切割作業，爲了強化抽風效率與環境清潔度，都是採用封閉式作業設計。

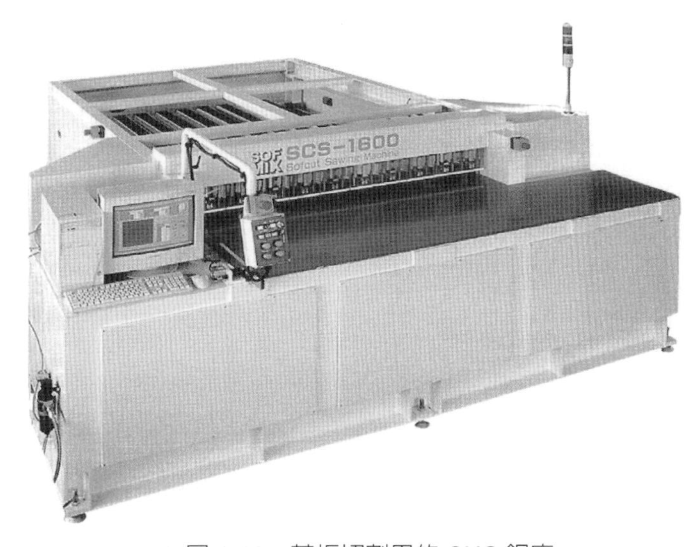

▲ 圖 1-18　基板切割用的 CNC 鋸床

▲ 圖 1-19　鋸床壓著機構與鋸片運作

1-5 基材板邊的修整與前置作業

切割過的基材板邊或多或少都有毛頭與粉屑殘留，這些粉屑如果大量帶入製程，會直接影響電路板品質及設備壽命與清潔度，其中尤其是影像轉移製程，對粉屑敏感度特別高更需要注意。由於輕薄短小電子產品訴求，內層板結構中單層介電質材料厚度設計愈來愈薄，許多板材雖然希望能去除毛頭粉屑，但如果沒有恰當搭配設備會導致修邊製程能力受限，如此則實際作業無法做到完善。

對於這種現象，製作者必須在切割時先注意，因爲後續沒有修整的可能性，最多只能適度清洗而已。薄板修整目前已經有新機械設計出現，雖然不盡理想卻可以克服製程限制，我們將接著討論。比較常見的修邊設備是採用刨邊機構設計，基材邊緣經刨邊前後的狀況及修邊機設備，如圖 1-20 所示。

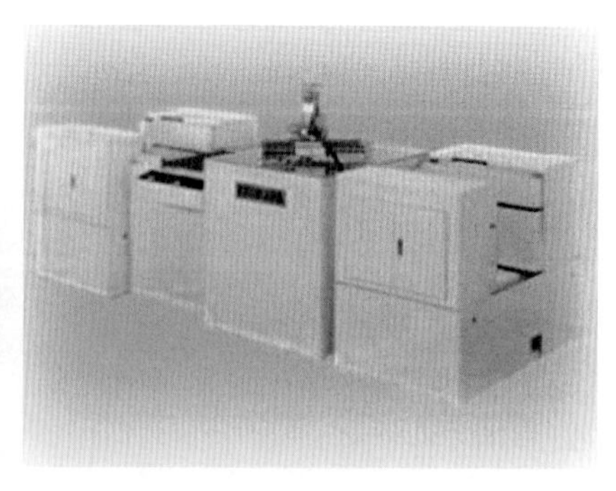

▲ 圖 1-20　基材刨邊前後狀況比較及修邊機設備 (右圖來源：羽誠企業網站)

面對電路板基材愈來愈薄的趨勢，許多極薄內層板已經無法用傳統刨邊法處理，因此設備業者做了夾持機構修改。利用縮短板邊夾持距離，再利用高速刨刀將邊料切掉，固定寬度達成修邊目的，如圖 1-21 所示。

▲ 圖 1-21　高速刨刀修邊範例

這種修邊的薄板處理能力，比磨邊及一般刨刀修邊機都好，相當適合薄板修邊應用。不過這種處理，都會讓基材單邊縮減損耗 3 ～ 5mm 寬度，對非常在乎這點材料寬度利用率的廠商，雖然可適度提升內層製程品質，但恐怕還是一種增加成本的痛。

內層基板修邊作業對內層板品質相當重要，因爲板邊殘留常會損傷傳動線上滾輪，特別是銅金屬具有延展性，切割中非常容易產生毛頭。這些毛頭如果進入製程，會產生永久性影響。傳輸設備都有成千上萬個滾輪，一旦這些滾輪受到表面損傷，後續與影像轉移有關的所有產品都會受到影響。特別是電路板表面有光阻進入處理線時，究竟會產生多少刮傷問題根本無從掌握，因此做好內層基材板邊處理，成爲良好影像轉移製程的必要工作。除了這些問題外，內層基板捲、毛邊的另一個困擾，是在做內層線路前處理時，基板可能因爲嚴重的捲、毛邊，產生沾黏問題，這是多數電路板廠內層製程常發生的問題，當然也是業者該一併思考的問題。

1-6 基材尺寸穩定處理

刨邊完成的基材可以進行穩定尺寸烘烤作業，這種作法會有一定板面污染風險，因爲在鋸床處理切割後很難保證基材板間沒有殘留粉屑。一旦粉屑殘留產生，經過烘烤後就會有麻點沾黏無法完整去除的問題，這對內層板產出良率會有相當大影響。因此某些公司會在切割前就先進行烘烤，之後再做基板切割。而某些公司則會在切割修邊後，進行超音波清洗處理，這種作法對清除殘粉也有幫助，清理完成的基材再進行烘烤，也可以降低這類污染問題。

作業完成達到工作尺寸的基板，在部分使用半自動內層曝光設備生產的廠商，會接著做對位孔鑽孔，如果是採用自動曝光機的廠商則沒有這種程序。作業完成後送交內層線路作業，整個發料工作就順利完成。

CHAPTER 2

多層電路板壓板製程

2-1 壓板製程的目的

多層板必須做層間接合，普遍做法是將事前製作的內層板、膠片及銅皮依順序堆疊後做熱壓聚合，壓合完成後就成爲一體的多層電路板。某些特定設計會將雙面板或多層板當作內層板使用，做多次序列式壓合 (Sequence Lamination)。高密度增層板的做法逐漸普及，製程又出現許多新做法，疊板壓合也產生更多變化。壓板作業的目的是爲了將內層板線路，藉複合材料接著固定，完成幾何位置固定並達到保護目的。製程訴求主要以對位準確度、板厚度控制得當、結合力穩固、填充完整、尺寸穩定等爲前提。一般性標準作業流程如圖 2-1 所示。

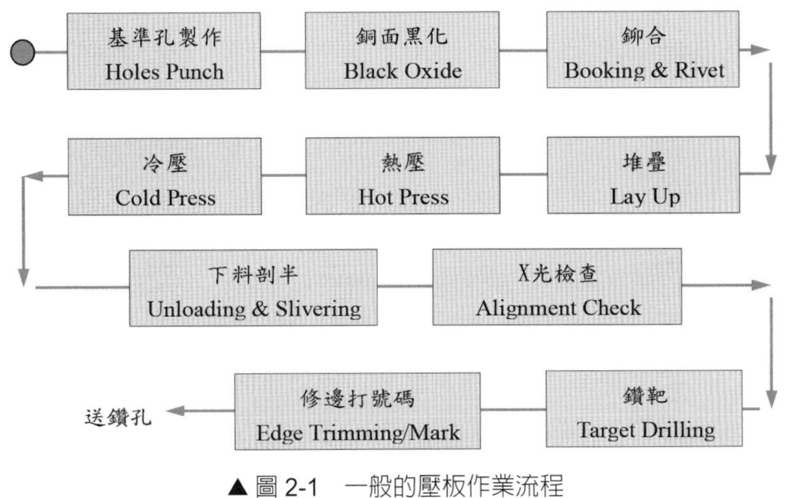

▲ 圖 2-1　一般的壓板作業流程

2-2 流程說明

(1) 爲了達成多片內層板可堆疊在共同座標下，必須先在內層板製作基準座標靶位，若堆疊時需要利用孔位對位，則可依據內層板基準座標製作基準孔。

(2) 壓板疊合前，爲了提高樹脂與銅皮結合力，必須做適當壓合前處理。這些前處理選用，會依據產品不同及製程需求而變。

(3) 內層板經過對位孔、粗化製作程序，將依據設計結構堆疊固定成冊狀 (Booking)。製成冊的目的，是爲了讓已有座標內層板能固定在恰當相對位置，避免熱壓合產生滑動位移。

(4) 夾入成冊電路板、膠片、上下兩側銅皮或附樹脂銅皮，同時與鋼板及載盤配置堆疊成整盤待壓電路板。

(5) 若要製作埋孔或多層孔結構板，則可用鍍通孔板內層板，做多次壓合產出板結構。

(6) 在載盤上下加入牛皮紙及蓋板等均壓、均溫材料做熱壓，對特殊結構板，還必須加入特定結構輔助壓合材料 (日本稱爲副資材)。經過眞空熱壓機加熱、加壓、聚合終了後取出電路板，利用 X 光設備做對位準度分析，之後製作出下一個鑽孔製程所需基準孔。

(7) 由於熱壓後電路板表面已經沒有可參考座標，必須將內部座標轉移到表面，此時需要製作基準孔作爲後製程工作參考點。其後再作修邊、倒角等整修程序，就可交由後製程繼續電路板製作。

2-3 壓合基準孔製作

內層板壓合主要固定模式有三種：

(1) 以預先做好的插梢孔插入插梢固定壓合，多套電路板都依靠同一組插梢固定，這種方法稱爲插梢壓合 (Pin Lamination) 法。

(2) 事先加工對位孔，以鉚釘固定所有內層板壓合，作業比插梢壓合操作簡單也有利於量產，這類做法稱爲量產式壓合 (Mass Lamination)。

(3) 採用內層板基準靶位直接對位，固定則採用黏合作業模式，這種作業又分爲手動模式與自動模式。所謂手動模式，目前常見的作法仍然採用套插梢法作先期預固定，但暫時固定後可用熱融膠片法做層間固定，固定完畢的內層板可做後續堆疊。目前這類作法有逐漸普及趨勢，但速度相對較慢，會在後續內容討論。自動模式，則是利用固態攝影機進行機械對位，同時做熱融膠固定。

不論多層板以何種壓合法生產，多於一張內層板的結構都會作對位靶或孔作爲相互連接的對位基準。壓板後則必須讀出內層基準記號，加工出鑽孔所需對位基準孔。鑽孔對位基準孔在內層設計時就已經作在內層板上，可在壓板後藉機械讀取及公差平均鑽出適當工具孔。

壓板後電路板的內層板尺寸會收縮，一般在做內層板設計時，都會預先放大內層板尺寸，以補償與最終產品尺寸偏差量。故工作底片在製作電路板前，會先將內層線路位置做必要比例調節。基準孔大小，各公司應以自己的工具系統處理，一般以鑽孔用插梢加大約 1mil 爲原則。

內層板製作，會在板面先做出參考座標。如果採用插梢作業或鉚釘作業，則在線路完成後會製作基準孔，作爲後續壓板對位基準點。除了特別大型電路板，目前一般量產電路板，都採用整片電路板沖出多個鉚釘孔及插梢槽固定孔生產。典型內層板基準孔分佈外觀，如圖 2-2 所示。

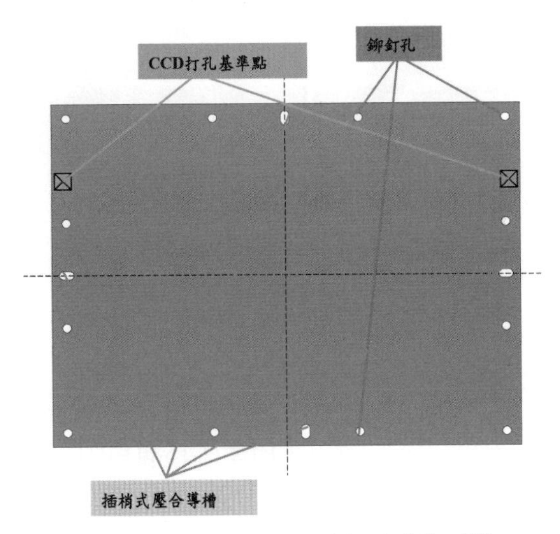

▲ 圖 2-2　典型內層電路板沖孔後外觀

2-4 內層板固定方法

內層板具有基準襯墊或經過沖孔建立相對連結位置後，就可用不同固定機制做板間連結。最常用的兩種貫穿連結法各別爲，打鉚釘固定法及鋼質插梢滑動固定法。應用領域各有不同，其與融接固定等方法優劣比較會在後續內容討論。

有部分廠商在黑化後做沖孔，目的是希望能降低黑化造成的尺寸變異對板間對位精確度影響。但因爲黑化後再做沖孔，容易在操作中損傷內層板黑化表面，是否該採用這種作業有待考量。對於較高層次電路板產品，其壓板時厚度壓縮量較大，爲了避免發生壓合造成的鉚釘變形，會採用插梢式壓合法。此時廠商會在沖孔設備，同時提供插梢導槽的沖孔機制，但爲了避免置放板面發生錯誤，因此有一個邊導槽並不完全對稱，這樣可以發揮作業者防呆作用。

歐美日等國對於更大電路板製作，也有採用鑽孔機製作固定孔的製造方法，這種方式沒有圖中導槽機制，而是用更多孔做插梢固定。有部分廠商也採用不同連結法，利用預熱固定法以熱源、烙鐵、高週波加熱讓膠片與內層板間連結。這種做法類似板金工程點銲，目前因爲設備與概念逐漸改進，已有特定產品與廠商用這種作法在壓板前做內層固定。如果用這種固定法，製造者就可考慮不用沖孔機制。圖 2-3 所示，爲典型的融接固定設備。

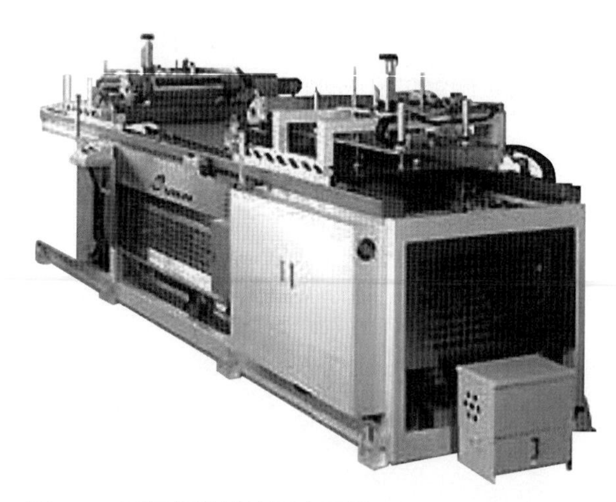

▲ 圖 2-3　壓板堆疊融接固定設備 (來源：陽程科技網站)

就三種不同內層板固定模式比較，可說其間各有優劣，廠商究竟該選用哪種作法會較有利，必須自行權衡無法下絕對定論。表 2-1 所示，爲簡單固定法優劣比較。

▼ 表 2-1　三種內層板固定方法優劣比較

方法項目	鉚釘固定法	插梢固定法	融接固定法
操作方便性	目前最普遍也相當方便的方法	作業相當麻煩，材料都必須要相開槽	操作方便，但是新採用必須要重新建立系統
使用領域與厚度限制	一般比較常用在 14 層板以內水準的產品，由於受到厚度方向壓縮量的限制，並不適合製作厚板	應用在較高層次、高對位精度電路板製作，由於採用單一插梢固定，內層板在插梢上滑動，因此只要蓋板與墊板厚度控制得宜，可用在厚度較高的產品生產	目前已有自動對位機製作出 44 層板的案例，主要是因爲採用了 CCD 對位系統其對位精度比較高，但是手動設備無如此高層板的能力

▼ 表 2-1　三種內層板固定方法優劣比較 (續)

方法項目	鉚釘固定法	插梢固定法	融接固定法
材料利用率	此種方法爲基準利用率如果爲 100%，則可以與其它兩者比較	因爲此種作法比較需要固定板面尺寸配合治具，因此時常會面對利用率比較不理想的狀況	此種作法要看採用的熱融法爲何。若採用高週波融接，則可能會因爲需要保留線圈線路的位置而影響利用率
品質狀況	鉚釘固定下壓的時候容易產生金屬屑，這樣的問題會使得電路板有潛在的短路風險。另外因爲鉚釘多少會有固定緊密度與變形的問題，因此整體固定穩定度還是受限	沒有金屬屑的問題，又因爲固定的插梢強壯，因此只要作業正確，一般都會得到比較好的對位精度	若能恰當用線路設計，並能穩定控制融接。由於不需要利用孔或槽做對位，而可採用 CCD 對位固定，則誤差只有一次理論上應該精度最佳。但如何恰當使用，要花時間發展整套系統
成本	三者中應該是居中的，這是因爲人力耗用問題加上品質的風險等所做的綜合判斷	成本較高，但是可以用在高階產品上，不過人力成本應該是三者中最高的	手動機成本與鉚釘作法相近，自動機則在初期設備投資成本比較高，但長期的效益比較高

表格內的分析，僅是筆者與同業討論的一些看法，不是所有場合都適用，業者還必須自我評估。

2-5 內層板銅面的粗化處理

電路板業界曾經用過的典型內層板銅面處理方法，如表 2-2 所示。由於環氧樹脂與光面銅結合力弱，業者會將內層板銅面做粗化處理，強化相互間結合力。在此並不嘗試將所有處理法都蒐集討論，僅就較常使用的兩種方法做簡單探究。

▼ 表 2-2　典型內層板銅面處理方法

年代	製程種類
1970 ～ 1990	黑化製程、化學白錫製程
1990 ～ 2000	黑化製程、黑化還原製程
2000 ～ 2003	有機微蝕棕化 (第一代)
2003 ～ 2005	有機微蝕棕化 (第二代)、「棕化 + 白錫」製程
2014 ～	奈米級粗化處理

以往業者常用強氧化性溶液，在銅面形成絨毛狀黑色氧化銅層，這種製程稱爲氧化或黑化處理，樹脂是靠與絨毛間錨接 (Anchor) 效果而結合。銅面粗化處理用溶液，以過硫酸鹽或過氯酸鹽較普遍，市售處理液成分各家有自己的特別訴求。配方組成，原則上以控制氧化層厚度及絨毛長度爲重點，尤其特別的是還原劑使用，可讓絨毛變短並抗酸，這是與早期黑化不同的地方。

由於高密度增層板及高層板需求，取代性粗化製程也陸續出爐，逐漸被業界接受推廣。由於黑色氧化銅會溶於酸，電鍍製程酸洗會發生盲孔銅溶解產生中空，這是高密度增層板容易發生的問題，因此多數增層板開始用黑化替代製程。傳統處理裝置以框架承載，用吊車逐槽移動做化學處理，新黑化替代製程則用水平傳動設備。框架設計應以不遮蔽反應及留下痕跡爲原則，水平傳動設備設計重點以電路板傳送平順，不產生刮痕及水紋爲原則。

典型黑化製程

圖 2-4 所示，爲銅面氧化處理流程。它的基本目的是爲了製作適當銅面，能讓樹脂與銅皮建立恰當結合力，同時防止粉紅圈及後續組裝爆板發生。製程鹼洗是爲了脫脂讓銅面產生適度親水性，之後以酸性溶液去除表面氧化物，改變表面環境讓電路板適合下一步微蝕處理。

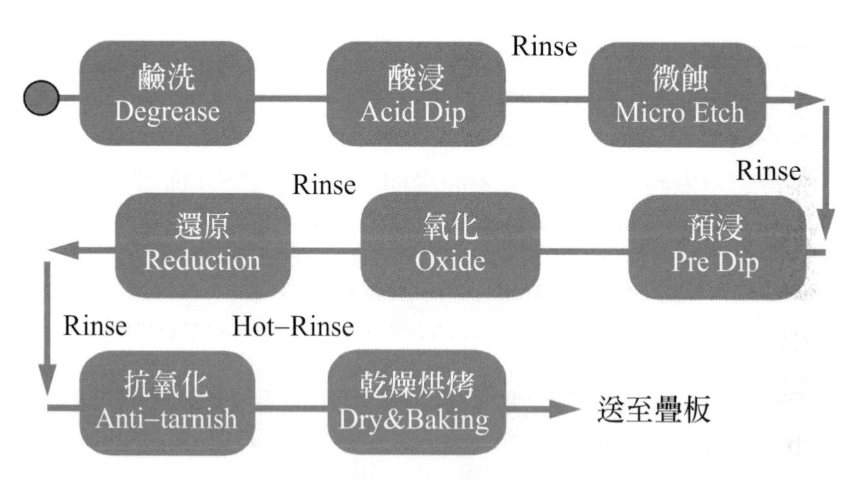

▲圖 2-4 黑化 (銅面氧化處理流程)

電路板做微蝕處理，可在銅面產生適當粗度，並曝露出新鮮銅面以便做後續氧化處理。預浸功能在將電路板表面調節成適當的鹼性狀態，可以保證後續氧化層顏色均勻。傳統以還原式黑氧化製作的層間粗化，通常會在銅面作一層氧化處理，形成針狀氧化銅 (CuO) 及氧化亞銅 (Cu_2O) 絨毛層。圖 2-5 所示，爲典型黑化處理後銅面 SEM 狀況。

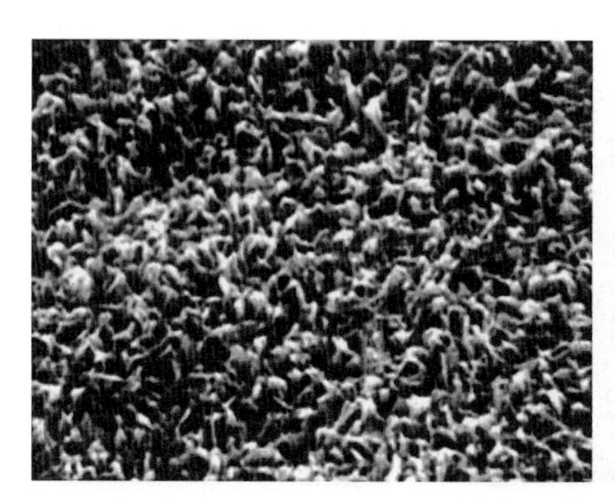
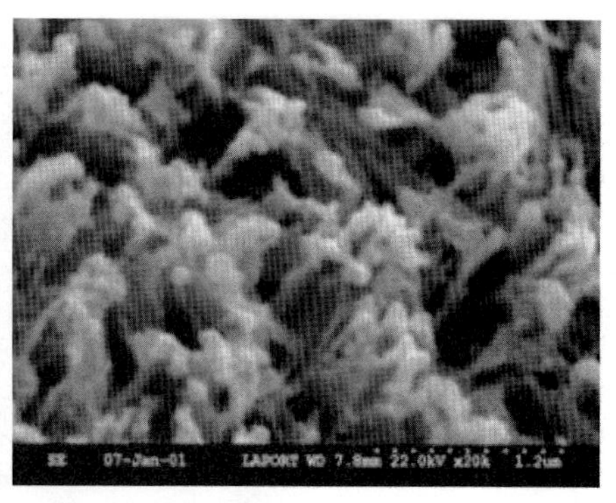

▲ 圖 2-5　典型黑化處理後銅面 SEM 照片

此種氧化皮膜，可防止樹脂膠片中之硬化劑 Dicy 裂解產生的胺類直接攻擊銅面出現水份發生爆板，而其鈍化且抗腐蝕的氧化亞銅結構，可抵抗除膠渣製程 (Desmear) 清除高錳酸鹽的酸，與 PTH 製程微蝕液攻擊，免於產生粉紅圈。但黑化產生的針狀結構相當脆弱，在高溫強壓下容易出現結構斷裂結合力降低問題，特別是對高溫樹脂較明顯。由於氧化銅本身容易被酸液侵蝕，若能將氧化銅面做適度還原，產生薄層氧化亞銅面，就可降低後續氧化銅被攻擊的風險。因此廠商提供還原程序，做氧化銅表面還原反應，並做表面穩定措施，防止亞銅在烘烤時繼續反應成氧化銅，而有還原與抗氧化處理程序。

之後爲了避免壓合時，殘留水造成氣泡問題，用高溫烘烤去除水氣完成黑化。也因此如果處理完成的內層板，又經過儲存吸濕過程，有必要重新去除水氣。這類技術因爲棕化處理的推出逐漸被取代，但是在雷射直接鑽孔方面，又出現的不同的用途。

典型棕化製程

微蝕型水平棕化，是爲了取代傳統垂直式黑化產生的新銅面粗化處理，傳統黑化的氧化槽溫度高達 78 ～ 80℃，並在強鹼環境下作業容易產生操作風險，而亞氯酸鈉廢液也會增加廢水處理成本。另外內層板厚度逐漸變薄，垂直式龍門掛架與承板插框都容易導致板面刮傷，這些都使這種製程受到品質穩定度挑戰。

另外電路板層數增多、無鉛無鹵基材需求及新樹脂推陳出新，內層板層間銅面與高性能樹脂間結合強度，受到更嚴苛考驗。有機微蝕型水平棕化製程發展，就是搭配這些材料與產品變化趨勢，爲長期可靠度與電性改善而產生。圖 2-6 所示，爲典型內層板棕化處理銅面 SEM 照片。由於處理過的粗化銅面呈現棕黑色澤，故一般將此泛稱爲「棕化」，它的操作溫度低、無強鹼環安問題，又具有優良產品信賴度，加上作業成本較低、可水平自動化、可用於 HDI 類產品等優點，在業者可接受內層板不是黑色表面的前提下，已推廣爲業界標準作法。

▲ 圖 2-6　典型內層板棕化處理銅面 SEM 照片

以往黑化結構較爲脆弱，因此微蝕型水平棕化製程改採有機金屬附著促進法處理銅面。這種方法的優勢是，可使銅面地貌更加強化，同時在表面長出一層可增強附著力的有機膜。粗糙外貌源自於採用了特殊微蝕液，可專對銅層晶界做攻擊，表面狀態類似珊瑚礁的外型。由於先進樹脂材料在壓合時會用更高溫度與壓力，選用有機金屬表面處理可適度匹配新材料需求。電子顯微鏡見到的顯微結構與黑氧化針狀皮膜相較，兩者間差異相當大。這類處理金屬表面結構已不再完全是氧化銅，銅金屬面還呈現出某種結晶結構並佈滿一層具有共價鏈的有機膜，如此可與高性能樹脂產生強有力結合。

銅箔表面粗糙程度，會影響內層銅面與壓合膠片間結合力，但不同的粗糙模式，不盡然都對結合力產生正向作用，如：以刷磨產生的刻痕粗度外觀相當粗糙，但壓合後就無法產生好結合力。依據實際經驗可看出，巨觀粗度對結合力幫助有限，但微粗度 (Micro-Roughness) 卻是良好結合力必要條件，粗化銅面接觸表面積愈大與樹脂結合力就愈高。

有機微蝕型棕化處理微粗度變化，必須依靠特殊配方微蝕劑達成，其實際外貌狀況則必須透過 SEM 電子顯微鏡放大到 2000 ～ 5000 倍才能看得清楚。此時可看到粗糙氧化銅結晶，其波峰間的距離大約在 0.1 ～ 0.5μm 的水準，而波峰與波谷間高度差大約在 2 ～ 3μm，會依據處理程度有差異，可以比峰間差大了好幾倍。其間呈現各種奇形怪狀銅面，就是影響銅面結合力的重要因素。

對不同樹脂系統，膠流量與黏度變化會有差異，這對不同銅面處理潤濕性也會有影響。某些樹脂在液態下可充分流入微細位置，但某些樹脂就無法完全填充。一旦出現縫隙，常會導致後續濕製程侵蝕問題，讓低表面張力 液滲入，就算拉力強度仍然維持應有水準，也可能會發生粉紅圈或玻纖紗式漏電 (CAF-Conductive Anodic Filament) 問題。故樹脂流膠狀況，與銅面狀況必須彼此匹配，才能產生最佳結合強度與信賴度。由於化學反應不是本書主要訴求重點，其化學作用細節不再贅述。

典型與粗化有關的壓合缺點

粉紅圈

探討氧化處理時，最常被提出的問題就是粉紅圈。圖 2-7 所示爲粉紅圈典型案例。粉紅圈的產生，其實是因爲黑色氧化層被侵蝕後產生的銅對比色，因爲對比強烈所以特別顯眼。

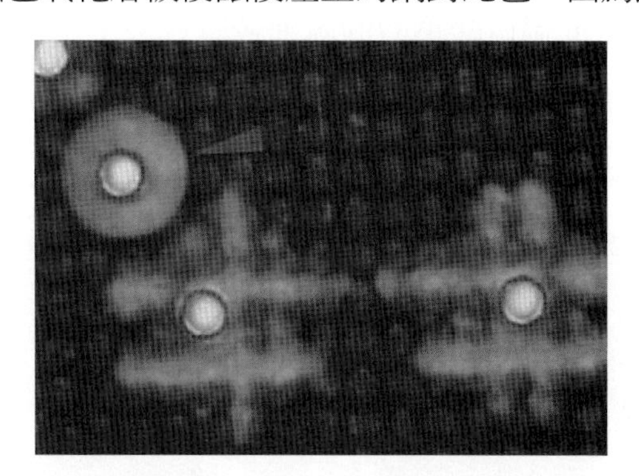

▲ 圖 2-7　典型粉紅圈缺點範例

一般可能造成粉紅圈的原因，包括氧化處理粗度不足、過度氧化氧化絨毛斷裂、鑽孔條件不良拉扯造成撕裂傷、濕製程過度化學品侵蝕氧化層等原因都被列入討論，而這類原因也正是還原製程被推廣的理由。一般性製程改善，主要針對製程內參數如：微蝕量控制、氧化量控制、絨毛厚度控制等做精密控管，但控制能力及品質點檢確實不容易做好。

黑化處理的一些問題

使用黑化處理，表面產生條紋、點狀黑化不上缺點是常見困擾。這問題有兩種可能，其一是製程前處理不理想，表面仍有污染物以致黑化不全。其二可能在黑化後又有酸液攻擊氧化面，造成條紋或點狀亮點。壓板前處理，多採用掛架式吊車系統處理，槽位配置各家不同，可能相互干擾。某些機械採用同邊上下板，這種設計容易產生相互干擾，因此部分設備在吊車下作滴水盤防止相互干擾。較佳設計則是前上後下，較能避免困擾。圖 2-8 所示，爲一般黑化處理線設置實況。

▲ 圖 2-8　典型黑化處理線

部分電路板因品質問題必須重工，但卻重工困難，主要現象是不知如何有效去除黑化重新製作。以往純氧化銅處理，只要用酸適度處理就可清除。但現在多數加了還原處理，表面已是氧化銅與亞銅混合體，不容易處理。氧化亞銅不易溶於酸，被用來防止後續製程粉紅圈 (Pink Ring) 發生。如果電路板面出現暗紅色，幾乎就可判定表面有大量氧化亞銅，這種表面建議用硫酸雙氧水或過硫酸鈉微蝕處理較有效。不過要注意內層板銅厚度，過度處理會使銅厚偏低造成報廢。如果不作預防，混入正常生產反而浪費更多資源。圖 2-9 所示爲黑化處理前後電路板比較。

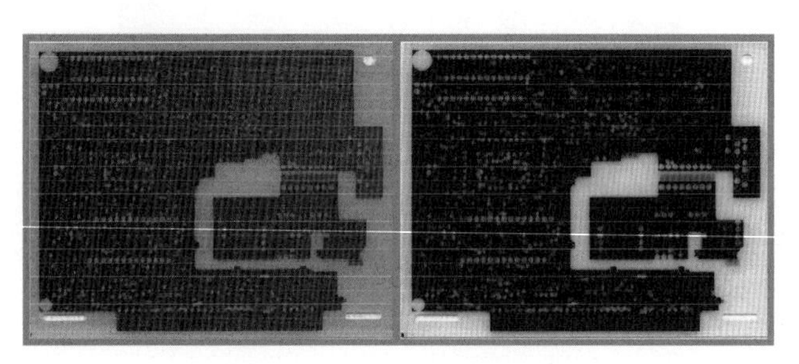

▲ 圖 2-9　黑化處理前後比較

電路板的高頻應用逐年提升，對於壓板的前處理，也逐漸要求要達到低稜線水準。由於電流訊號有所謂的肌膚效應，頻率愈高訊號的深度愈淺，對於導線表面粗度的敏感度就愈高。但是以往的壓板前表面處理，多以均勻細密的粗度爲結合力基礎，爲了這方面的改變使得銅面處理又走向了新的特性需求發展。已經有多家公司推出了不同商品名稱的壓合前表面處理配方，常聽到所謂的 Nano bond、Flat bond 等，都是已經有部分廠商驗證並小量使用的產品。圖 2-10 所示，爲典型的低稜線銅面處理技術之一。可以看到處理前後，線路面的粗度變化相當有限，幾乎看不到過去黑、棕化處理的那種表面粗化明顯粗糙度。依據筆者實際的測試經驗，其結合力測試確實比過去的黑棕化處理拉力略弱，但是已經以達到相當水準的信賴度。不過觀察發現，似乎不同的配方對不同樹脂系統，會表現出相當大的差異，這種選擇性問題恐怕是使用這類技術需要認清，且也期待藥水業者能改善的部分。

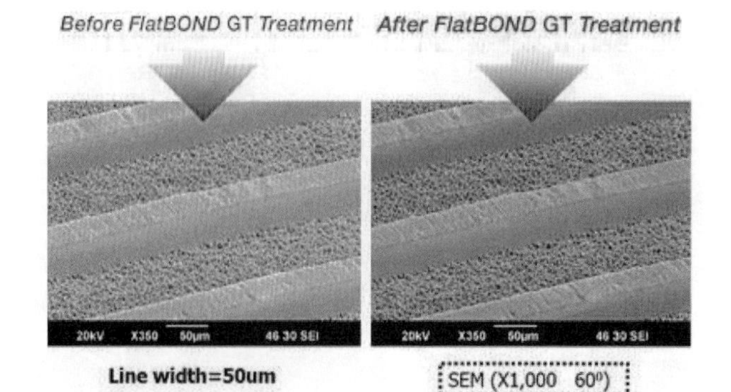

▲ 圖 2-10　典型低稜線銅面處理範例 (來源：uyemura.com/pcb-finishes_MEC.htm)

典型棕化品質管制

棕化用於電路板業時間相對較短，且由於新材料與新產品產出速度快，使這個為新產業標準建立的製程，有相當多需要努力的地方。尤其是產品信賴度，更必須業者多所注意。對於 Tg 高於 170℃以上的樹脂系統，除了拉力強度試驗外，許多 PCB 廠也將它與新材料新產品設計信賴度表現，列為重要評估項目。較常見的測試，如：熱應力試驗、壓力鍋試驗、T260 (T288) 耐爆板試驗、熱衝擊試驗、耐粉紅圈試驗等，都常被業者提到，其中尤其以高溫爆板測試特別受重視，主要就是因為 2006 年後歐盟全面實施無鉛需求。圖 2-11 所示，為典型的受熱爆板案例。

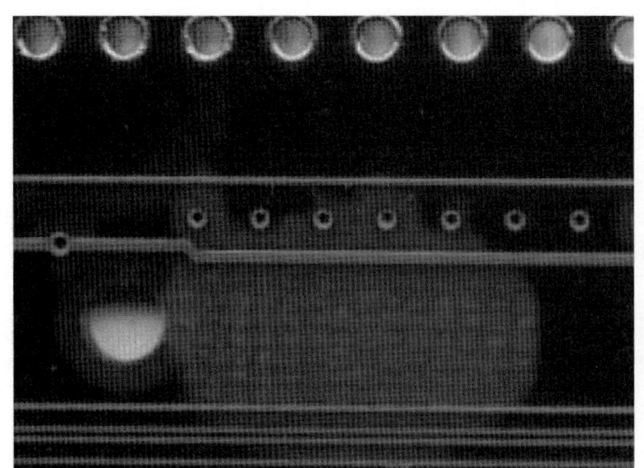
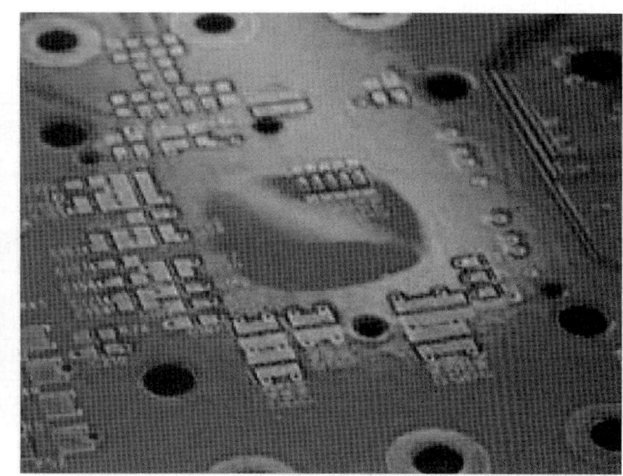

▲ 圖 2-11　典型高溫測試爆板案例

表 2-3 所示，則為相關重要測試的標準作法參考。

▼ 表 2-3　壓合結合信賴度重要測試方法整理

品質及可靠度試驗項目	測試規範及方法
抗拉強度 (Peel Strength)	TM-650 2.4.8 C
耐爆板分層 (TMA 260℃)	TM-650 2.4.24.1
壓力鍋 (Pressure Cook)	TM-650 2.6.16
熱應力 (Thermal Stress)	TM-650 2.4.13.1
熱衝擊 (Thermal Shock)	TM-650 2.6.7.2
粉紅圈 (Pink Ring)	目視檢查

至於一些常見棕化問題原因與對策及預防方法，則摘錄伊希特化於電路板濕製程全書棕化技術，問題解析與對策資料作參考，如表 2-4 所示。

▼ 表 2-4　棕化製程常見之問題、原因與因應對策 (來源：伊希特化)

異常現象	原因	因應對策
板面外觀不均，有線路及PAD呈點狀、片狀及不規則露銅，棕化皮膜無法附著上而呈現亮銅面	銅面有乾膜或濕膜殘留物未剝除乾淨	檢查剝膜製程負荷量及水洗情形，如負荷量太大，請檢查剝膜藥液濃度、濾網或當槽換新。
	預浸槽遭酸液污染	分析預浸槽的濃度，如酸的濃度太高 (pH<2) 會導致此類露銅情形，如有需要則稀釋或當槽。
	預浸槽或棕化槽遭氯離子污染	• 分析純水之氯離子是否超過正常規範？ • 檢查純水製造機之離子交換樹脂是否失效？ • 稀釋或當槽換新處理。
	棕化槽硫酸槽液濃度過高遭污染	檢查棕化槽硫酸濃度，若超過規格則稀釋降低濃度
板面不均，大銅面及線路棕化皮膜色澤呈不規則 (但無亮銅面)	乾 (濕) 膜水洗不淨污染棕化線	檢查剝膜製程的負荷量及水洗情形，如負荷量太大請當槽或加大水洗量或換新水洗槽。
	棕化槽液濃度偏離	檢查棕化槽藥水濃度，調整到正常值。
	棕化槽水刀或噴嘴阻塞	檢查噴嘴是否有阻塞？如嚴重請清洗槽內雜質異物並更換過濾桶內濾心。
板面外觀有滾輪痕般露銅或水滴狀露銅	預浸與棕化槽間有殘酸污染	檢查預浸與棕化槽間檢視段，高濃度酸會聚集該段滾輪 (因停機蒸發留下)，造成輪痕或水滴狀露銅，板子經該段有機膜被酸移除，可清洗檢視段酸液。
	棕化槽與水洗槽間有殘酸污染	檢查棕化與水洗槽間檢視段，高濃度酸會聚集該段滾輪 (因停機蒸發留下)，造成輪痕或水滴狀露銅，因板子經過該段時銅面上有機膜會被酸所移除掉，請清洗兩槽間檢視段的酸液。
咬蝕量異常 (高或低)	棕化藥液濃度異常 棕化槽溫度異常	• 檢查棕化槽各項藥水濃度 • 檢查棕化槽溫度控制系統
抗拉強度不足 / 成品板爆板分層 / 粉紅圈	棕化藥液濃度異常	檢查及調整棕化槽各項藥水濃度
	棕化液老舊活性不足	提高 Feed & Bleed 藥液添加速率。 如停機時間超過一週以上未操作，則建議更新槽液。
	棕化後板面吸濕嚴重	出料烘乾不足，建議改善烘乾效果 (70 ～ 80℃) 棕化後勿放置時間過久 (< 三天)，避免吸收環境濕氣。
	量產時發生追板或疊板導致藥水殘留	檢查及改善設備之傳動機構及滾輪組空轉、不轉、跳動現象
	樹脂膠片吸濕或品質裂化	做好樹脂膠片保存及使用管理 要求樹脂膠片供應商改善品質

2-6 壓板的鉚合作業

內層板表面處理完成後，就可做多層板結合準備。首先必須做的工作是將多片內層板結合，當然這指的是多於一片以上內層板組合。如果整體結構總數爲四層傳統電路板，因爲內層板只有一片，就沒有結合的必要性。內層板結合準備工作，最重要的部分是先裁切適當尺寸及數量的膠片 (P.P. – Prepreg 由 Pre-Pregnancy 取其字首而成，目前字典尚未有正式字可供查詢)。它的製作程序，在發料段內容已有部分交待，這裡不再作重複描述。

某些日本廠商，爲了要讓疊合作業使用的膠片掉屑量減少，開始採用二氧化碳雷射做膠片切割。這種作法可將膠片邊緣粉屑封止，如果搭配基材廠的配方調整，確實可有效降低掉屑產生的堆疊殘屑後遺症，這種作法值得有高品質產品需求的廠商參考。電路板廠使用的材料，是由基材廠提供的整捲材料做裁切而成，製作者可依自己設計需求，選用恰當組合做堆疊。常見的 P.P. 型號有：1060 / 1080 / 2116 / 7628 等，後因載板、HDI 板等產品需求又變出了不少型號。主要描述的是採用的玻璃纖維布類型。圖 2-12 所示，常見 1080 玻璃纖維布編織法發展的變化。它們的一般性規格如表 2-5 所示。

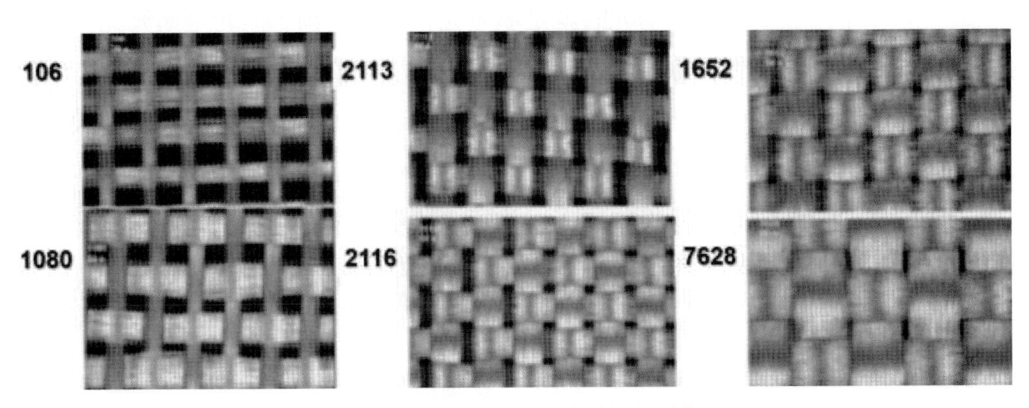

▲ 圖 2-12　常見的玻璃纖維布外觀

▼ 表 2-5　常見的膠片種類與一般性規格

玻璃纖維型式	樹脂流動率	樹脂含量	壓合後厚度	揮發份含量
7628	21±4%	42±3%	0.00745"	< 0.75%
1506	28±5%	48±3%	0.00619"	< 0.60%
2116	31±5%	52±3%	0.00459"	< 0.75%
1080	40±5%	62±%	0.00277"	< 1.00%
106	50+5%	72±3%	0.00210"	< 0.75%

般電路板所用的膠片規格較齊全，但特殊樹脂材料就未必有完整規格材料提供。常見的多層電路板規格以 FR-4 最具代表性，依據 NEMA LI1-1989 定義，凡玻璃纖維布含浸環氧樹脂形成的各種基材，只要其難燃性能通過 V-1 耐燃試驗者皆可稱爲 FR-4 材料。耐燃性試驗是指取樣片 5 吋 *0.5 吋 (厚度各異) 的無銅基材，以 45 度角夾牢在本生燈上燒到發出火焰即移去火源。因板材中加有難燃劑 (如：20 ～ 22% 重量比溴元素)，故當火源中斷後即呈自熄效果。試驗過程須記錄每次“延燒”的秒數，熄滅後再續燒共 10 次試驗。

其總“延燒”秒數低於 50 秒者稱爲 V-0，低於 250 秒者稱爲 V-1, 凡 V-1 及格 (環氧樹脂) 板材則稱爲 FR-4。至於其他材料則非常多樣化，如：FR-5 是指板材除具有難燃性外，尙具有耐熱性 (Heat Resistance)，如：高溫物性、化性及電性都要維持在某種規格以上，細部規格可參考 LI1-1989 文件。目前的無鹵材料，其基本遵循耐燃標準仍然類似，但因爲添加的抗燃系統有差異，要採用時必須留意其材料細節特性差異。

膠片誤用可能發生的問題

的壓合用膠片都有基本特性，其中較可直接在製程感受到的特性差異，應該就屬塡充性問題最明顯。電路板壓合作業講究的就是塡充完整強度足夠，但光是塡充完整這項就不是容易達成的目標，尤其對於愈來愈精細的線路製作塡充會更困難。舉例來說：如果用的膠片膠量不足，會發生塡充不全的孔洞 (Void) 問題。若爲了節省物料費用便於操作，一般壓板堆疊可能會用較粗玻璃布材如：7628 等做壓合。但這種材料浸潤較不容易，又因爲材料質地較堅硬，壓合的貼覆性也較差，這些都會使壓板塡充能力變差。業者常提到的所謂“玻璃紗漏電現象”(CAF)，除了與玻璃布表面處理與浸潤有關，多少也受到樹脂塡充性問題影響。

一般用目視檢查最容易見到的膠片問題，就屬織紋顯露了。如果膠片樹脂含量充裕，是不應該發生這種品質問題，但如果膠片膠含量不足加上壓合時流膠量大，很容易出現這種問題。當然織紋顯露問題原因未必只有膠量不足，電路板製程有相當多製程需要接觸強鹼或強氧化劑，這些物質或多或少都會侵蝕樹脂材料，若侵蝕過度也會產生類似問題。

所以在設計壓合結構時，最好考慮可能的品質影響，尤其在膠片材料選用。電路板業競爭激烈，許多產品銷價競爭造成材料選用壓力，這方面恐怕產品設計者必須明瞭，材料與長期電路板品質是相當有相關性的。採用廉價設計，雖然降低了產品成本，但卻會從另外一邊付出產品品質成本。另外在電路板製造也該注意，除了壓板外還有多個可能傷害基材的製程，這才能在成本與品質間得到平衡。如：降低綠漆退洗率就是需要注意的重要課題。典型織紋顯露缺點，如圖 2-13 所示。這類問題主要因爲表面膠層 (Butter Layer) 受到損傷所致，應該要儘量避免。當然從另一個角度看，如果採用較多膠片做壓合，可獲得柔軟度、貼覆性及膠量充裕好處，但對因爲壓合中膠量大造成的可能偏滑風險，則又是選擇膠片時另一個重要考量指標。

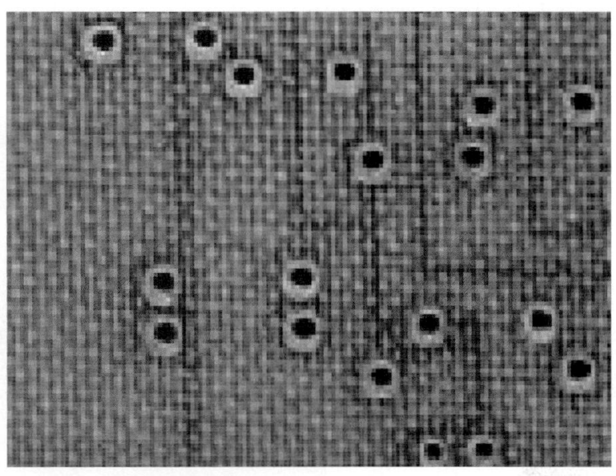

▲ 圖 2-13　典型的織紋顯露缺點

知名的構裝載板材料

由於電子產品應用多元化，電路板應用產生不少變化，其中較重要的是電子構裝載板及高頻電路板發展。由於這些應用對基材特性都有朝向耐溫性高、低介電質常數、低吸濕性、低訊號衰減等特性需求發展，因此樹脂系統百家爭鳴不斷推陳出新。有部分人士爲了方便，就將材料大分爲 FR-4 等級及 FR-5 等級兩類來區分性能，但以目前發展看似乎是不夠的。在 FR-4 之外的知名基材在構裝領域裡，日本三菱瓦斯發展的 BT 樹脂是最具代表性材料。另外如：日本日立化成生產的 E-679 系列 FR-5 級基板材料，日本松下電工生產的 Megtron 系列 (原始技術移轉自美國 GE 化學)，當然美國 GE 生產的 GE-TEK 也會身列其中，另外還有東芝化學與 Asahi 化學共同研發的 PPE 材料，也都是重要構裝基板材料。至於高頻材料，則最被大家熟知的 Rogers、Nelco 系列材料，則是目前一談到高頻產品就會提到的部分。

一般電路板基材電性表現，與其所用強化纖維種類有相當重要的關係。一般玻璃纖維，會把材料介電質係數由純環氧樹脂表現值約 3.7 ～ 4.0 左右提升到 4.2 ～ 5.0 左右。如果加上了其他無機填充材料，可能會讓介電質係數值變得更高。但如果用有機纖維，則係數可回歸到約 4.0 左右。因此雖然強化纖維有強化作用，但它對產品電性影響還是要列入考慮。到目前爲止，業界主要用於基板製作的纖維，仍以玻璃纖維爲主，其他材料則屬少數。

目前較知名的非玻璃纖維材料，以杜邦 Thermount 材料爲代表，應用於部份手機板及高階構裝載板。至於部份正在開發的有機纖維材料，則以有機液晶高分子 (lcp-Liquid Crystal Polymer) 較有潛力，但材料價位偏高是主要致命傷。圖 2-14 所示，爲杜邦 Thermount 材料用於盲孔板製作範例，不過因單價、吸水性、成型切割不易，目前使用者相當少，日本松下的 ALIVH 產品退出市場後，已經很少聽到訊息了。

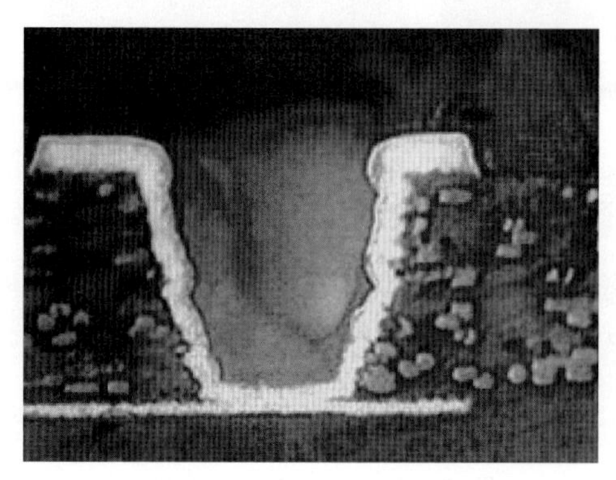

▲ 圖 2-14　Thermount 材料用於盲孔板製作

電路板材料多樣化發展，某些產品設計爲了功能與成本而考慮使用混合式壓板策略，這種作法較容易在製程中產生作業性問題，但萬幸的是多數產品到目前爲止仍然以同類型樹脂系統生產。另外爲了無鉛環保需求，各家基材公司幾乎都已經轉向無鉛基材系統。

2-7 內層電路板的堆疊固定

壓合作業遵循設計需求做材料整備，進行各種不同規格膠片切割與打洞，之後進行結合與打鉚釘。這些打洞作業，目前較普遍的方式是在內層板上製作共有靶位襯墊，之後利用光學對位機構校正，做沖壓對位孔。典型對位孔沖壓設備，如圖 2-15 所示。目前較普遍的設備都是以雙 CCD 配備爲主，但需要補正與高精度產品則可考慮用四 CCD 沖孔。

▲ 圖 2-15　典型自動化對位孔沖壓設備

鉚釘作業用於 6 層 (含) 以上多層板壓合製程，針對內層板間對位固定鉚合之用。圖 2-16 所示，為多層板固定用金屬與塑膠鉚釘。

▲ 圖 2-16　多層壓合用金屬與塑膠鉚釘

線路配置狀態、內層板層間厚度、堆疊結構等，在電路板設計時就已經決定。內層板間位置對位固定如前所述，有三種主要類型，第一種是插梢 (Pin Lamination) 法。做法是將所有內層板、不銹鋼分隔板、銅皮、膠片、銅皮都會作出梢孔，堆疊時以梢孔進行對位固定。遵循設計結構將內層板、膠片、銅皮等堆疊在壓合載盤上。

某些廠商在利用這類製程時，沒有留意到插梢高度控制，因此在堆疊時直接將插梢高度定位在最高位置，再逐步將內層板依據順序堆疊上去。其實這種作法是有問題的，因為電路板偏斜會導致作業人員必須拉扯電路板才能將材料套入，這種作法會增加電路板尺寸變動風險。較恰當的作法應該是採用插梢可升降設備做疊板，這樣電路板就可以比較平整順利狀況下直接套入插梢，較不會產生電路板尺寸變異問題。

壓板機兩熱盤間留下電路板空間，稱為一個開口 (Open)，載盤承載的多片堆疊電路板稱為一疊 (Stack) 電路板。目前多數量產板是以 10 ～ 12 層，每兩片平行鋼板間夾一片堆疊電路板放入開口，一台壓板機有 5 ～ 12 個開口不等。當然堆疊法也會隨電路板尺寸有差異，特殊產品也會有特殊壓合法及緩衝材引用。典型壓板堆疊結構，如圖 2-17 所示。

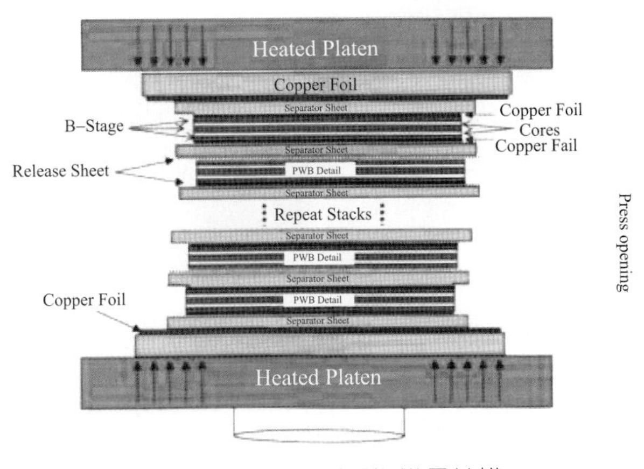

▲ 圖 2-17　典型壓板堆疊結構

壓板各層間用的膠片數量，決定於膠片玻纖布厚度、樹脂含量、內層板需填充空間大小等因素。導線上樹脂量少，會有結合不良爆板危險且耐熱性差。對較厚內層線路，較深空曠區且沒有玻纖布強固僅有樹脂填充，這些區域若有通孔則孔壁容易產生樹脂內縮 (Resin Recession)，而導致凹穴問題。插梢式壓合法因為工續麻煩、操作成本高、堆疊厚度較受限 (受限於垂直方向壓縮量)、材料利用較沒有彈性等因素，所以主要用在高階多層板製造，一般商用板不常見這種作法。

另一種做法稱為 Mass Lamination，四層板以內層板製作基準點不做固定孔壓板。內層板兩張以上，堆疊前先讀取內層基準點作出固定孔，以此孔固定內層板及膠片成冊後，再與其他膠片、銅皮堆疊壓合。這種方法業者都用鉚釘固定，作業簡單且廉價被稱為 Mass Lamination，取其大量生產的意思。又由於電路板層次愈來愈高，電路板代工業有部份開始從事自內層板發料到壓合完成，甚至鑽好通孔、電鍍完成的製程。這種工作也被稱為 Mass Lamination 代工服務。

這類壓板因為直接將鋼板堆疊在電路板與鉚釘上方，當材料壓縮鋼板有可能直接壓到鉚釘。當鉚釘被壓縮，會有產生扭曲形變風險，直接影響內層板固定相對位置。因此打鉚釘必須注意兩種狀況，其一鉚釘不可以打得不紮實，這樣無法發揮固定效果，其二如果可能應儘量把膠片孔洞打到大於鉚釘頭直徑，將鉚釘打到完全密合低於材料平面，這樣可減低鋼板壓到鉚釘的機會。但對高層板，即使這樣做也無法避開鉚釘擠壓，因為材料壓縮量已大於鉚釘可降低高度。圖 2-18 所示，為一般 Mass Lam 採用的固定方式及操作注意事項。

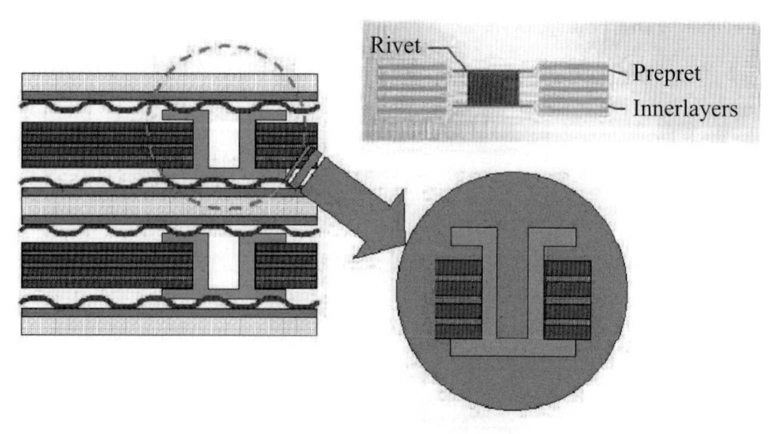

▲ 圖 2-18　Mass Lam 內層板固定方式及操作注意事項

由於壓合製程對整體材料厚度有一定壓縮量，當內層板與膠片材料超過一定高度，直接用鉚釘壓合法就會在壓合過程中壓迫到鉚釘並使之變形，這會讓內層板偏滑並產生對位不良問題，因此這類高層電路板產品，多數會採用插梢 (Pin) 式壓合法生產。這種做法電路板會在壓合時順著插梢滑落，不會因爲材料壓縮而壓到鉚釘，可以保持內層板對位狀況。不過必需注意的是，插梢上方一定要用較厚鋼板吸收整體材料壓縮量，否則壓縮量超過鋼板厚度，壓板機就會壓到插梢架空壓盤讓電路板不受壓，這樣樹脂填充一定出問題。圖 2-19 所示爲 Pin Lam 作業法示意圖。

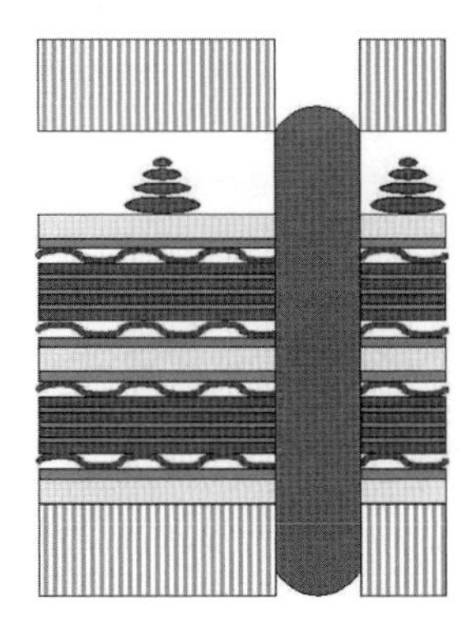

▲ 圖 2-19　Pin Lam 的作業方式

這類作業還有另一個值得注意的小事，就是壓板專用離型劑選擇。一般常見的耐溫離型材料，以含有矽油材料最爲有效也較便宜。但問題在於電路板製造，必須儘量避免矽油類物質存在，否則很容易造成電路板材料介面間結合力不良或金屬表面處理不順問題。因此在選擇這類離型噴劑時，一定要指定不含矽種類。

增層板附樹脂銅皮 (RCC) 壓合注意事項

對高密度增層板而言，由於附樹脂銅皮必須一層層向上加，作業類似於四層板，壓板後則利用開銅窗 (Window Milling) 或 X 光機讀取基準點的方式做下一步加工。由於增層法允許公差很小，一般作業片數都會適度降低，尤其所用附樹脂銅皮並沒有強化纖維，板數過多發生的內外電路板升溫速率差異，也容易造成樹脂層厚度不均問題。在堆疊材料時不論片數多寡，同次壓合內層板尺寸必須相同，否則會有失壓、樹脂流動不均、滑板等問題產生。有效規劃堆疊作業，定出標準堆疊規範，這些都有助於整體效率提昇。內層板固定完成，整體內層板與膠片看起來像是一本書，因此有人稱這個製程爲 Booking，又因爲 Mass Lam 採用打鉚釘法固定，因此有人將這樣的程序叫做 Riveting。

堆疊作業

內部電路板完成固定後，就可綽整體壓合堆疊作業。爲了讓每片電路板在壓合後表面平整，作業者會使用載板置放牛皮紙或緩衝墊做交替的堆疊。每次置放鋼板後會作清潔、置放銅皮、置放膠片、置放固定後的內層板、置放膠片、置放鋼板，之後回到清潔並繼續下個動作循環。多次堆疊後，最上面再放上定量牛皮紙或緩衝墊並覆蓋上蓋板，這樣就完成了一個壓板機開口堆疊程序。描述壓板製程時，常將一般內層板固定過程與堆疊混淆，實際上它們是兩個不同動作程序。圖 2-20 所示，爲疊板作業狀況及堆疊結構。

▲ 圖 2-20　疊板作業狀況及堆疊結構

一般疊合過程所用的牛皮紙，主要功能有均溫與均壓兩部分。因爲壓板機如果直接讓熱盤接觸電路板，容易造成溫度分佈不均的問題。而壓板機本身的平行度與平整度加上電路板內部線路高低差，都會造成壓合時材料受壓均勻度變差。這些先天壓力不均勻因素，也可以靠牛皮紙緩衝能力達成均壓的目的。部分廠商爲了讓操作便利簡單，會採用緩衝性高溫橡皮墊做壓合，但其單價較高管控也較麻煩，多數廠商目前還是以使用牛皮紙爲主。當然這樣做的好處是操作材料成本低，使用數次後纖維變硬就可直接拋棄，這在管控是較簡單的。

由於材料的特性、電路板結構等因素，各家電路板廠採用的堆疊方式會差異，對於不同尺寸電路板可採用單片與平行雙片堆疊法，每疊片數也會做調整，使用牛皮紙張數及使用次數也不同，這些變化都會影響到整體作業成本。爲了讓堆疊對位方便，電路板廠都會採用投射式線條，讓作業者有可以遵循的疊合參考位置。圖 2-21 所示，爲典型的疊合投射燈位置顯示狀況。

▲ 圖 2-21　雷射投射線條輔助線與銅皮堆疊

某些廠商爲了要在牛皮紙成本上再壓出些空間，也嘗試採用局部汰換法，將部分牛皮紙採用新舊混用，雖然在管理上會稍微麻煩一點，但在實務上確實能夠省下一筆不小作業成本。圖 2-22 所示，爲一般單開口電路板堆疊狀況示意圖。

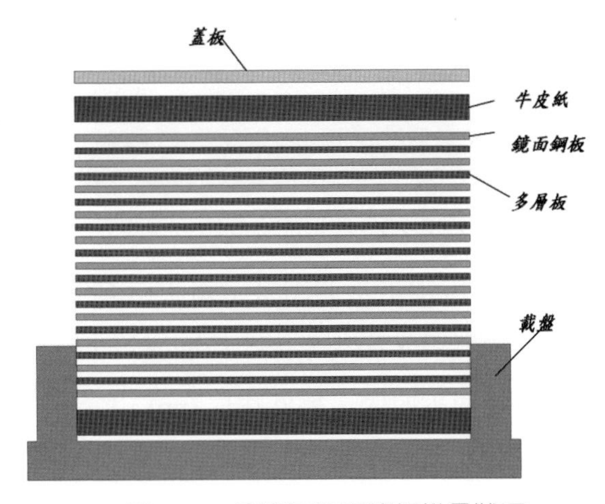

▲ 圖 2-22　單開口的電路板堆疊狀況

良好的堆疊作業，可防止銅面損傷 (如：銅面凹陷 pits & Dents)。如果在堆疊環境能夠降低飄落膠片粉屑，確實做好人員穿戴頭套、口罩、手套的動作，鋼板定時研磨清理避免殘膠，每段鋼板及銅皮表面確實作清理等。這些影響壓合品質的動作確實執行，應該可以大幅改善壓板銅面品質。其中在人員戴口罩的部分，因爲可防止唾液在板面殘留，因此可同時降低壓板氣泡及異物產生。

一般電路板設計都會對阻抗設計作設定，因此會要求電路板廠依據期待值做介電質材料堆疊。這些規格多數都由產品設計人訂定，因此並沒有公定規格。在設計值設定後，電路板廠會依據阻抗控制公式做推算，並依據現有可取得材料規格做堆疊設計及施工，這就是一般電路板堆疊對阻抗控制的方法。要有效控制電路板阻抗，主要的四大因素是材料介電質係數、線路寬度、線路厚度、介電質厚度，只是控制壓合製程不足以完全掌控電路板阻抗，因此業者必須從前四項因素作綜合處理。

壓板皺折

壓板製程板面皺折，適度使用恰當厚度銅皮是可以降低板面的皺折機會，但某些應用卻限制了使用銅皮的厚度，此時如何恰當做銅皮操作成爲防止板面皺折的要件。銅皮沒放平一定會產生板面皺折，如果壓板前銅皮是平整的，那就要看是否爲空白或特定區域皺紋，這些現象有時是因爲殘銅不均造成的樹脂大量流動所致。圖 2-23 所示，爲典型板面縐折產生的現象。

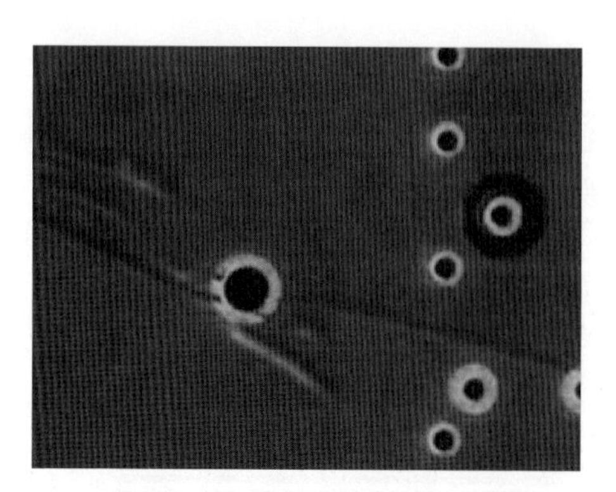

▲ 圖 2-23　典型的板面縐折現象

其實樹脂流動狀況是影響壓板縐折重要因素，圖 2-24 所示就是兩種典型不同內層板銅面設計，空曠區較多的電路板設計，較容易產生板面皺折，因爲空曠區域必須要樹脂流動填充，流動過大有時候也會是縐折原因。另外膠片 (pp) 組合方式和熱壓參數也都非常重要，因此在面對這類問題時，也這應該要檢討相關可能性。空曠區銅面填充，除了可幫助減少縐折發生率，也可因爲流動需求降低而提升介電質材料厚度均勻度，對電路板整體品質提升會有相當幫助。

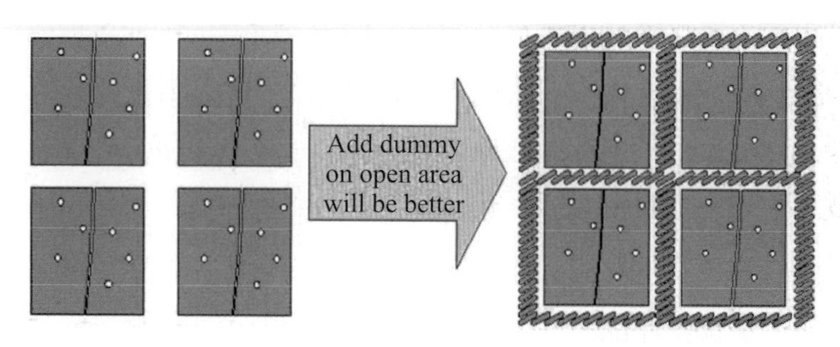

▲ 圖 2-24　不同的銅面設計，空曠區少可以改善板面皺折

特殊壓板附屬品的使用

由於電路板材料及結構變化十分多元，除了傳統材料外也會對一些特殊需求做不同堆疊。如：一些多次壓合的電路板，因爲壓合時會有通孔漏膠污染問題，就會在堆疊中做防漏壓合材料堆疊，較知名的材料如：PACOVIA 就是其中之一。其想法是藉由這些材料可透氣卻不透膠的特性，將內部擠出的膠阻止在電路板表面，這可降低後續需要刷磨的負擔。

RCC(Resin Coated Copper) 是部分高密度電路板製造時大量使用的材料之一，生產時可增加高密度小孔及細線路層製作能力。當壓板使用這類材料時，爲了防止溢膠造成污染，會在壓板疊合時在其外部加疊銅皮或鋁皮，作爲耗材來防止污染問題。

壓板堆疊技巧並不限於一般多層板，有許多不同結構電路板也必需依靠特殊堆疊及排序做壓合。如：軟硬板、多階板等，都需要考慮到不同堆疊手法。特別是有高低落差需求的產品，適度使用緩衝材料來達成斷差克服是必要的。這些個案必須要工程人員作適當學習、實驗與規劃，才能有效生產。

2-8 冷熱壓合

電路板熱壓合就是要讓樹脂材料充分填充所有電路板間的空區，並能達成電路板整體結合。在電路板疊合程序完成後，作業者會將堆疊的電路板送進熱壓設備做熱壓合。熱壓合作業提供三個不同參數條件來完成工作，它們就是壓力、高溫、眞空。

其實一個好的壓合必須具備幾個特性，其一是空氣必須儘量趕走，以免產生樹脂填充障礙。其二是膠量必須充足，否則就算空氣已經趕走，仍然無法眞正將空區完全填充。其三是要有足夠壓力，樹脂在壓合過程黏度相對較高，尤其是一些低流動樹脂配方，這時如果沒有適當壓力，則不論填充或黏合都無法完成，當然無法做出好壓合成果。眞空環境可排出殘存空氣，這是一般環境壓合無法達成的狀況。如果有微量空氣殘存，依據專家研究這些空氣其實會融入樹脂，在一般切片中並不容易察覺，但卻可能導致後續電路板爆板潛在危機。圖 2-25 所示，爲典型壓板後因爲空氣與揮發物產生的空洞現象。

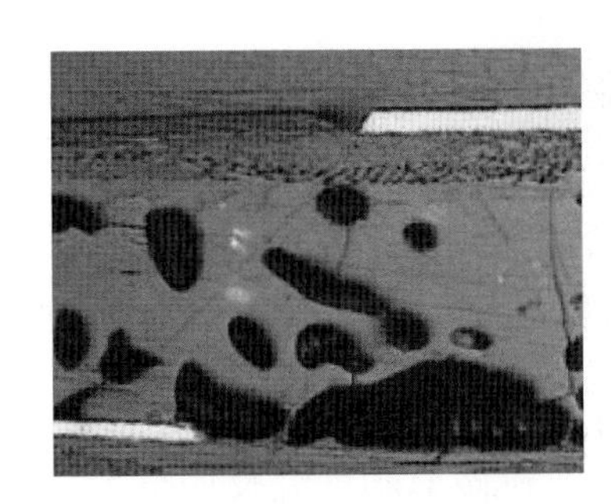
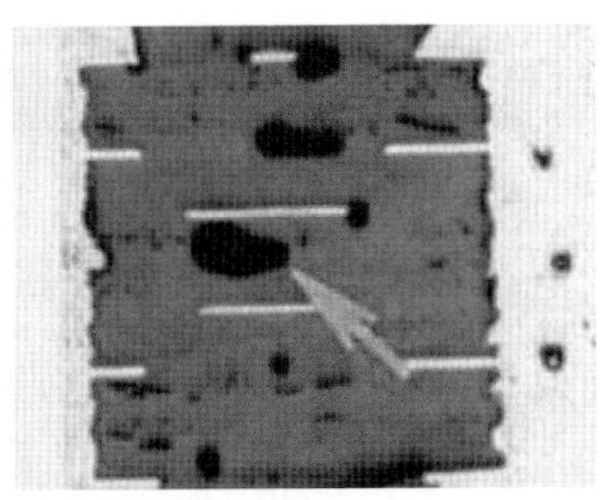

▲ 圖 2-25　典型壓板後空氣與揮發物產生的空洞

高溫是讓樹脂充分熔融流動，並在填充後能充分聚合鏈結，達成建構穩定的電路板結構。這方面的細節容後續討論。至於壓力是提供樹脂順暢流動的動能，且可讓樹脂在適當時間內填充完成需要填充的區域。冷壓功能則較簡單，是讓電路板溫度能較快速降低以便卸載。同時溫度降低，可使電路板結構穩定下來。因爲冷壓時間都較短，可搭配多台熱壓機一起操作，多數設備搭配都是用一台冷壓機搭配兩台熱壓機作業。

業界較常見的熱壓系統大致有三類，它們各是油壓式眞空熱壓機、銅皮捲曲式加溫眞空熱壓機及艙壓式熱壓機。各家作業概念及設計方式都有差異，在使用時考慮也不相同。

艙壓式壓合設備

這類設備由於質量輕也適合小量多樣生產，因此在特殊材料及樣品製作有不錯的表現。其設備外觀狀態如圖 2-26 所示。

▲ 圖 2-26　艙壓式的熱壓機 Autoclave

這類壓板設備的操作，是將電路板堆疊後用特殊耐熱包裝袋將電路板密封，之後做包裝袋抽真空前置作業。完成抽真空的電路板就可以整包的安放到專用台車，電路板尺寸不需要都是一致的。當所有電路板都完成處理後，運送台車就將所有要壓合的電路板送入真空艙做熱壓合。其熱壓機構原理如圖 2-27 所示。

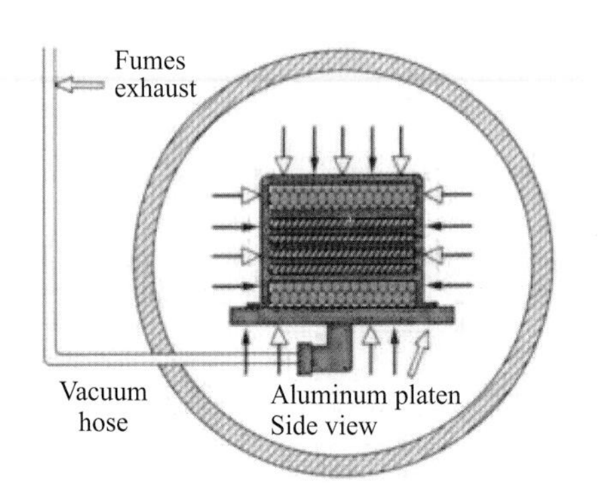

▲ 圖 2-27　Autoclave 作業機構與原理

真空艙式壓板機設計，是利用封閉艙密閉系統做氣體加溫及加壓。當艙體封閉後，艙內開始填充鈍性氣體如：二氧化碳或氮氣，在加溫過程同時使艙內溫度及壓力都增加。因爲加壓屬於流體壓力，因此依據帕司卡原理，四面八方壓力都是對稱均勻的。這種壓力結構最大好處，是電路板膠片受壓不會有單向溢膠現象，可保持整片電路板膠含量，也可維持電路板厚度均勻度。另外壓力不來自單向，可以同時製作不同尺寸電路板。但因爲有額外耗材及包裝抽真空等作業，又因爲設備不便宜產量又低，雖然有品質優勢但量產較吃虧。這類機械會因爲生產產品等級不同而有不同設計，溫度較高的設備需求會將所有零件提高耐溫等級，因此設置成本非常不同。以上種種特性限制，使艙壓式裝置使用在樣本、少量多樣及特殊產品製作，目前一般電路板量產使用不多。

以銅皮加溫的壓合設備 (Cedal)

義大利公司 Cedal 提出了一種頗爲特殊的壓板機設計概念，設備的最大特色就是利用銅皮直接進行電路板的壓合加熱動作。這樣的設計所強調的是，加溫沒有時間差可以直接進行單片個別的加溫程序，因此有利於壓板的品質控制以及縮短壓板的時間。但是其疊板的速度不容易加快，因此要在產出方面能有好的表現，就必須要強化疊板的速度與量能。其設備的基本結構狀況及堆疊方式示意，如圖 2-28 所示。

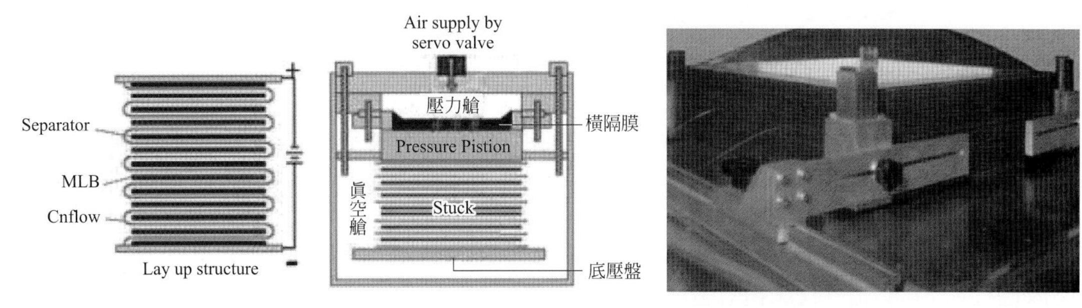

▲ 圖 2-28　銅皮電熱式熱壓機 (來源：ADARA 型錄)

這台機械的設計原理是用捲式銅皮與電路板、分隔板作交替堆疊，分隔板使用絕緣氧化處理硬化鋁板操作。因爲壓板用銅皮是連續的，同時每片電路板也直接與熱源接觸，升溫速率可比一般油熱式壓合設備來得快。也因此熔膠過程可將樹脂黏度降到非常低，所需使用的壓合壓力可較低，而流動性及均勻性卻可優於一般傳統油壓式壓合。另外壓合時間，因爲加溫結構不同也可壓縮操作時間。整體機械結構設計輕便，可安裝在高樓層，不需佔用一樓樓面也是優勢，這點特別適合亞洲地區需要節約場地的廠商使用。

單機產能與傳統壓機比較偏低，但也是它的特色，因爲可提供更彈性作業模式。快速交貨小量多樣產品相當多，採用這類設備可縮短製程等待時間，而批量縮小製程時間也減短，這些特性符合這類生產者特性。以往該機種保溫設計會導致多次操作後壓力不均風險，這類問題廠商已經修正。從學理上說，使用這類壓機應該可以獲得相當好的壓合成果，但可能因爲產能、成本、投資顧慮等因素，除部分電路板廠採用外，普及性仍待努力。如果有意做這類設備測試，必須注意其特點與優勢採用，如果只與傳統設備比產能，則不容易發現其優點。

油壓式壓合設備 (Hydraulic Hot Press)

目前被使用最多的熱壓合設備，仍然是以油壓式眞空壓合機爲主。因爲它的產能大、操作成本低、設備成熟度相對高，因此目前產出的電路板仍然以使用這種設備爲主。前文所述電路板堆疊模式，也是以此種壓合機操作方式爲藍本作描述。這種設備早期由合板壓合設備概念改變而來，搭配眞空概念使電路板壓合品質得到明顯改善。圖 2-29 所示爲典型油壓式熱壓合設備。

▲圖 2-29 典型油壓式熱壓合機組

爲了達到適當升溫速度，並能保持均勻溫度分布，這類熱壓機多數採用熱媒油爐加溫做熱盤加溫。在壓板機與煤媒爐間，會建立起熱油循環管道，加溫時以熱油幫浦將熱油由媒油爐循環到壓板機熱盤，升溫要快循環量就大，升溫慢則降低熱油循環量就可以。因爲熱壓板過程必需讓電路板保持在適當高溫下持續聚合，會利用溫控系統隨時在溫度降低時啓動熱油循環，維持熱盤溫度衡定性。當溫度變化減小時，則採用封閉式循環保持熱盤溫度均勻性。管路設計採用耐溫三通氣動閥門設計，因爲熱油在系統中面對巨大溫度變化，會有體積大幅變動。設備設置時必須注意熱媒油選用，其耐溫穩定性必須要高，才能擔負這種製程需求。

不論採用電熱式或燃燒式系統設計，都必須注意熱量傳送密度設計，如果設計值超過使用熱媒油理想值，會加速劣化管路及熱媒油。爲了安全起見，系統設計都會將熱媒油膨脹量列入系統設計考慮，否則容易產生工業安全問題。較典型的設計是在壓板機上方設計一個膨脹桶，將所有熱媒油膨脹變化量都由這個機構吸收，同時也可讓開放油路有一個冷熱緩衝空間，讓冷油面對空氣可降低油料劣化速度。這類油系統在短期內並不容易看出劣化問題，但從長期角度看設置必須小心，最好找有完整經驗的廠商合作。圖 2-30 所示，爲熱油爐溫控系統。

▲圖 2-30 熱油爐溫控系統

2-9 壓合的溫度與壓力參數操控

熱壓合中的參數如：壓合溫度曲線、壓力曲線、升溫速率、壓合時間等等，會因電路板的堆疊量、片數、膠片樹脂特性等而異，在使用前必須先進行最佳化測試。圖 2-31 所示，爲一典型的電路板壓合溫度、壓力曲線範例。

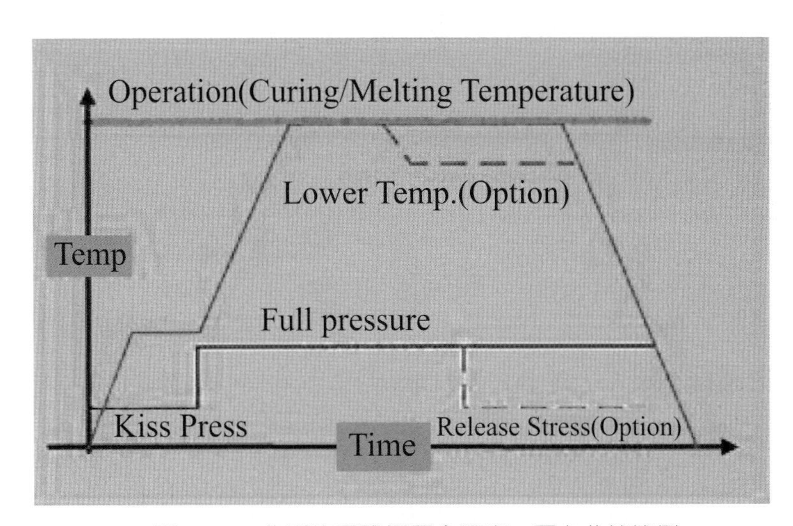

▲ 圖 2-31　典型的電路板壓合溫度、壓力曲線範例

範例中最初只用小壓力貼近電路板，這種壓合狀態被稱爲吻壓 (Kiss Press)。當膠片溫度及狀態達到某種熔融程度，就會開始升溫加熱做第二段全壓壓合。部分廠商會直接用第二段壓力做壓合並完成樹脂硬化，這種程序稱爲一段壓製程，但多數還是較喜歡用兩段溫兩段壓做壓合。另外也有某些廠商認爲在硬化後期略爲降壓降溫，可降低電路板成品的應力，因此採用三段溫兩段壓作法。究竟該採用何種方式，還必須要看產品結構與使用材料而定。

Kiss Press 主要目的有兩個，其一是爲了能去除材料內可能殘存的揮發物，其二是爲了避免在材料還未軟化前就加壓容易損傷內層板及銅皮。某些材料爲了要取得高升溫曲線，而採取一段壓力的壓法，在此同時也快速升溫，但這類製程必須小心如果採用較薄材料容易有壓合損傷風險。某些人問是否內層線路在壓合中會有壓斷線路風險，其實這種問題較容易發生在乾壓狀態，值得壓合製程人員做研討。

當材料達到第二段升溫區，升溫曲線斜率就代表升溫速度。升溫愈快樹脂單體釋放量愈多，相對膠體黏度就會拉得愈低。但當單體愈多時，材料硬化速度會愈快，黏度很快就會回升而提前停止塡充，因此如何選取恰當升溫斜率是壓板作業重要問題。圖 2-32 所示，爲典型樹脂升溫與樹脂黏度關係圖。

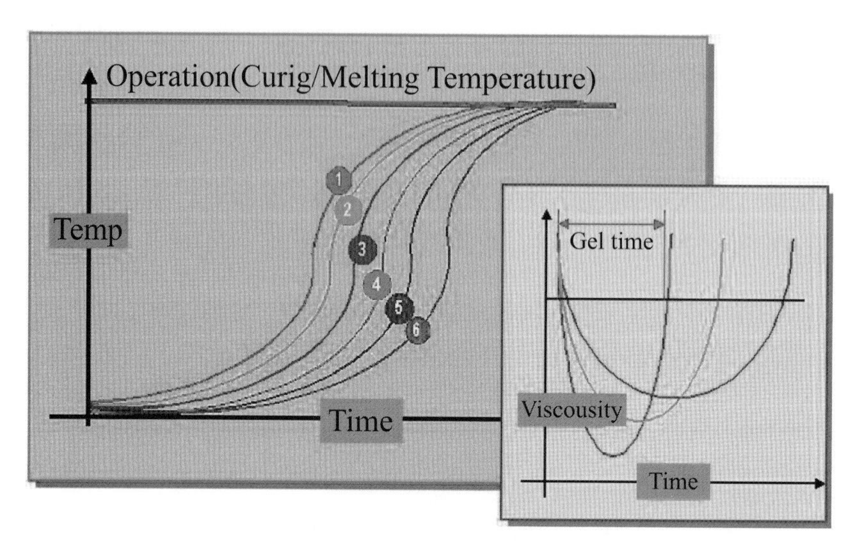

▲ 圖 2-32　一般樹脂升溫與樹脂黏度關係圖

樹脂膠化與硬化過程

以熱力傳輸的觀念，愈靠近堆疊中心的電路板升溫速率會愈慢，因此升溫曲線斜率相對也愈低。以時間與黏度關係圖而言，升溫速率快代表單體會快速產生，可以達到的最低黏度也會較低，但同時相對黏度回升時間也較短。相反的如果升溫速率較低則單體產生也較慢，因此樹脂可達到的最低黏度會比不上高升溫速率，但樹脂黏度提升到無法流動狀態的時間也會較長，當然填充空隙時間就會較長。

從樹脂可流動時間開始計算，經過最低黏度過程重新回到不可流動的時間，這個時間長度就是所謂樹脂膠化時間 (Gel Time)，也就是樹脂可填充電路板空區的時間。樹脂材料經過儲存，其膠化時間特性也會發生變化，尤其是在存放環境不佳狀況下。如果吸小量的水容易讓樹脂流動量大增，大量吸水則會產生空洞或爆板問題。至於環境溫度影響也極爲明顯，如果存放溫度偏高容易導致膠片開始變化，嚴重的時候就可能產生流動不足填充性不良問題。

油壓式壓板設備，因爲採用整疊電路板壓合，熱會從上下兩面熱源逐漸將熱傳送到內部電路板，溫度變化會呈現對稱。以一疊 12 片堆放的電路板爲例，第 1 片與第 12 片電路板大致呈現相同溫度變化，其它電路板狀況則依此類推。由這種狀態可想見油壓式的熱壓合機設計，其各單片板升溫速率並不會相同，但壓力卻是由上下兩方熱盤提供，所以在不同溫卻同壓狀況下，設備中的流膠狀態無法一致。但在壓力艙式的壓機中，因爲壓力來自於各個方向，因此樹脂均勻度表現應該會比較好。圖 2-33 所示，爲油壓式操作樹脂溢流示意圖。

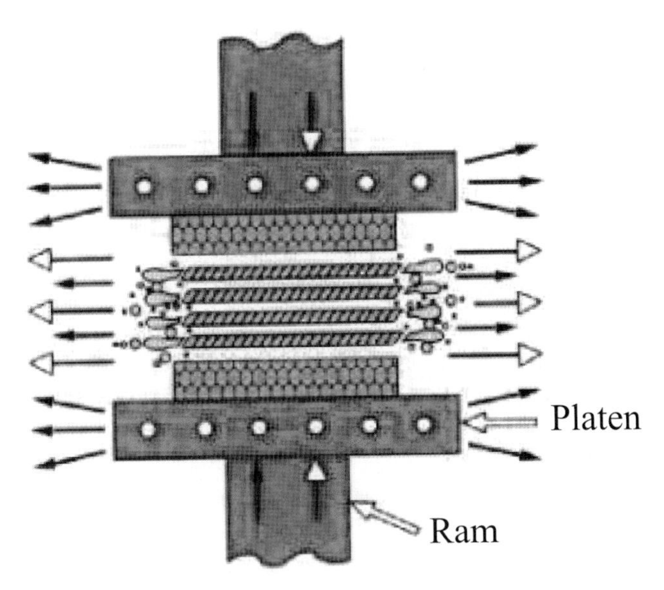

▲ 圖 2-33　油壓操作的溢膠模式

因此若使用新樹脂材料或製作新設計電路板，如何規劃成品規格或選用生產設備及條件，成爲製作者必須面對的問題。如果將堆疊電路板數量降低，理論上樹脂流動均勻性應該會有改善，相對電路板厚度的控制會比較好。當然某些特殊壓板製程，因爲膠片揮發物含量低流動量也低，而可以選擇直接採用一段壓力與高升溫速率壓合，但並不能因此將這種概念直接廣泛使用。

多數電路板廠都採取多種尺寸生產，因爲產品多元化必需要提升材料利用率而採取彈性尺寸生產。但這種生產模式卻使得壓板工具必須共用，不能完全依據電路板實際最佳尺寸需求設計。但大家都知道純金屬比熱比電路板高，熱壓合使用的鋼板如果面積比實際需求尺寸大，電路板材料的升溫速率就會降低，可想見的是樹脂流動行爲也會變動 (依據單體多黏度低，升溫速率高則單體多)。

對於樹脂材料最終性質，在熱壓時就已經決定，冷壓不致對樹脂材料特性有太大影響。業者爲了希望能改善電路板平整性，而在熱壓到樹脂硬化不流動後就降低一點壓力，同時在降溫時減緩溫度變化速率，對於某些產品，這種處理確實可讓結構變得穩定，且有平整度改善作用。

但這些工作最好都在樹脂高於其 Tg 值同時，在第一次聚合就能做控制，否則當應力蓄積並冷卻到 Tg 值以下後，要再改變它就有困難。樹脂硬化後降溫至樹脂玻璃態轉化點以下，之後作業人員會將電路板轉入冷壓機將電路板冷卻至接近常溫可下料狀態，接著才能讓下料作業順利進行，如此安排就可提高熱壓板機運轉率。

2-10 下料剖半與外形處理

熱壓完畢的電路板經載盤拉出，會做周邊不規則樹脂區修整。部分電路板工作尺寸較小，有兩片排在一起的壓合作業，這被稱爲兩片式壓合堆疊，採用這種排列模式在熱壓板下料後，必須要作剖半處理。爲了正確控制外形與內層座標相對位置，不論採用何種疊合方式的電路板，都會藉由 X 光設備讀取內層記號，進行基準孔鑽孔作業。基準孔的製作也有人工、半自動、全自動製作法之分，廠商必須依據自我需求選擇。

對於設備精簡或小量樣品製作者，採用人工銑靶是可行的選擇。這類作法是在壓板前先將內部標靶貼膠保護，在完成熱壓時則採用人工銑靶將表面銅皮與薄膠清除，此時內層板標靶區是可見的，接著可以用抬頭式手動打靶機製作基準孔。圖 2-34 單軸銑靶機與鑽出的靶位孔。

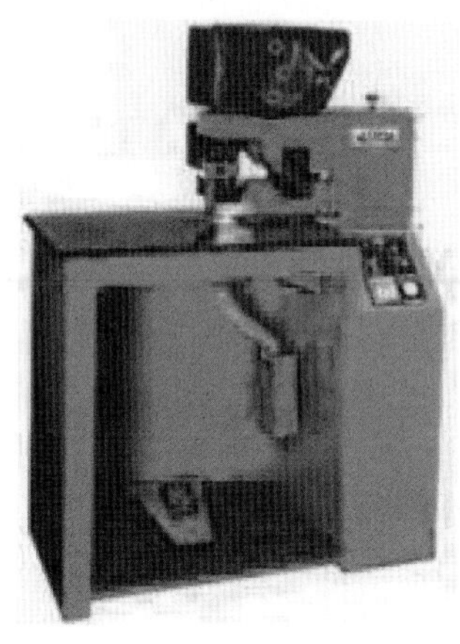
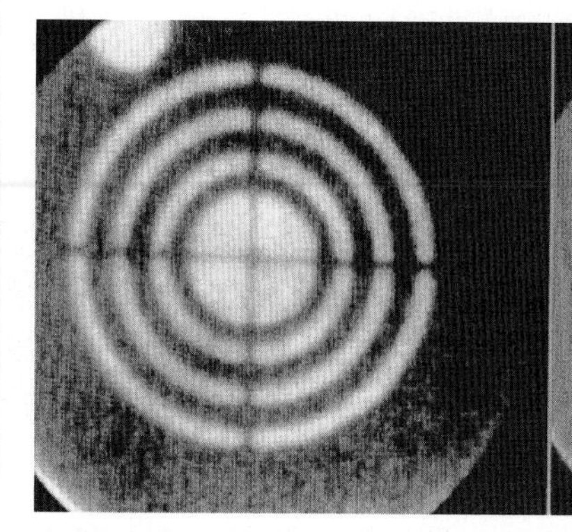
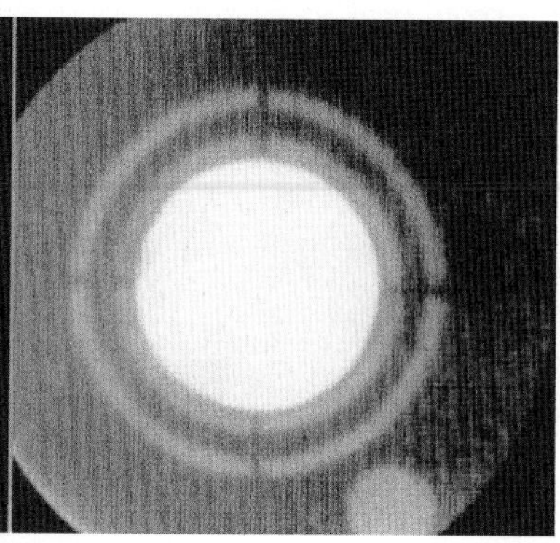

▲ 圖 2-34　單軸銑靶機與鑽出的靶位孔

至於半自動打靶系統，則採用 X 光感應的 CCD 對位打靶系統，利用人工置放，設備自動對位鑽靶的方式做鑽靶。原理非常類似於手動設備，但因爲可利用對位補償系統平均漲縮偏差再鑽孔，可以做雙靶同時鑽孔作業，降低後續鑽孔製程可能造成的位置偏差。全自動的鑽靶系統，則採用兩段對位 X 光感應設備，先利用一組 X 光設備做大範圍粗對位，將基準襯墊調整到大致正確範圍，接著利用細對位將位置導正並做鑽孔。

完成基準孔製作的電路板，可做外形銑切處理並修整研磨板邊及倒角。這類作業目前主要採用的方式有兩類，其一是將鑽完靶位的電路板堆疊起來做銑切，這種方式較人工化且屬於不連續作業。至於另一種方式則採用連線自動化處理，這種作法多數都與自動化打靶系統連線。製程先經過全自動打靶設備，接著採用自動化 CCD 對位，在對正靶孔後做板邊鋸切。典型板面修邊設備，如圖 2-35 所示。

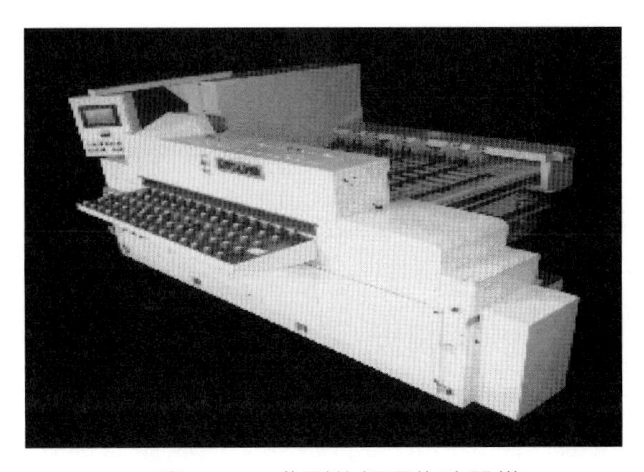

▲ 圖 2-35 典型的板面修邊設備

這種設備設計較自動化，其產能也相當大而方便。但因許多廠都已有修邊設備，作業方式也可能已有既定規則，未必都採用這類系統因此整套的自動化系統比較會出現在新設的電路板廠區。全自動化修邊系統也會包含板邊修整，而半自動與手動設備則會採用個別倒角與修邊，完成外型處理後做刨邊或磨邊。在送交下個製程前必須做板面清理及打流水號，以免大量相同外型電路板產生混料，這是壓板後輔助辨識的作業程序。圖 2-36 所示爲可調式打號碼設備。其實這種作法目前已不多見，雷射打標與其他數位設備已經可以最得更好。

▲ 圖 2-36 可調式的打號碼設備

2-11 非熱壓合介電質層形成法

(1) 眞空壓合 (膜) 製程

因爲樹脂類型的不同，電路板介電質層壓合也會有不同選擇。對於高密度增層板，介電質層建立就有如此特性，除了大多數基材商將增層樹脂製作成熱壓形式外，也有部分廠商爲了更易於控制介電質層厚度而將樹脂設計成眞空壓膜或濕式壓膜材料。由於內層線路已然形成，若要將線路完整覆蓋並獲得恰當厚度樹脂層，只要使用眞空壓膜法並略爲施加小壓力，就能讓線路間空區塡滿。而濕式壓膜則是利用特定溶劑先在電路板表面形成液膜，之後再做連續性壓膜即可。由於液體會塡入空區，在壓膜後會局部溶解樹脂並使電路板和樹脂黏合在一起，之後再經過後烘烤就可將整體材料聚合完成，建立起新介電質層。

傳統眞空熱壓法有大量樹脂流動，非熱壓式壓合樹脂流動量極其有限，因此塡充內層線路空區已很吃力。若製作高密度增層板內層又有通孔，是無法靠壓膜塡充的，因此通孔必須以塡孔材料塡滿。又由於塡孔作業無法恰好將埋孔塡平，因此樹脂塡充硬化後，應以刷磨將突出部分磨平，再做後續線路形成及壓合。樹脂塡充埋孔狀態，如圖 2-37 所示，無氣泡塡充是較佳的狀態，當然使用金屬導電膏也是不錯的選擇。

▲圖 2-37　無氣泡的樹脂塡充

對某些均勻度要求特別高的產品，部分廠商已經開始研發線路間塡充式 (Under Fill) 印刷材料及製程，希望先將線路間空區塡平，再做介電質層。如此可降低塡充負擔同時獲得較均勻介電層，但材料及製程開發都有一定難度目前利用者有限。圖 2-38 所示，爲典型的 Under Fill 範例。採用這樣的處理，可以讓需要超薄介電質層的產品對其厚度控制能力提升，有助於一些構裝載板的技術發展。

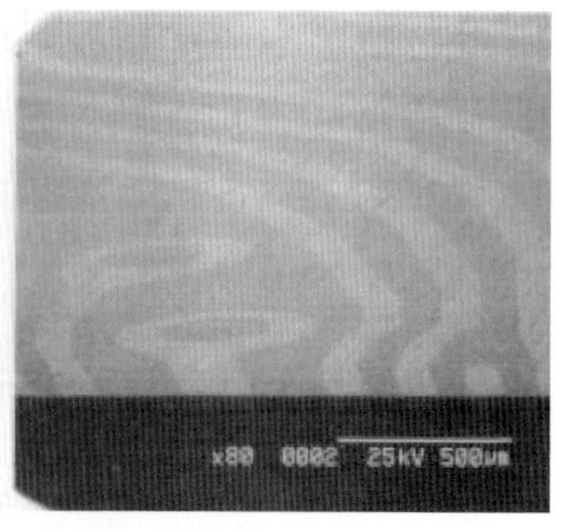

▲圖 2-38　典型 Under Fill 前後的線路狀況範例

(2) 壓合前處理

壓合前必須將內層板線路表面作粗化，使線路與樹脂間結合力能夠強化。這類壓合製程業者多數使用棕化處理，黑化處理反並不多見，可能因素包括填充特性及雷射加工干擾等因素，業者可針對自己需要做物料及製程選擇。

(3) 介電質層製作

壓膜的作法

除了眞空熱壓合外，眞空壓膜、濕式壓膜也是介電質層主要製作方法，至於介電質層是以附樹脂銅皮 (RCC) 或樹脂膜製作，主要還是看業者自己規劃製程的訴求而定。由於高密度增層法使用者多，因此連續式壓膜生產設備也相當普遍。對少量電路板製作者，手動設備可能是較經濟選擇。目前較常被採用的眞空壓膜法，與早期止焊漆壓膜做法類似，不同的地方是材料變得較厚，且壓後平整度要求也較高。

典型手動式眞空壓合機，只要加上前段自動上料裝置及後段整平下料裝置設計，就可成爲連續生產設備。不論採用哪種壓膜機，在製作介電質層後都必須再進行整平。因爲一般壓膜機會在設備內墊上厚重緩衝材料，這可以保證在電路板有高低差時，仍能將樹脂擠入空區。但這種操作也使樹脂表面產生波浪狀，不同於傳統壓合採用鏡面鋼板壓合，可以獲得相當平坦的表面。因此在完成第一段緩衝墊壓合，在樹脂還沒有進入完全硬化前，就該做第二段熱壓整平處理，才能得到平整的板面。整平處理對需要製作細線路的板子相當重要，這可讓後續曝光影像轉移作業降低漏光風險，較有利於細線路影像形成。圖 2-39 所示，爲典型眞空壓合設備。

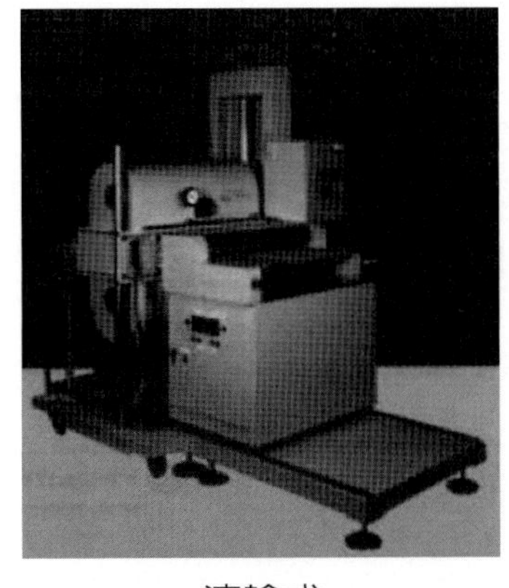
滾輪式

平台式

▲ 圖 2-39　典型真空壓合設備

樹脂油墨塗佈的作法

當然如果直接選用樹脂油墨塗布，也可以建立介電質層。但不論使用何種塗裝，材料屬於感光或非感光性，製程最後都必須有熱烘烤硬化，這與熱壓合直接在壓板機內硬化聚合做法不同。也因此這種方法可以連續生產，且板厚控制也較容易一點。較典型的作法是採用滾筒塗裝，爲了均勻度及填充性，廠商都採用兩次塗裝生產。對熱固型材料是利用雷射加工成孔，因爲孔的位置是在熱聚合後完成，因此位置精度相對較好。至於感光成孔，因爲熱聚合是發生在成孔後，相對位置精度就較不容易維持。目前這種製程因爲製程能力及材料特性顧慮，使用者較少。

(4) 後處理及檢查

非熱壓合 (膜) 式介電質層建立，完成後都要做熱烘烤硬化樹脂。之後就如一般電路板做基準孔、外形、端面、倒角等加工，加工完畢要做品檢，項目包括：外觀及尺寸檢查，之後繼續做後續製程。而這些檢查程序，和一般電路板大同小異。若是 HDI 產品表面仍要繼續成長下一層，則只要完整循環本壓合製程就可達成。

2-12 壓板的品質檢查

壓板完成在送往下個製程前，應做外觀及尺寸檢查。檢查項目一般包含外觀凹陷、刮痕、織紋、異物等及有關尺寸規格的板面尺寸、板厚、板彎板翹等。如果是傳統多層板，電路板不會回頭再做壓合，但如果是序列式壓合或高密度增層板則經過鑽孔、電鍍、線路形成過程，會重新回到壓板建立下一層介電層及銅皮。

一般對於壓板品質特性，最具爭議的項目就是基板翹曲問題。這是因爲材料作業或化學反應中殘留的應力造成，如：熱殘留應力、機械殘留應力等都是有可能的肇因。板面翹曲對電路板零件組裝製程影響，主要會出在共平面性差，不利於打件作業，且如果共平面不良在組裝時也容易發生冷焊及對位不良、掉板等問題。

雖然 IPC 有參考標準，但一般廠家並不完全遵循。常見電路板規格會設定在每一英吋長度下翹曲度不可以超過 2mil，但對半導體構裝用的基板就會有較嚴格規格，每一英吋 1mil 以下是常見的標準。這些翹曲規格對於較厚硬板是有意義的，但對較薄構裝板未必見得有用，因爲基板已經薄到十分不容易攤平。對於軟性載板，這種狀況會更加嚴重。圖 2-40 所示，爲業者在粗略驗證電路板彎翹時所採用的方法示意。

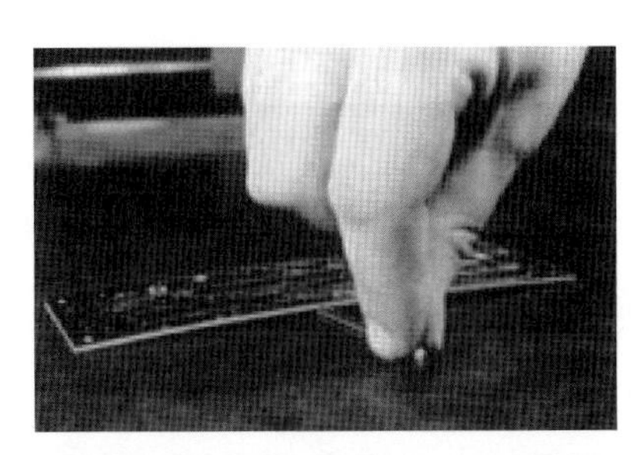

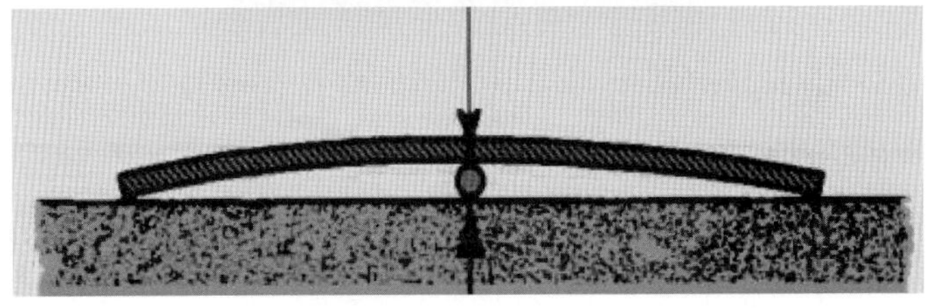

▲ 圖 2-40　一般業者粗略驗檢查電路板彎翹採用的方法

比較自動化的檢驗方式，則會採用 Shadow Moire 測量。這是一種干涉光學儀器，可以呈現表面的高低差與共平面性。圖 2-41 所示，爲典型光學設備呈現的表面平整性資訊。

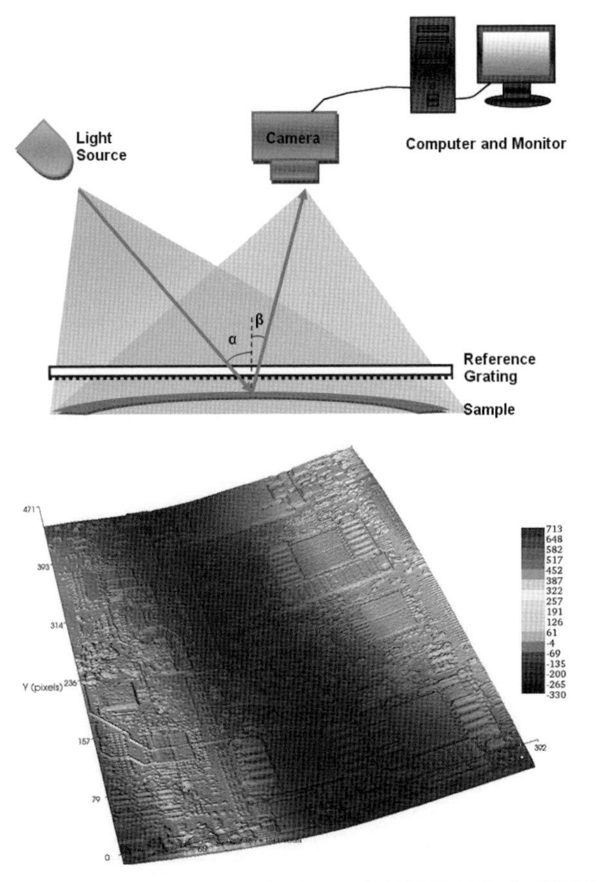

▲ 圖 2-41　Shadow Moire 的測量示意與板面平整度呈現結果

電路板層間偏移及厚度不均，是另外的常見壓板缺點。通常電路板常因壓合流膠，出現中央厚板邊薄，不過平均厚度則仍需處在規格內。厚度偏離常是因爲膠片膠流量 (Resin Flow) 過高，壓合時流膠大會使得膠含量 (Resin Contain) 降低，而在厚度形成偏低。另外膠片組合也對電路板厚度分佈有相當程度影響，如果要達到某固定成品厚度，膠片的張數及玻璃纖維布種選擇，都有多種不同組合可能性。

至於膠片的膠含量也會有差異，一旦組合不當時便容易造成產品厚度偏離。流膠過大會造成整體厚度偏低，這方面可經由膠片上膠製作條件調整及壓合操作週期變更調節。至於因組合不當產生的厚度偏離，則需要由實驗與經驗累積修正。內層基板位置偏離也常與流膠狀態有關，如果兩片內層板間膠量偏多，有可能因爲樹脂潤滑性而造成滑板，當然偏滑也可能來自鉚釘固定不良造成。不過品質檢查如果發現對位不良，必須確認偏移是來自於同一片內層板或不同片，如果是不同片間的位置偏移才是壓板所產生，如果是內層板內的問題，則應該是內層線路影像轉移曝光時就已經產生，不能歸類爲壓板問題。

CHAPTER 3

機械鑽孔製程

3-1 製程加工的背景

電路板通孔鑽孔的目的有兩個：

(1) 產生貫穿電路板通路，讓後續製程可形成上下與線路間電氣連結。

(2) 讓通孔零件可經由電路板結構安置到精準位置，鑽孔品質是以孔在後續製程產生的介面能力來判定：電鍍、焊接及產生不衰減電氣與機械性連結。

機械加工鑽孔，一直是電路板層間連通的主要技術，尤其是一次可加工多片電路板的做法，可以大幅降低製作成本。過去貫通孔 (Through Hole) 製作法，一直採用大量機械鑽孔加工法。隨著表面貼裝技術 (SMD) 普及，貫通孔將大部份過去插入式零件組裝功能排除，完全以連通 (Via) 爲主要結構功能。以往以 0.5mm 以上爲主要鑽孔孔徑的設計，如今只要是加工費用不太貴，幾乎都會將孔徑設計儘量達到可接受最小直徑。當然設計基準還必須考慮電鍍能力限制，不過目前除了特殊系統用電路板外，多數電路板鑽孔會受到電鍍限制都較少。

這種現象，尤其以電子構裝載板技術變動最明顯。因爲半導體晶片不是靠金屬打線連結就是直接將元件焊接到載板，根本沒有通孔零件需求存在。除了特殊設計需要端子，否則產品表面幾乎都是非常小的孔，不論通孔或盲孔都如此。所以在探討高密度電路板產品時，就不得不特別將小孔製作技術搬上檯面作特別討論。本章內容，將針對電路板主要鑽孔加工程序做討論。

3-2 鑽孔加工的技術能力分析

各種鑽孔加工技術的製程能力，它們各有不同加工模式與可行操作範圍。雖然各廠家間對技術範圍看法有差異，但大致對其能力認定範圍相去不遠。依據有經驗的工程師探討，好鑽孔製程必須要具備的要件，不外乎管控材料、設備、方法以及對作業者做良好訓練。圖 3-1 是概略的鑽孔加工方法與鑽孔孔徑間能力關係圖。雖然在雷射加工方面，後期有更新的技術出現，但是純以機械鑽孔觀察，這張圖的趨勢與比較並沒有太大的變動。

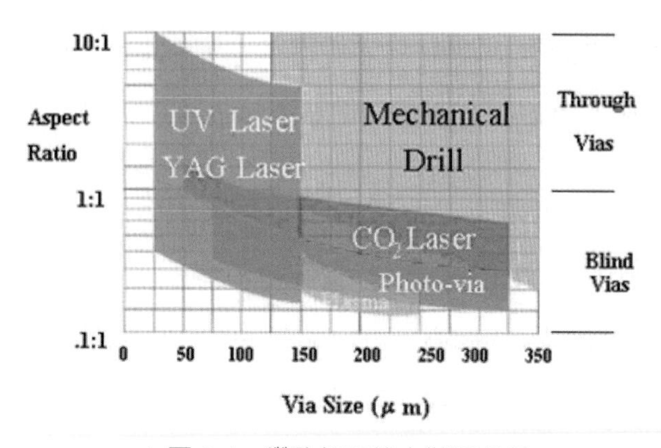

▲ 圖 3-1　鑽孔加工能力狀況分析

由圖中灰色區域可看出，機械鑽孔加工，可以提供的鑽孔縱橫比是最大的。因爲圖內所有顯示的加工方法區塊，只有機械加工法可以突破圖面向外延伸。理論上如果純以加工縱橫比的能力看，機械鑽孔可加工的縱橫比可高達 1：20 左右，但是對實際鑽孔精度及位置偏移量考慮，方法的使用必須依據產品調整。因爲機械加工的深度精度控制相對困難，同時孔型也有一定限制。雖然有公司推出特殊鑽針刀型，號稱可鑽出適當機械盲孔，但終究使用者少也不普及。圖 3-2 所示，爲特殊鑽針加工出來的機械盲孔。

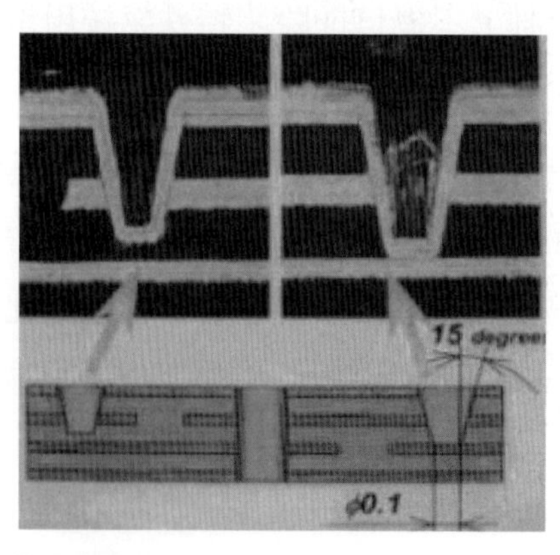

▲ 圖 3-2　特殊鑽針加工出來的機械盲孔 (來源：Union Tool)

3-3 機械鑽孔作業的電路板堆疊

在進入機械鑽孔技術領域前，首先應該瞭解的就是機械鑽孔會使用到的相關材料。圖 3-3 所示，是從電路板技術手冊摘錄出來的相關材料特性關係圖。

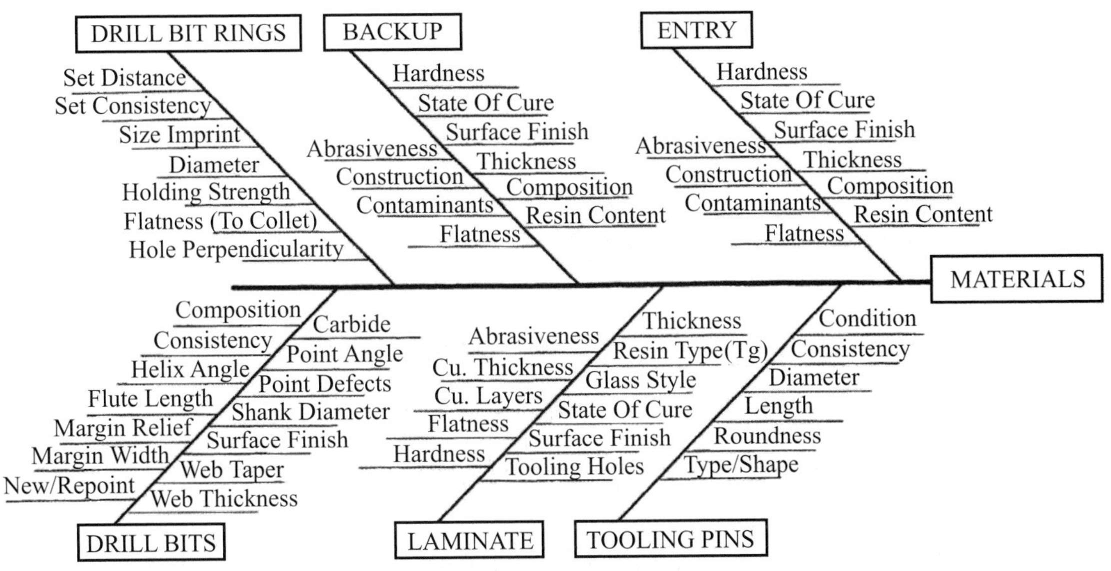

▲ 圖 3-3　機械鑽孔相關材料特性關係圖 (來源：Printed Circuit Hand Book Ver.6th)

爲了經濟有效生產電路板，機械鑽孔作業都會採用片鑽孔生產。因此堆疊片數愈多，加工效率就愈高，生產操作成本當然就下降。但在電路板設計型式及鑽孔孔徑、加工能力、加工品質等因素考量下，各種產品堆疊也有一定上限，這是生產作業必須注意的部分。

機械鑽孔堆疊結構，有蓋板 (Entry Board) 與墊板 (Back Up Board) 分別置放在電路板上下方。蓋板作用是防止機械作業中對電路板面的損傷，也可以適度幫助鑽孔產生的熱量散失掉，藉以改善鑽孔品質。至於墊板，主要功能是防止鑽孔機台檯面損傷，同時可讓鑽針順利鑽透電路板，並降低電路板底部毛頭產生量。

通常鑽孔機希望能在多重疊張數下完成，以提昇效率降低作業成本。因此鑽孔前置作業，會做疊板上插梢，典型電路板上插梢 (Pin) 機，如圖 3-4 所示。

目前業界用的鑽孔物料花樣繁多，蓋板方面有使用鋁合金板、鋁板、尿素板、合成板等不同材料型式，當然這些都著眼點於品質與成本間的平衡考量。部分材料業者還推出了所謂潤滑劑或潤滑膜，加在蓋板表面降低機械鑽孔摩擦造成的膠渣。這種想法因爲耗用材料單價略高，因此多數用於精密度、單價高的產品應用。

▲ 圖 3-4 典型機械鑽孔電路板上 Pin 機

至於墊板選擇，可用材料也有很多種，鋁皮壓合板、木漿板、尿素板等都有被使用的實績，但效果與成本仍然是最重要考量。圖 3-5 所示，爲機械鑽孔製程套完插梢後疊板模式。關於蓋板與墊板應用討論，會在後續內容陳述。

▲ 圖 3-5 機械鑽孔製程前套 Pin 疊板與整備

3-4 機械鑽孔機的設計特性

電路板用機械鑽孔機，基本設計特色包括：(1) 採多軸式設計 (2) 位置控制精準 (3) 轉速高與穩定度高 (4) 採電腦數位控制等。當然隨著不同產品需求，還有許多不同機械設計出現在不同專用機種上，筆者嘗試在內容中適度做介紹。

(1) 多軸式設計

爲了大量生產並能降低成本，電路板用機械鑽孔機多數都採多軸式設計，主要原因是鑽孔的驅動平台佔整體設備製作成本較高，如果採用多軸共用一個平台則可降低機械製作成本。圖 3-6 所示爲特殊多軸式鑽孔機設計。這種機械設計台面驅動是同步的，各鑽軸相對於檯面座標必須保持足夠精確度，否則同時以多疊做電路板加工，產生的公差就會變大。某些文獻強調數位控制機台，如果要保持穩定品質，最好用花崗岩基座降低震動影響。但實際機械生產，一些知名廠牌即使用鑄鋼檯面仍然可有不錯的表現。

▲ 圖 3-6　特殊的多軸式鑽孔機設計

(2) 精準的位置控制能力

由於鑽孔需求是定點加工，因此精確位置移動機能十分重要。電路板鑽孔機都有光學尺設計，利用光學儀做檯面位置精度維持。機械移動機構不論使用何種設計，都會有磨損及偏移疑慮，尤其是長時間連續使用或機械使用年限較長時，如果沒有輔助位置維持機構，很難保證加工品質。圖 3-7 所示爲典型驅動及光學尺機構。

▲ 圖 3-7　典型的鑽孔機驅動及光學尺機構

機械鑽孔精準度與許多因子有關，但機台檯面的重量與鑽孔精度相關性卻較少被提出。一般鑽孔檯面驅動，主要以螺桿與伺服馬達或線性馬達爲驅動主體，用滑軌來維持運動的平直穩定。為了整體檯面剛性考慮，鑽孔檯面都會作得十分強固，但是相對份量也會較沉重。圖 3-8 所示，為典型螺桿驅動機構範例。

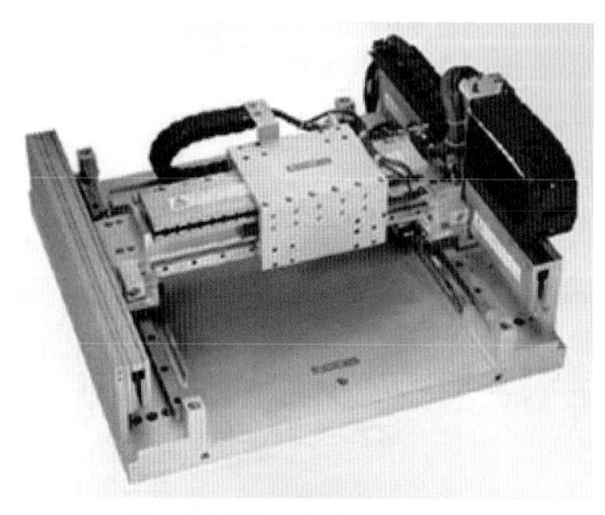

▲ 圖 3-8　典型的螺桿驅動機構範例 (來源：大銀科技)

為了快速加工，鑽孔檯面驅動速度頗為迅捷，但相對慣性卻使檯面不容易穩定停滯下來，因此行進間的微動會直接影響鑽孔位置精度。在特別高精度鑽孔需求應用，會有人捨棄大檯面多軸鑽孔，採用小檯面機械設計，這就是其中原因之一。某些廠商為了要提升鑽孔作業精度，嘗試將工作台面輕質化，利用較厚的鋁材維持台面強度。雖然整體台面厚度似乎有增加，但因為鋁材比重較輕，重量仍能夠大幅減輕。機械運動可更為便捷，而動停間的穩定性也可提升，又可以因為輕質化而提升工作台面運動速度增加產出。

(3) 極高加工轉速與高穩定度需求

電路板材料是以玻璃纖維、樹脂及銅皮為主，同時加工孔徑也愈來愈小，為了維持良好切削力與切削品質，並達到快速加工目的，電路板用鑽孔機構講究高速旋轉作業，這與一般用在金屬加工用鑽孔機有些不同。一般機械旋轉機構都會有軸承設計，而軸承又有多種不同結構分類。最常見的軸承以滾珠軸承為代表，主要是採用滾珠降低軸與固定機構間的摩擦力，藉以達到可高速操作的目的。

但一般滾珠軸承多數都只能操作到約 60,000 ～ 80,000 RPM 為上限，且必須看工作負荷決定其實際上限值。且高速機械旋轉也會產生共振現象，因此對電路板鑽孔加工設備，滾珠軸承要配合 160,000RPM 以上的應用並不適合。目前有特定廠商採用滾珠軸承外緣來驅動鑽針，進而達成高速加工的目的，這方面目前某美國供應商有相關專利。但因為較晚推出，同時一直將技術保留在美國本土，亞太地區並未見其推廣，這類技術在後面內容再討論。

多數機械鑽孔機，到目前爲止幾乎都採用氣體軸承。這種軸承主要作業原理類似磁浮電車，不同的是軸與軸承間的空隙保持，不是完全靠磁力產生間隙，還搭配高壓無油空氣形成的氣膜支撐。這層氣膜兼具有支撐轉軸與散熱雙重功能，可讓鑽孔機轉速持續在高檔作業不發生過熱或毀損。目前多數電路板鑽孔機都已有超過 160,000 轉以上作業能力，業者推出的機種中，目前 300,000RPM 機種也被業者採用。但是因爲機種價位較高，刀具使用及鑽針刀柄設計會有特定限制，這些都使業者在採用這類機種時猶豫，目前這種等級設備仍然較集中在構裝載板類產品的超小孔機械加工應用。

目前主要的機械鑽孔設備結構，比較重要的套件就以鑽軸、工作台面、操控系統三者爲主體，而氣動軸承是這些重要零組件之一。可是目前有能力穩定供應這類零件的廠商十分有限，也使各家廠商在整體設備差異性相對降低，因爲大家都必須與有限廠商打交道，連設備進步程度也受這些廠商牽制，另外設備成本競爭力也受零組件影響頗大。圖 3-9 所示，爲典型的氣體軸承範例。

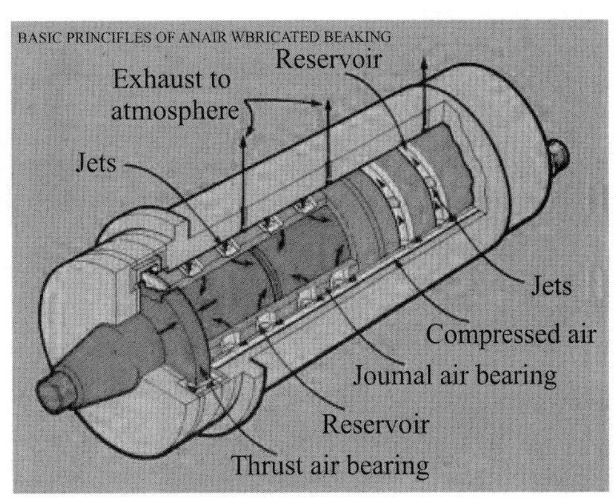

▲ 圖 3-9　典型氣體軸承範例

鑽軸使用的氣體要保持高水準品質，供給設備與鑽軸需要的是清潔乾燥空氣，這可經由過濾器清除其中灰塵和水分處理。相對濕度較高地區使用空氣軸承鑽軸，線上即時乾燥與過濾系統可能必要，這樣可控制濕度與含塵量。濕潤空氣會引起軸套及其他鑽軸零件表面腐蝕，會增加設備維修成本。骯髒空氣會影響依賴這些空氣運作的零件，堵塞零件的空氣通道影響正常操作，如：鑽軸軸套、氣動套件等。

髒東西也成爲磨損零件的元兇讓零件磨耗更快，因此而縮短零件壽命及增加停機時間與維修成本。清潔設備空氣過濾器並保養壓縮機，將這些工作固定確實執行，可讓因濕氣與髒污導致的問題降到最低。鑽孔設備管路連接與壓力管控，需要靠檢查管路連接、儀表、軟管等達成。更換有漏洞與磨損零件、連接壓力腳軟管時，常會在連結處產生斷裂問題，依賴簡單彎曲軟管檢查就可確認是否滲漏。

其他常發生連接不良空氣滲漏的位置，以鑽軸頂部夾套安裝連接處與軸套邊上整組軸套連接器，這些機構供應空氣到夾頭與軸套爲主。設備必須有足夠氣壓供應夾頭及軸套空氣，這對維持設備正常運作具有關鍵性影響。工具台面設計騎乘在由空氣承載的支撐套件上，檢查時應該適當來回轉動輕推套件，並確認他可順暢運動。如果這個套件無法移動或移動困難，就可能是空氣通路已被殘留污物堵塞，意味著套件需要清理或更換。檢查壓力腳的壓力儀表並確認表壓，每個鑽軸都該有相等靜壓分佈。不足或不均靜壓會導致毛頭增加，提升鑽針損傷可能性。

鑽軸是在高速運動，任何明顯震動就可能傷害到鑽軸本體，且氣動軸承與軸套間隙相當小，若有油污出現非常容易產生問題。因此要保持鑽軸溫度不過度升高，且沒有油污碳化造成機械問題，必須使用無油壓縮空氣支撐鑽軸，這就是爲何前文提出需要高品質空氣的原因。

偏心度的測量

鑽針與夾頭的對中程度或稱爲總偏心度，是在測量經過組裝後鑽軸旋轉時的眞實狀態。它可在鑽軸各種旋轉速度 (RPM) 下做測量，這種方式被認定爲動態測量。另一種方法則是在鑽軸沒有運轉時做測量，稱爲靜態測量。靜態測量是將 1/8 英吋直徑的插梢以手動安裝到夾頭中，之後以測量儀接近插梢位置，與夾頭鼻端保持約 0.8 英吋距離 (模擬鑽點的距離，參考圖 3-10) 做測量，當然測量所用的插梢眞圓度必須要夠好。

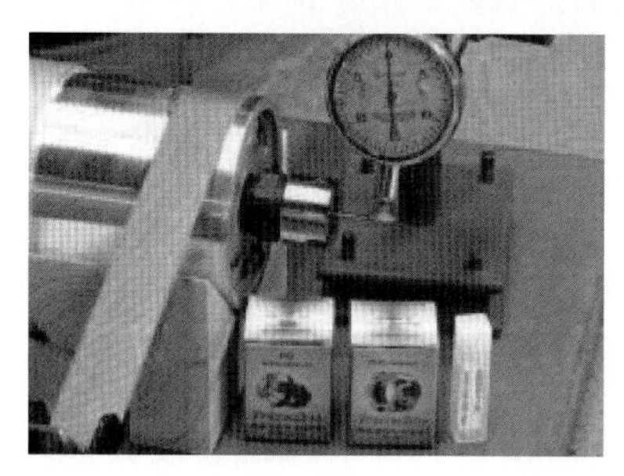

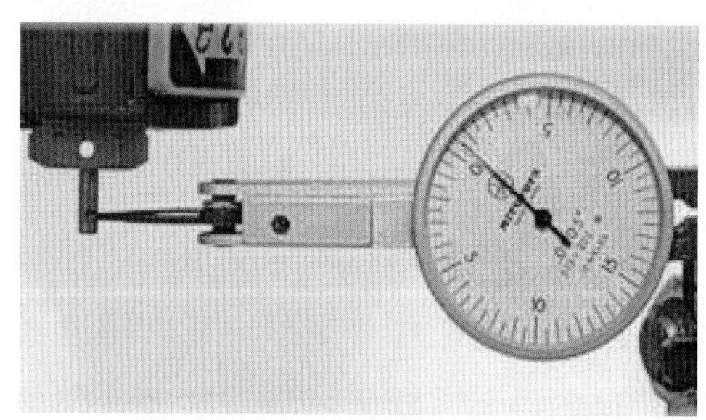

▲ 圖 3-10　偏心度測量 (TIR-Total Indicated Run-out)

使用 20mil 鑽針時，其允許最大偏心度是 0.5mil，當使用小於等於 20mil 鑽針直徑時，則偏心度必須保持在 0.2mil 以內，以防止鑽針斷裂問題。如果有過大偏心度，較聰明的辦法是更換鑽針再次測量。未加工的鑽針棒所製作的插梢是理想偏心度測量工具，可向鑽針供應商取得。過高的鑽軸偏心會導致鑽針斷裂、增加鑽孔毛頭及其它鑽孔缺陷，當然也會影響鑽孔位置精度。偏心度過大的問題，可經由簡單清潔夾頭與夾頭座或更換破損夾頭改善。理想上各台鑽孔機做偏心度的最小檢測頻率應該是每週一次。

(4) 電腦數位控制的能力

彈性生產一直是泛用型加工機主要追求目標之一，專用型加工機械都會有較低造價及較高工作效率，但加工彈性卻十分有限。拜電腦數位科技之賜，許多機械加工可用數位控制做生產，且生產效率也並不低，只是設備費用都會較貴一點。電路板在設計資料送進電腦輔助製造系統後，會產生相關數位資料給鑽孔機加工用。早期加工因爲工具系統並不發達，會採用數位紙帶資料處理，利用打帶機做數據轉換，送上加工機生產。圖 3-11 所示，爲早期打帶機。因爲這種做法是前輩們的標準作業，因此時至今日雖然多數公司都已完全使用網路傳輸做行資料處理，但仍然將製作鑽孔程式工作叫打帶。

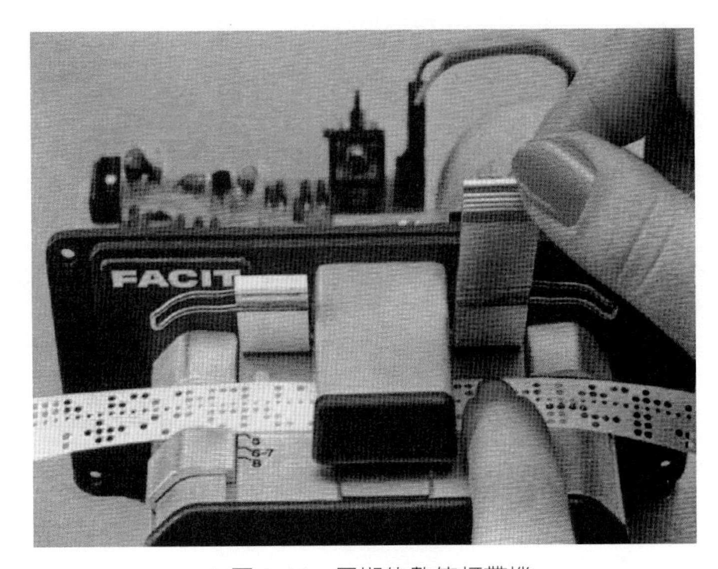

▲ 圖 3-11　早期的數位打帶機

鑽孔機讀取數位資料後經過程式轉換，就可做鑽孔加工。各家機械操作模式略有差異，加工作業性應選取相容性高且人機介面較方便的機種是較明智的選擇。至於數位資料處理，都有標準作業程序可供參考。早期鑽孔機數位程式都遵循大廠標準格式編寫，後進者只好提供轉譯程式搭配數據轉換。不過目前許多新機種爲了能加速生產並減低檯面行進耗費時間，提供了路徑最佳化或簡易編碼程式規則，這些做法也已在業界普及。

這些程式碼經過電腦轉換，可變換成機械可用的操控系統訊號，利用這些操控系統可直接控制機械動作。目前多數鑽孔機廠商，都有各自解決方案可應對製作需求，某些廠商還會引進智慧型系統讓操控更有效率。比較有競爭力的廠商，常會自己掌控自有操控系統，這樣較具有自我修改精進能力，也可以降低製作設備需花費的系統授權成本。除了這些基本設計特性外，爲了能大量穩定做鑽孔生產，也有工廠採行全自動化投料系統做電路板生產。圖 3-12 所示爲典型的範例。

▲圖 3-12　自動上下料的鑽孔系統規劃

這種系統過去相當新穎，且以省力穩定訴求也相當合理。但近年來因爲電路板孔密度一再提高，電路板安放在鑽孔機上需要相當長時間才會下料。在這種狀況下，這些昂貴自動化設備使用率就相當低，後來要再使用這種設計，都會仔細評估其產品特性才設置，並不如發展初期那樣受到重視。

3-5 電路板用鑽針的材料及物理特性

鑽針的選用

工欲善其事，必先利其器，作機械鑽孔當然就必須注意加工鑽針選用。使用電路板鑽針時必須考慮加工目的和用途，選定恰當形式鑽針才能充分發揮性能。本段僅就鑽針種類，製造工程及外觀檢查等，逐步做說明。

鑽針的種類與製造

常用於電路板加工的鑽針種類有 ST(Straight Drill) 型、UC(Under Cut Drill) 以及 ID(Inverse Drill) 型三類鑽針，表 3-1 所示爲三類鑽針的概略特性描述。

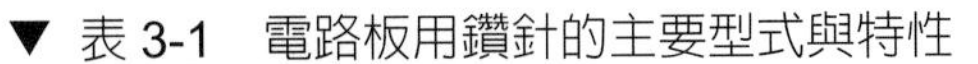

▼ 表 3-1　電路板用鑽針的主要型式與特性

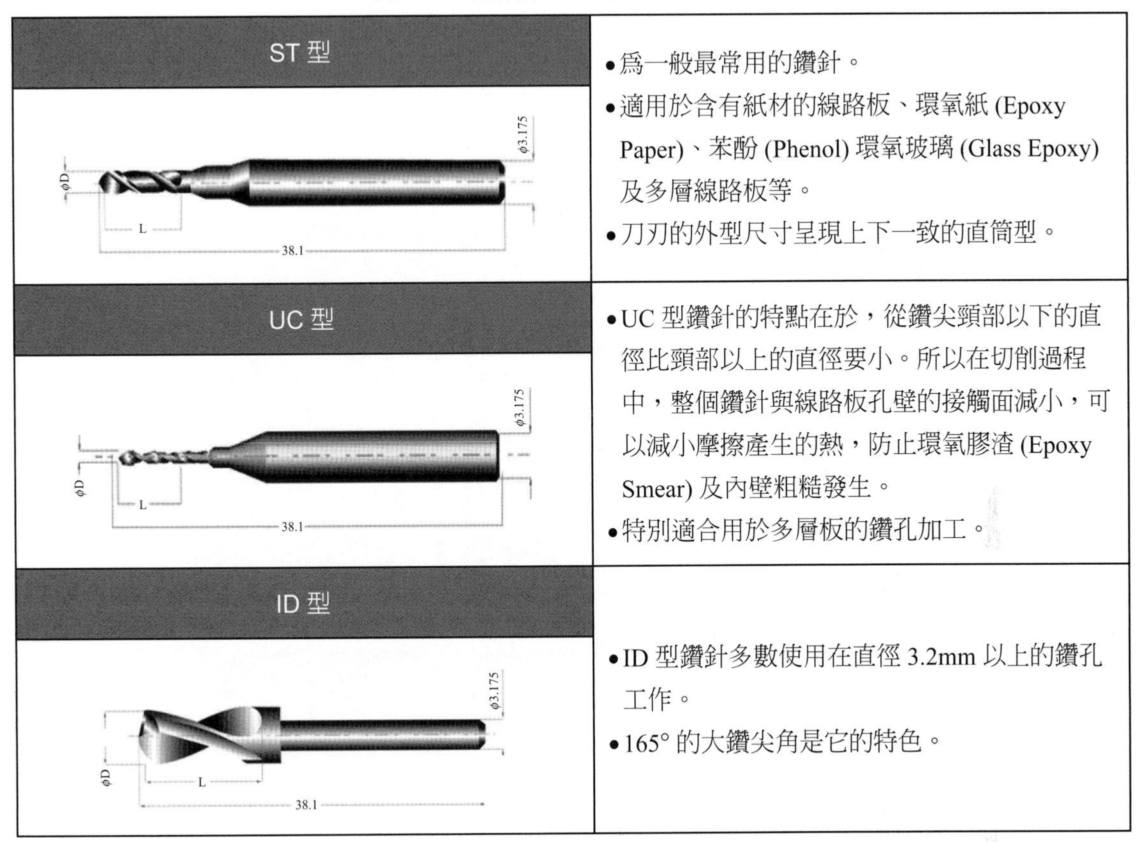

型式	特性
ST 型	• 為一般最常用的鑽針。 • 適用於含有紙材的線路板、環氧紙 (Epoxy Paper)、苯酚 (Phenol) 環氧玻璃 (Glass Epoxy) 及多層線路板等。 • 刀刃的外型尺寸呈現上下一致的直筒型。
UC 型	• UC 型鑽針的特點在於，從鑽尖頭部以下的直徑比頭部以上的直徑要小。所以在切削過程中，整個鑽針與線路板孔壁的接觸面減小，可以減小摩擦產生的熱，防止環氧膠渣 (Epoxy Smear) 及內壁粗糙發生。 • 特別適合用於多層板的鑽孔加工。
ID 型	• ID 型鑽針多數使用在直徑 3.2mm 以上的鑽孔工作。 • 165° 的大鑽尖角是它的特色。

平常電路板鑽孔加工使用的鑽針類型以 SD 與 UC 兩種為主，業者對兩者做的特性比較如表 3-2 所示。

▼ 表 3-2　ST 與 UC 鑽針的特性比較

鑽針型式	ST	UC
孔內品質	尚可	較佳
優點	• 成本低	• 產生較少熱量
	• 研磨次數多	• 穩定性高
缺點	• 接觸面長,	• 成本高,
	• 產生較多熱量	• 研磨次數少
孔位精度	• 芯厚大	• 芯厚小
	• 孔位精度佳	• 孔位精度尚可

鑽針的製造工程

各種不同鑽針都有其精細製作方式，但較為典型的製作程序，可用概略性加工程序表達，如圖 3-13 所示。

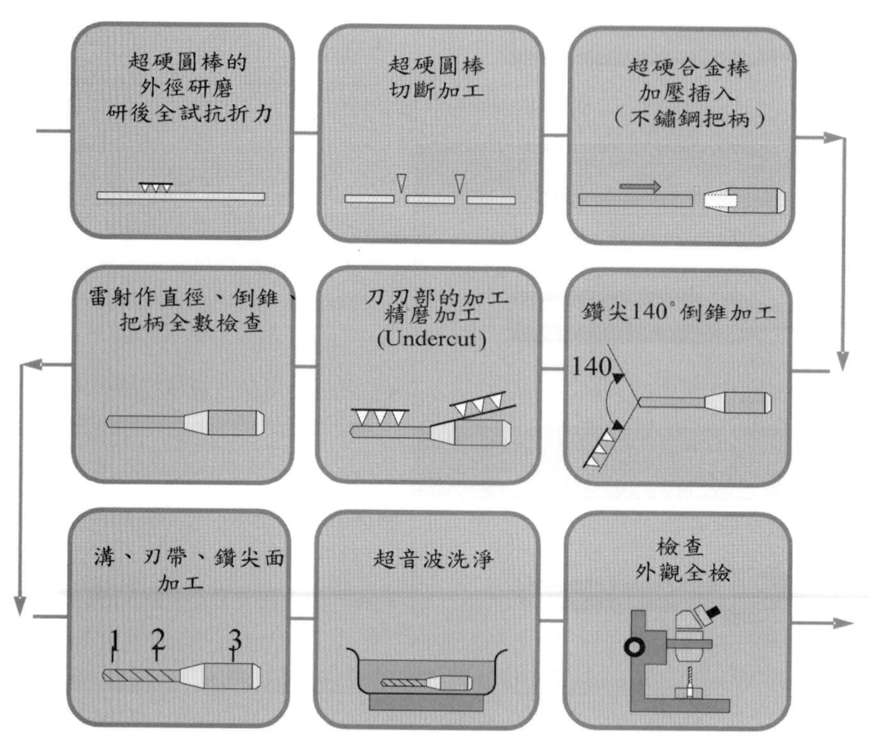

▲ 圖 3-13　典型的鑽針加工程序

對於 ID 型鑽針，由於鑽針刀刃的直徑比刀柄直徑還大，因此會先做刀刃與刀柄表面初部處理，之後做兩段材料焊接並作強度檢查，之後才做刀刃部分的細部加工。加工完畢後的處理，與其他鑽針處理程序沒有太大差異。目前參與鑽針加工製造的廠家不少，各家品質特性也有差異，因此要如何做刀具選用就成為使用者必須面對的課題。目前多數製作商都製作超過 0.3mm 直徑以上的鑽針，但在 0.3mm 以下的鑽針製作能力就受到極大考驗。同樣的鑽針直徑，其刀身長度也有差異，細而長的鑽針結構製作難度較高，售價也會略高。為了能單次加工更厚電路板，鑽針廠商會採用強度較高的特殊碳化鎢棒加工刀具，這樣可以降低因刀刃變長產生的額外位置偏移，這會在後續鑽孔加工製作內容嘗試說明。

早期鑽針市場空間較大，投入廠家也多，但因為整體電子產品價位滑落速度快，相對加工耗材價位空間也受到壓縮，使得鑽針製作業者備感壓力。另外因為這種壓力，某些廠家採取改變碳化鎢與刀柄結合的策略希望能降低成本，但業者應該要確認其加工法改變是否對鑽孔品質產生影響，否則會直接影響電路板品質，節約成本的結果會得不償失。

鑽針的結構名稱和功用

鑽針各部名稱如圖 3-14 所示。

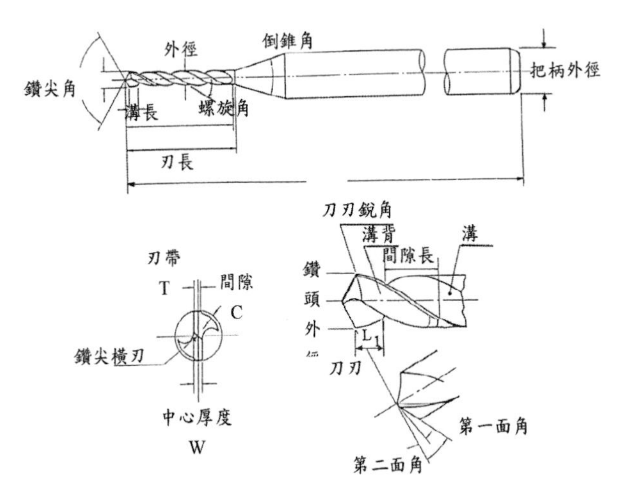

▲ 圖 3-14　鑽針各部名稱圖示

鑽針各部功用說明

(a) 鑽尖角

鑽尖角大小直接影響切削物排出方向及形狀，也涉及切削阻力、毛邊等產生狀況。鑽尖角加工阻力分析示意圖，如圖 3-15 所示。

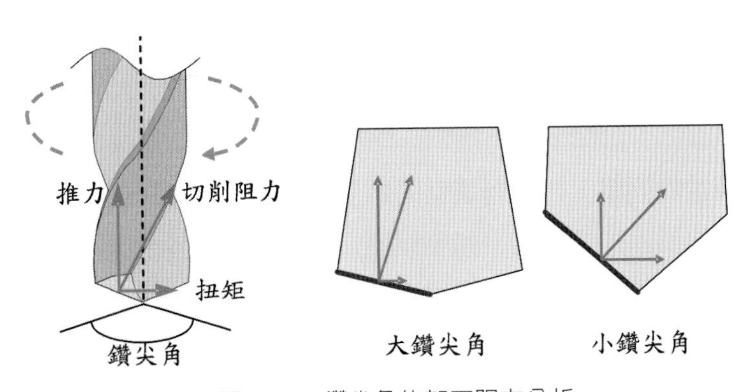

▲ 圖 3-15　鑽尖角的加工阻力分析

(a-1) 鑽尖角較大的鑽針，其排出物比較容易產生粒狀外型，有利於殘屑排出並將熱量帶出。如果鑽尖角變小，排出物較容易形成條狀連結物，容易產生抖動斷針危險，同時孔壁也較容易產生粗糙現象。

(a-2) 切削阻力是要在進刀速度一定的狀態下所描述的比較現象，鑽尖角如果較小則推力(Thrust)減小，扭矩(Torque)增加。反之如果鑽尖角較大，則扭矩(Torque)減小，

推力 (Thrust) 增加。整體切削阻力是鑽尖角大的時候比較小，這是因爲刀面長度較短所產生的結果。

(a-3) 毛邊容易在鑽尖角較小的時候產生，因爲其切割部長度較長產生的負面影響。如果鑽針外徑大的時候，爲了減少因外徑增加造成的切削部長度增加，鑽尖角應該適度變大以減少其切削長度增加的影響，這樣應該可使排屑較順利。

(a-4) 鑽針刀刃是以鑽尖角與排屑溝形狀決定，一定鑽尖角度設計的鑽針當再研磨時，如果研磨機鑽尖角度設定有變異，則磨出來的刀刃就會改變，這將會影響鑽針研磨後鑽針切削能力，因此再研磨時要特別注意參數設定及品質監控。

(b) 螺旋角

螺旋角是鑽針切削角度的重要決定因素 (螺旋角＝前角)，對排屑性、切削阻力、刀刃強度及鑽針剛性都有顯著影響。圖 3-16 所示爲鑽針刃面的示意結構。

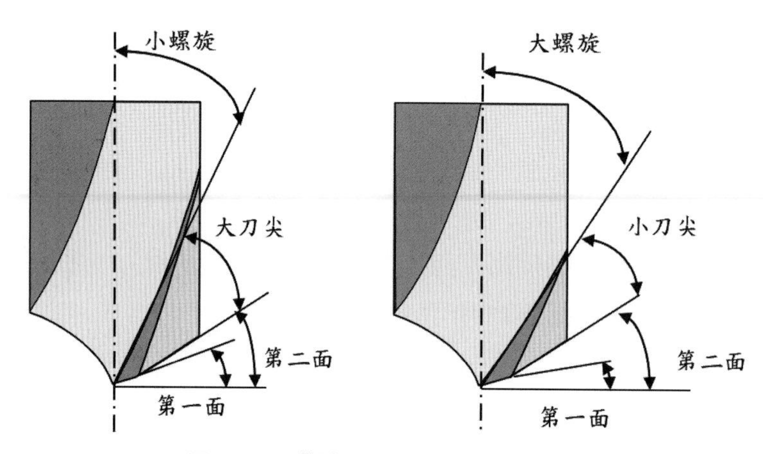

▲ 圖 3-16　鑽針刃面與螺旋角的結構示意

關於鑽針排屑性的問題，如果有適當的螺旋角度設計，就像螺旋式泵浦的作用一樣，可將切削屑順著螺旋斜面加速排出。如果螺旋長度較長而吸塵效果又不好，就容易有孔壁粗糙現象。如果傾斜度較爲平緩，殘屑排出較容易，這是斜面高低差較低殘屑推擠較不費力所致。

至於切削阻力，螺旋角越大鑽針刀尖角越小刀刃也越銳利，有利於切削性能提高，只要小力量便能鑽孔。但缺點是，刀刃強度會因爲刀刃變薄而減小，在較差切削條件下容易發生缺口、異常磨耗等問題。圖 3-17 所示，爲刀具切割材料時的機構，可看到刀面角度對切割的影響。

對鑽針的剛性作探討，螺旋角越大剛性下降愈多，這是因爲去除材料較多的關係。剛性減弱則鑽針較容易彎曲，孔筆直度就會有問題。

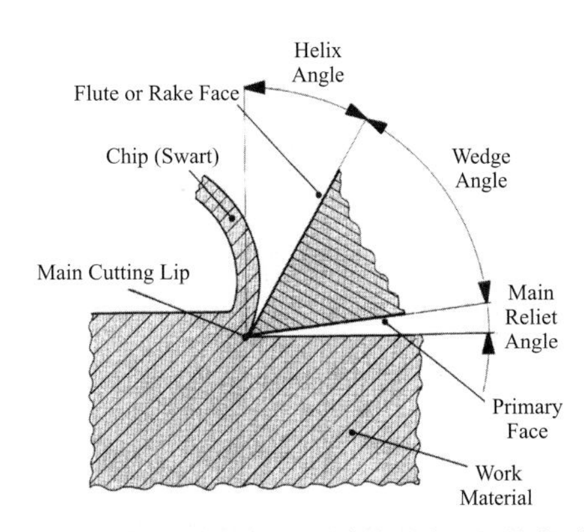

▲ 圖 3-17　刀具切割材料時與切割刀面的角度關係

(c) 第一面角與第二面角

刀刃部與鑽針刀體中心線的角度叫做第一面角，而這個面就叫第一鑽尖面，它會影響鑽針推力 (Thrust)、刀刃強度及刀刃的磨損。

(c-1) 第一面角越大，推力 (Thrust) 會減小。

(c-2) 鑽針切刃部磨損，如果第一面角較小，在第一鑽尖面磨損過程，第一鑽尖面接觸會越來越大，在防止刀刃磨損，角度越大會較有利。

(c-3) 刀刃銳利度及強度，第一、二面角度如果大，刀尖角會變小銳利度較好，而刀刃強度也會降低。

(d) 鑽心厚度與排屑溝的比例

鑽心厚度和排屑溝寬度比例，是律定鑽針斷面形狀的重要因素，它將對鑽針剛性，及加工排屑性能有重大影響。其斷面結構如圖 3-18 所示。鑽心厚度越厚鑽針剛性就會增加，但容納排屑的溝 (Chip Pocket) 深度就會減小，這樣殘屑排出性就會變差，因此對孔壁粗糙及膠渣產生量都會有影響。

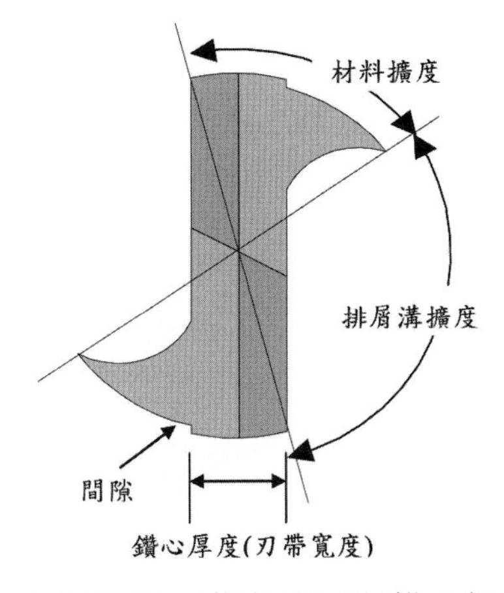

▲ 圖 3-18　鑽針的斷面結構示意圖

刃帶寬度也有人稱刀筋 (Margin) 越大，與電路板的孔壁接觸面便會越大，所產生摩擦熱也會愈多，這便之造成 Smear 大量發生的原因。也因此鑽針會在刀刃帶後方作出間隙 (Clearance)，降低摩擦產生的影響。反過來講如果刃帶寬度太小，刃帶磨損也會產生不利於排屑的現象，鑽孔加工孔數如果增加，鑽針便會形成逆錐 (Front Taper) 現象，而這也是 Smear 發生的原因。

(e) 鑽心倒錐

鑽心厚度倒錐設計是爲了使鑽針剛性增加，它是由鑽尖開始慢慢往後變大的結構。其示意如圖 3-19 所示。倒錐設計的鑽針較厚實固然可讓剛性變強，但排屑溝變淺卻會使排屑不良，如果吸塵設備不佳更會產生孔壁粗糙問題。因此要如何使用這種鑽針，必須特別注意不應該讓加工位置過度接近刀柄與刀刃交界處，這樣就比較不會產生排屑困難問題。

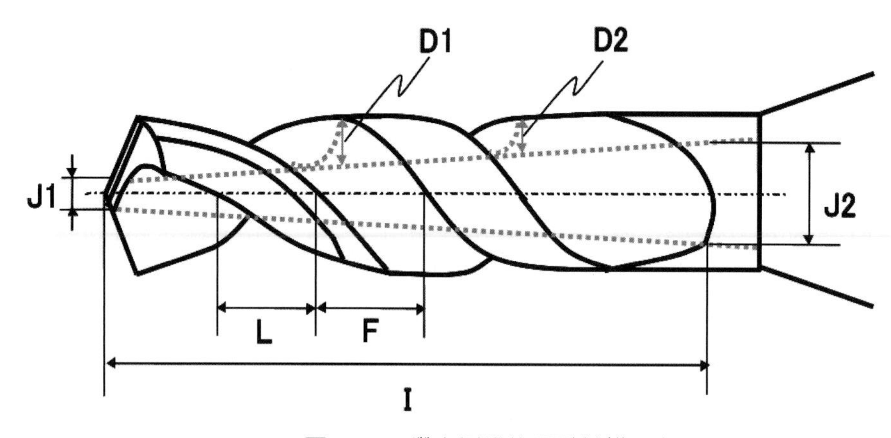

▲ 圖 3-19 鑽心倒錐的設計結構

鑽針在鑽孔過程，應力會集中在刀柄與刀身連結處。因此如果鑽針加工將排屑溝作到超越刀身與刀柄界線，容易使鑽針剛性變差，會容易產生斷針或偏斜，加工孔位精度及加工品質都會下降。另外在溝長設計方面，必須考慮切屑排出所經過的長度，這會影響排屑效率及加工可操作參數範圍，這方面尤其對小直徑鑽針特別重要。

(f) UC(Undercut) 型鑽針刃帶長度

UC 型鑽針是一種爲降低膠渣而發展出來的鑽針，因爲刀身後段逐漸縮小，可以減少刃帶與孔壁接觸面積，從而降低膠渣產生機會。也因此，刀身刃帶不能設計過長，否則無法發揮原有鑽針設計理念，仍會產生大量膠渣。但是刃帶變短，每次再研磨通常會磨掉 0.1 ～ 0.15mm 左右，研磨後刃帶變得更短，會使接觸面磨損情況快速增加。因此雖然這種鑽針有他一定的結構優勢，但是在研磨次數、使用壽命方面都有一定問題必須考慮。也因此如何決定原始 UC 鑽針刀刃長度設計就十分重要。

排屑溝的長度

最小的排屑溝長度必須等於總鑽孔深度 (基材厚度、蓋板、鑽入墊板深度的總量) 加上鑽針鑽到底時 50mil 的排屑溝保留量，這樣的狀態可以讓產生的碎屑受到抽風的真空度而排出。如果碎屑不能在孔與孔之間行程過程從排屑溝中排出，這會擴大孔品質劣化與鑽針斷裂的機會。

特殊的刀刃處理

傳統在金屬材料鑽孔都會先做中心沖定位再機械鑽孔，這可以保持鑽針切割精準度，這種做法對電路板大數量孔需求加工，根本無法採用。目前較普遍的作法，是選用恰當硬度蓋板覆蓋在堆疊板上，依靠鑽針尖端角中心做定位與鑽孔。日本廠商想出了在刀尖端再做一道研磨溝，利用這個精確尖端可讓定位能力再度加強。提高精度後的鑽針，可大幅降低鑽孔產生的斷針風險，也因為居中能力加強可產出較好的品質，且對鑽軸壽命也有幫助。圖 3-20 所示，為傳統刀與修整刀具比較。未處理與處理過的刀具，展現的鑽孔精度狀況，如圖 3-21 所示。

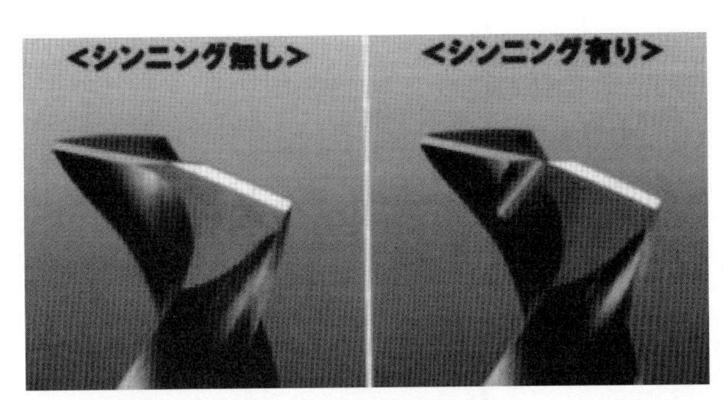

▲圖 3-20　傳統鑽針與不同幾何形狀鑽針的比較 (來源：Stella 公司)

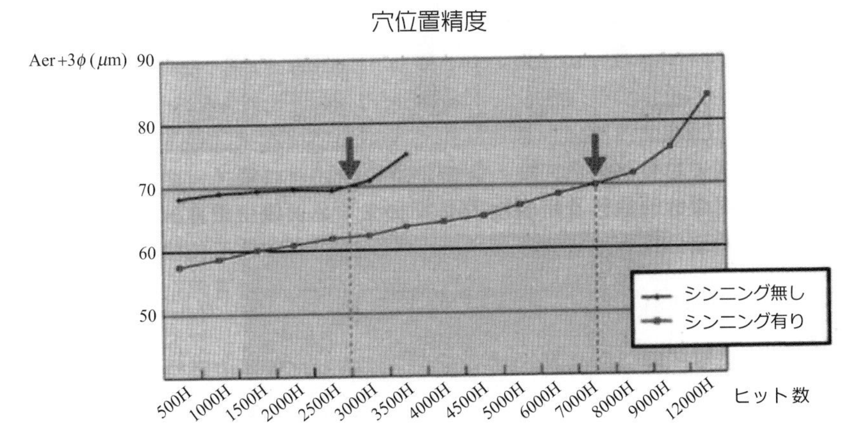

▲圖 3-21　刀具尖端經過開槽處理的鑽孔精度表現 (資料來源：Stella 公司)

從鑽孔表現趨勢看，確實成果相當不錯。但是目前要一般廠商做這種刀具研磨，能力恐怕無法達到。而要請日本代工研磨，又會面對成本高的問題，因此筆者僅提供相關資訊作爲業者參考。

3-6 鑽針的外觀與檢查

新進料鑽針不需百分百檢驗，驗證是採取可接受品質水準 (AQL) 做檢查 (如：依據 MIL- STD-105 標準)。這類取樣計畫可幫助決定檢驗百分比，用來做整批鑽針品質水準推估。用這種方法若發現定量不良鑽針，就該全數退回，如果取樣量通過規格檢驗，整批就可允收。檢查標準應該要包括尖點幾何缺點、損傷 (碎片)、直徑 (鑽刀與刀柄)、排屑溝長度及套環安裝正確性、尺寸標示 (實際直徑必須與包裝盒標示相符) 等。一般人工檢查，在鑽針廠是採取 20 ～ 40 倍放大鏡做全數檢查，各項容許值判定由放大鏡測量。圖 3-22 所示爲一般性鑽針重要檢查項目。

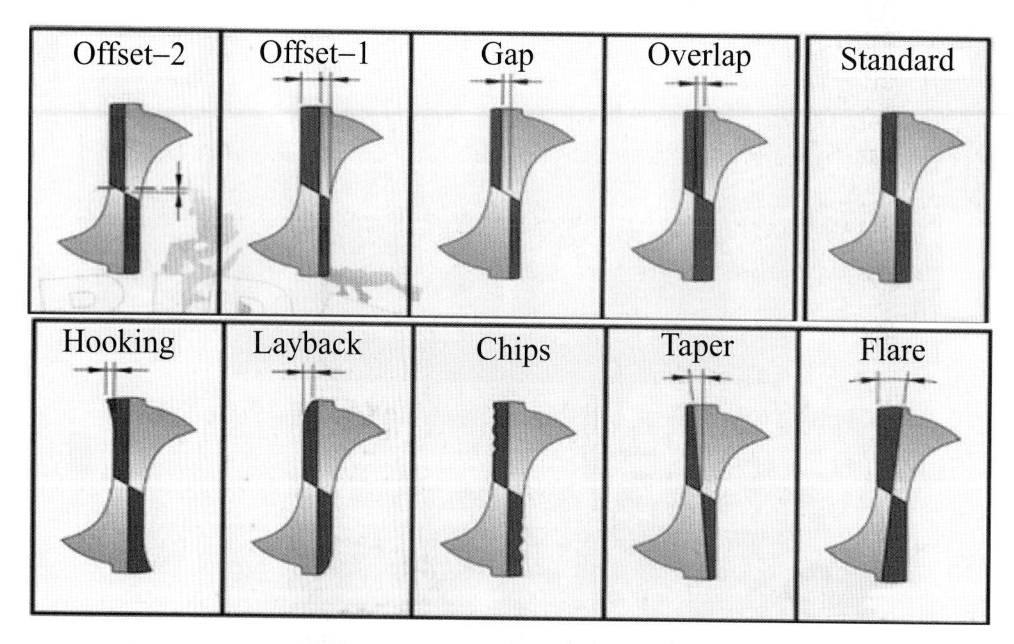

▲ 圖 3-22　一般性鑽針的重要檢查項目

爲了確認鑽針進料及研磨後品質狀況，必須用鑽針檢查機作鑽針端面檢查。目前對這些鑽針品質掌控，多數廠商仍以人工抽檢做管制。由於光學系統發達，目前已有半自動檢驗管理系統可供使用。這些電子影像技術，將影像轉換到螢幕上做半自動或自動檢查已經相當容易，同時數據可即時儲存並做分析管理，對鑽針品質穩定化有一定幫助，圖 3-23 所示爲典型的鑽針品檢影像系統。

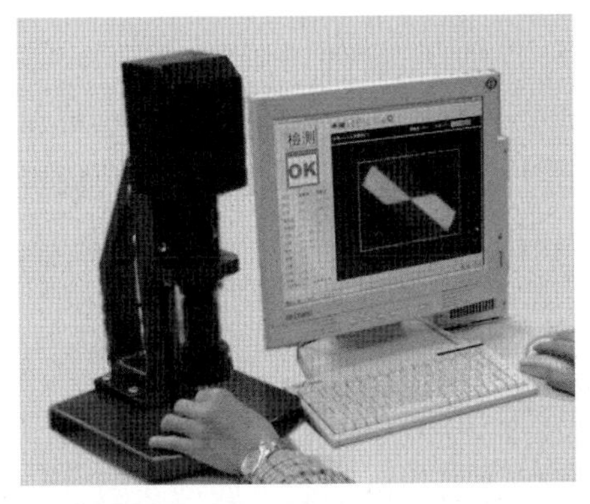

▲ 圖 3-23　典型的鑽針品檢影像系統

鑽針的搬運、持取與操作處理

操作鑽針時，不允許鑽針在作業間相互碰撞，也要小心不要讓鑽針刀緣碰觸鑽針容器。現代鑽孔機許多使用萬用鑽盤 (鑽針卡匣)，這可以降低每次塡充鑽針的時間並避免手動作業困擾。這些萬用鑽盤可容納 120 支或更多鑽針，也可降低鑽針操作損傷。若鑽針要使用接觸式直徑測量 (如：接觸式測微器)，應該將測量點避開鑽針的刀緣區。直徑測量後，可用顯微鏡檢查鑽針確認是否有損傷。在處理使用過的鑽針從夾具或卡匣上取下時也要小心，如果這些鑽針是準備做再研磨，處理態度應該要像處理新鑽針一樣小心。

鑽針耐衝擊性並不高，尤其是鑽針刀刃很銳利，在持取過程很容易產生碰撞損傷，必須小心操作並保護。不小心碰撞所造成的缺損問題，會導致鑽針切削能力降低，同時在孔壁上產生大量膠渣，這對電路板的通孔品質會有重大影響。

鑽針搬運必須有隔離工具，不可以有產生碰撞的機會，一般最普遍的方式會以盒裝搬運。鑽針刀刃互相碰撞，刀刃角落會發生缺損情況，圖 3-24 所示爲搬運過程中，刀刃角落發生缺損的現象。鑽針尺寸測量原則上還是儘量使用非接觸式方法較佳，一般傳統機械量測都容易發生操作碰撞，如果預算允許則使用雷射測定器或光學測量法都是較好方式。

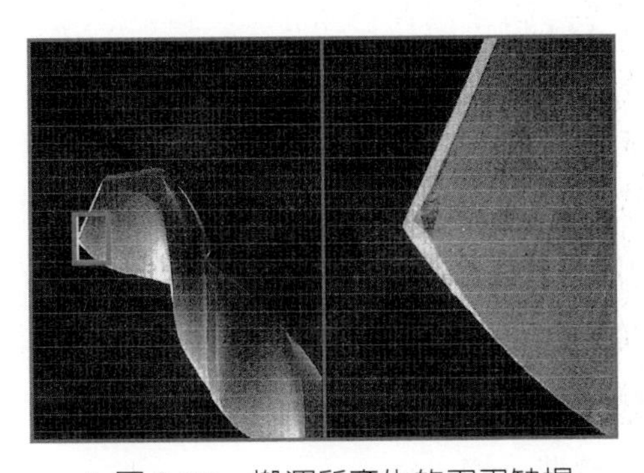

▲ 圖 3-24　搬運所產生的刀刃缺損

鑽針的再研磨

爲了經濟因素鑽針通常會再研磨，再研磨費用一般只會是新品價格的極小比例。鑽針研磨次數會隨應用不同及地區不同而有差異，當然也會與鑽針直徑有關，研磨次數從 1 ～ 10 次不等，較小的鑽針一般研磨次數也較少，原因是小直徑鑽孔品質要求會更關鍵，且需要更好等級。

有兩種主要鑽針研磨管理法可供參考：

1. 第一種方式是設定在拋棄前鑽針研磨次數，典型次數爲一至三次，較小鑽針會依據鑽孔品質狀況作調整。
2. 第二種方式是設定鑽針最短長度，當鑽針長度到達下限時就報廢。最短總長度規格，依據需要鑽過材料的需求長度加上需要保留的排屑溝長度訂定，這種方法無法決定鑽針究竟可以再研磨幾次。

鑽針整體壽命估算，必須包含新品及再研磨後使用兩個部分，要讓鑽針使用壽命夠長，必須適當做再研磨管理。適當期間再研磨，ST 型大鑽針約可做 3 ～ 5 次再研磨，再研磨時應該把損傷刃帶區全部清除。鑽針磨損區如果清除不全壽命會縮短，同時鑽針切削力會大幅降低，電路板孔壁品質也會受到嚴重影響。

一般鑽針再研磨的重點如下：

- 刃帶磨耗部份要全部磨掉。
- 鑽針排屑溝內部及外周部份都要清潔乾淨。
- 刀刃部鑽尖面形狀，精度要和新品盡量保持一樣。
- 所有鑽針全長最好都能一樣，鑽針尺寸應該注意避免混料。
- 第一鑽尖面的表面粗度，需保持在精磨平滑狀態。

典型的研磨作業如圖 3-25 所示。

研磨過的鑽針無法如新鑽針一樣好，因爲只有尖端被處理到如新品一樣才可能，但是鑽針其它部分包括關鍵的刀筋在內都無法更新。刀筋非常重要，這是完成切割孔壁的重要區域，粗糙刀筋邊緣會導致產生粗糙孔壁表面。當檢查研磨過的鑽針時，要檢查鑽針邊緣損傷及殘屑沾黏狀況。這種鑽針從鑽第一個孔開始就會產生污染，且可能引起偏心與不平衡現象，且也相當容易讓殘屑快速成長。鑽針必須在研磨時達到新品尖端幾何外型，因此尖端檢查標準應該要與新品標準一樣。

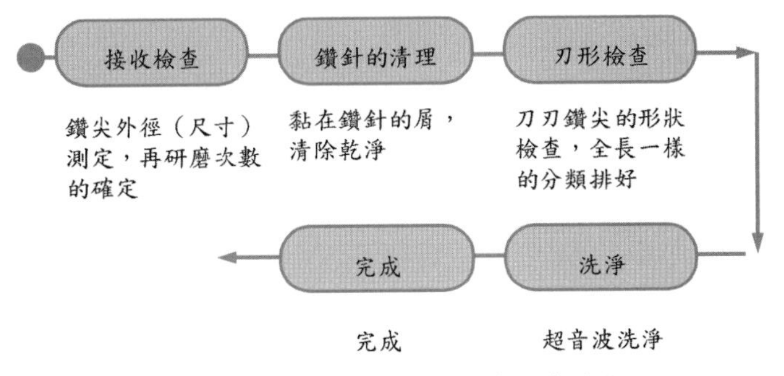

▲圖 3-25　典型的鑽針研磨作業流程

目前因爲多數的電路板廠都有相當規模，尤其是亞太地區的工廠因爲分布聚落現象，各種代工公司十分普遍，因此鑽針研磨有相當大比例是採用代工處理。圖 3-26 所示，爲典型的鑽針研磨機。

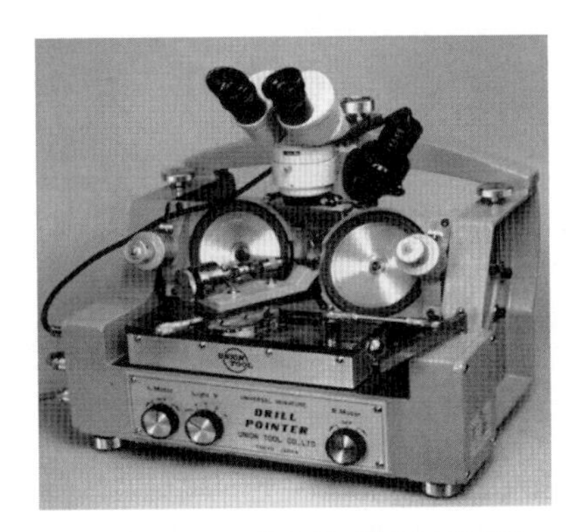

▲圖 3-26　典型的鑽針研磨機

在研磨作業中，需要注意的是研磨刀具角度及刀刃變形量。鑽針的研磨都只是研磨尖端面，但如何保持刀筋完整卻相當需要小心分。圖 3-27 所示，爲更細的鑽針端面幾何狀況。

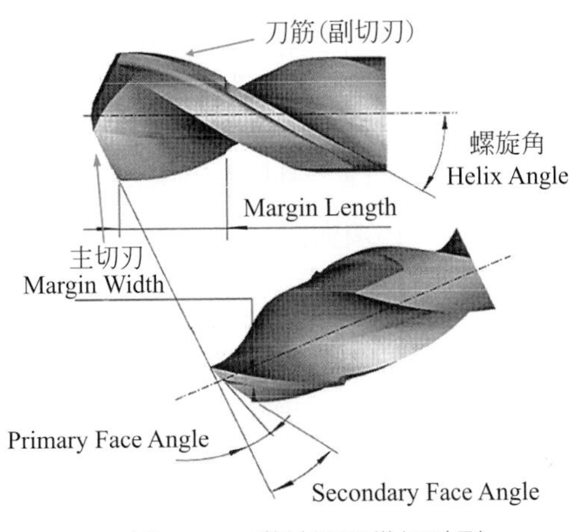

▲圖 3-27　鑽針端面幾何外型

如果研磨過程損傷了刀筋完整性與對稱性，就可能會影響鑽孔加工切削能力，因此再研磨鑽針時較理想的作法，應該是進行刀刃支撐，如圖 3-28 所示。為了讓鑽孔作業順利並能發揮較高效率，目前多數鑽孔作業都採用一人多機作業。因此除非特殊狀況，多數代工廠或專業電路板廠的鑽孔部門，都將整體管制鑽針的責任交由專職單位管理。

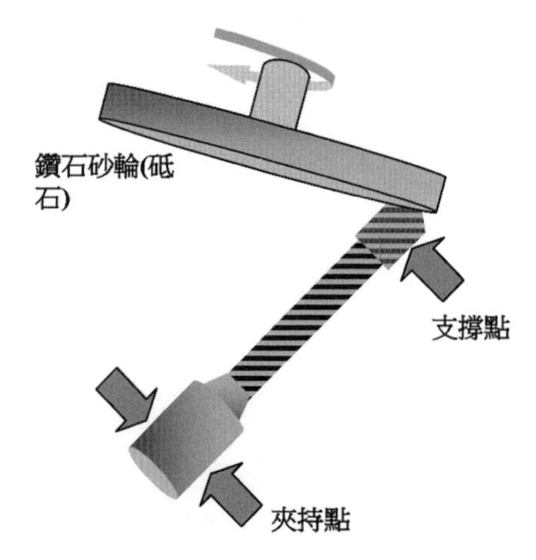

▲ 圖 3-28　理想的鑽針研磨模式

鑽針在使用一定次數後就必須研磨或拋棄，因此管理鑽針的工作集中可讓鑽針消耗與品質維持達到穩定水準。這個單位除了自行保持小量研磨產能，大部分工作都集中在鑽針更換與補充管理。至於實際研磨工作，則外包給廠外專業研磨代工機構研磨。這種代工單位，其品質管控能力良莠不齊，電路板業者必須要將管控的範圍延伸到代工單位。某些鑽針供應商，也針對這些需求對自己的客戶提供相關的研磨服務，這種委託關係品質應該可以更為穩定。

鑽針套環與整理

因為鑽針長度會隨研磨次數不同而有差異，又因為一般鑽針長度都應該保持在可鑽透的最短長度內，以降低鑽針震動與變形影響，因此以套環來控制鑽針操作長度就成為重要作業手段。鑽針套環都會安裝在固定位置，其固定距離是從鑽尖到套環下緣，因此可控制鑽孔深度。這些套環品質相當關鍵，必須與鑽針穩定度相同，因為同樣會影響鑽針表現。

如果套環配合度鬆弛，鑽針在更換時就有可能產生移動，這樣會影響鑽孔深度導致未鑽通的問題。如果套環安裝時過度緊密，就有可能會產生套環破裂問題。當套環內緣出現突出物，可能會導致鑽針在夾頭上位置不正，也可能讓鑽針無法順利置入卡匣產生破壞卡匣或更換鑽針問題。一般在鑽針新品或研磨後送入鑽孔單位前，鑽針都會做套環與整列，典型套環機與完成套環的鑽針狀態如圖 3-29 所示。

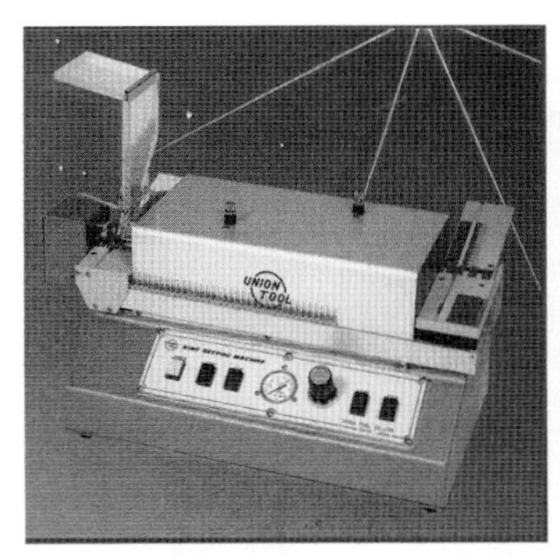

▲ 圖 3-29　典型的套環機與完成安裝套環的鑽針

套環會用顏色定義尺寸，同時會印上代碼、直徑及型式與代號等作爲輔助辨識符號，套環可能以機械製作或以塑膠射製作。機械加工的套環一般都比較好，但它們的製作成本就相當不同各家有異。至於塑膠射出產品有其缺點，使用者必須注意監控其內徑穩定度，這個部分會影響套環安裝在刀柄的密合性與穩定性。工廠在實務應用，會針對不同狀況的鑽針做分色管理，以便針對自我需求做管理調整。圖 3-30 所示，爲典型工作現場採用的看板式套環對照表，可幫助實際鑽孔運作管理。

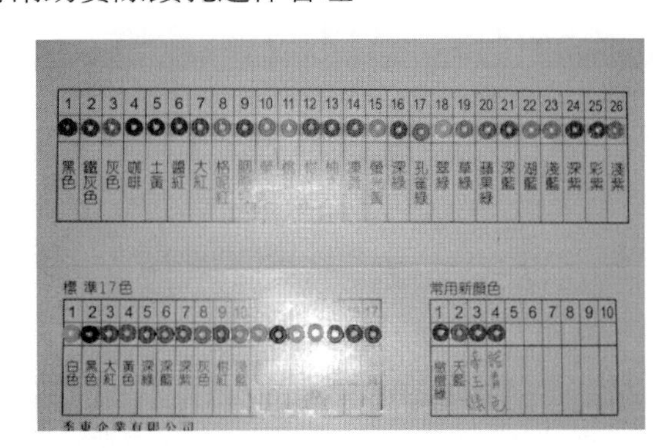

▲ 圖 3-30　工作現場採用的套環看板對照表

經過套環安裝的鑽針，可經過人工或機械交換做針盤整列處理，典型整列機與萬用鑽針盤，如圖 3-31 所示。

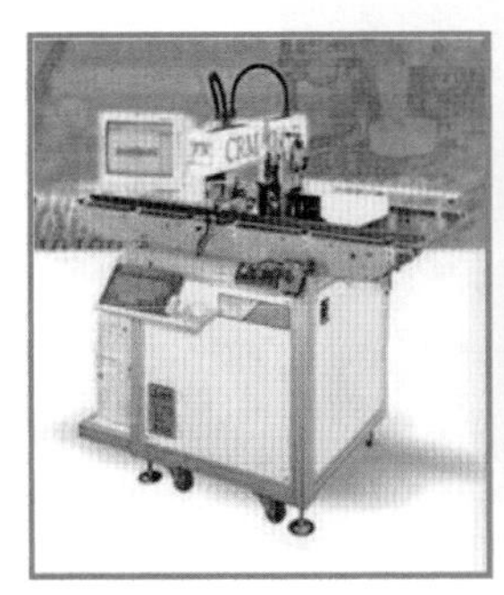

▲ 圖 3-31　典型的鑽針整列機與萬用針盤

對於特殊不常用或臨時必須使用的鑽針，工作現場還會另外搭配輔助套環工具，以方便作業者做鑽針套環作業。圖 3-32 所示，爲典型套環工具組，千分表可讓套環深度得到適當控制。

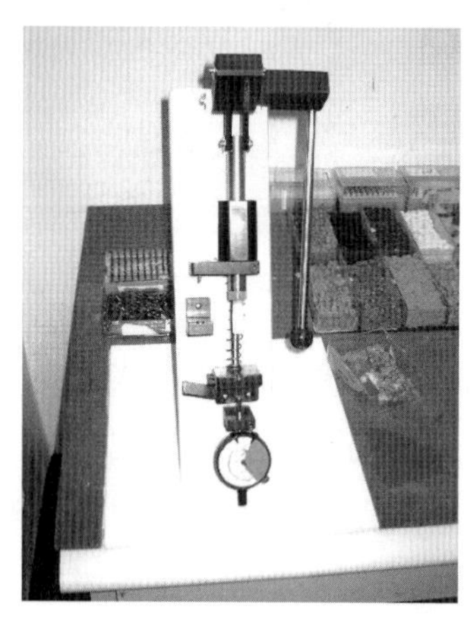
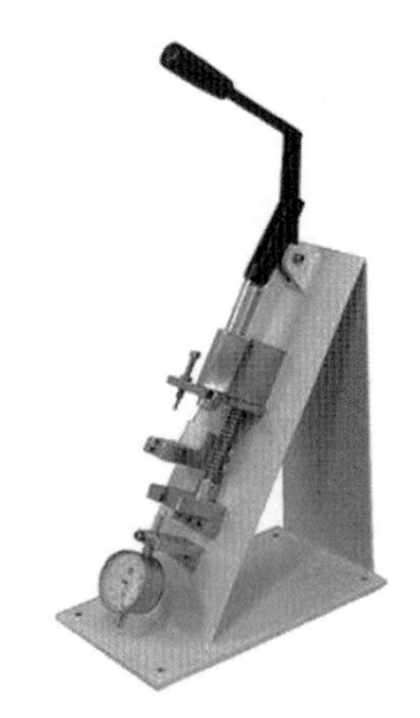

▲ 圖 3-32　典型的套環工具組與千分表

3-7 電路板鑽針的金屬材料適應性

電路板鑽針必須針對使用的材料決定，力求其刀刃部能有很銳利的切削性且不容易發生缺口，也希望能有很高的耐磨性，這些都要考慮。電路板是玻璃纖維 (Glass Fiber)、環氧樹脂 (Epoxy)、銅皮 (Copper Foil) 構成的複合體，以切削性而言玻璃纖維較硬，對鑽針會產生較快的磨損，而環氧樹脂對鑽針磨損也有影響，不過與玻璃纖維相比磨損影響度大約只有一半以下。這兩種材料都呈現脆性，排出切削會呈現顆粒狀，切削阻力較小，切削溫度通常在 300℃以下。但銅皮較有延展性，排出的切削屑呈現條狀，且切削阻力和切削溫度也較高。圖 3-33 所示，爲典型鑽針操作動態。

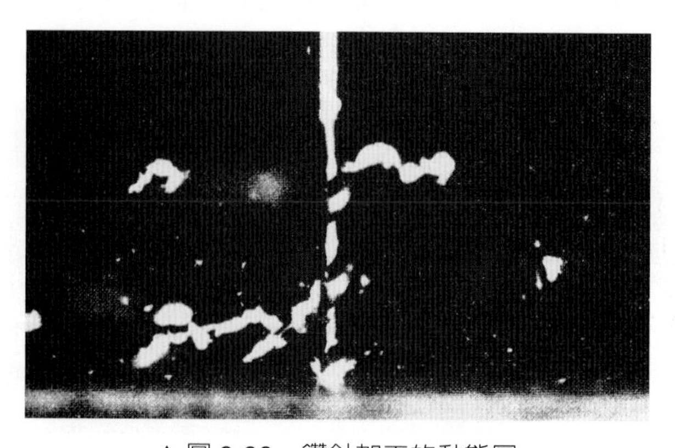

▲ 圖 3-33　鑽針加工的動態圖

電路板用鑽針的鑽孔加工，一般不會使用切削液，製造鑽針的刀具材料當然必須考慮要能承受高溫及耐磨，因此都會採用超硬合金材料組成。超硬合金的主要成份，以碳化鎢及鈷金屬爲代表性材料，必要時也會添加 Ti、Ta、Nb 等元素。碳化鎢粒子大小通常爲 1 ～ 2μm，加上鈷金屬作結合劑混合製造而成，近年來研究開發更進步的超微粒，碳化鎢粒子合金也已出現。無論如何，超硬合金是用碳化鎢及鈷爲媒介燒結而成，碳化鎢本身沒有合在一起，所以耐衝擊性的脆弱是無法改善的。超硬合金的機械性質，主要由粒子大小及刀具鈷金屬含量決定。

除了超硬合金本身特性外，目前業者也針對各種不同處理技術可能性做刀具改善，藉以提升鑽針操作性及壽命。典型做法如：鑽針表面蒸鍍氮化鈦強化表面、以碳滲鍍表層法製作所謂類鑽石，這些作法可改善刀具表面硬度並強化表面潤滑度，可防止樹脂膠渣沾黏。但對刀具整體硬度影響，鈷含量仍然是最大貢獻者。

超硬合金是電路板加工很好的材料，機械特性可由鈷含量調控，用於電路板鑽針的材料，具有高剛性、耐磨性及安定鑽孔穩定度的材料才是最恰當選擇，表 3-3 所示爲一般性刀具合金組成特性影響。

▼ 表 3-3　鈷含量對鑽針特性的影響

減少 ← 鈷含量 → 增加
降低 ← 抗折性 → 提高
提高 ← 硬度 → 降低
減少 ← 磨耗 → 惡化

奈米科技到來，使許多傳統材料概念都有了不同變化，其中尤其是需要微細顆粒的工業產品。顆粒均勻度與細緻度，都會直接影響鑽針材料性質。圖 3-34 所示，爲兩種不同鑽針金屬結晶結構，較細緻的微粒結構會表現出較好物理性質。

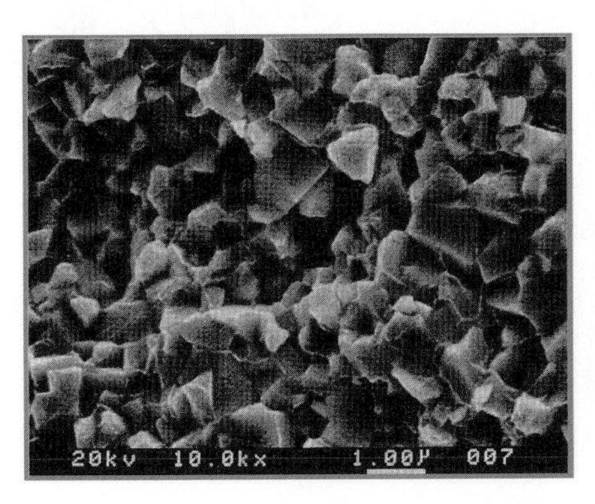

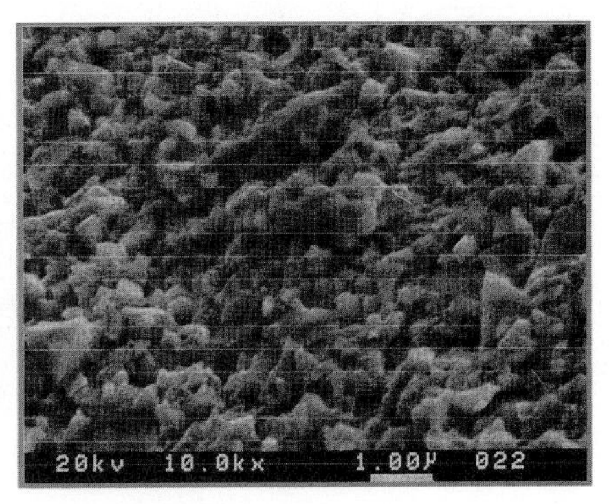

▲ 圖 3-34　兩種不同的鑽針金屬結晶結構

3-8 機械鑽孔加工的表現

電路板的鑽孔密度提昇快速，直徑與精密度需求也隨之提高，搭配電路板製作需求的機械鑽孔技術自然必須要快速發展。高速度、高效率、小孔徑產品，更多樣化電路板材料應用，都給予鑽孔技術更大開發壓力。鑽孔加工是電路板前段製程，且對後續製程及產品信賴度都有直接且重大影響，是電路板加重要工程。另外因爲鑽孔機購置及操作佔製造成本比率也算較高程序，如何提昇效率及降低單位成本，也成爲重要加工考慮因素。

電路板基材是以樹脂、玻璃纖維及銅皮組成的複合物爲主體，而其切削加工有一定複雜度，如：樹脂經切削後殘屑爲碎粒狀，銅箔則爲細絲狀，銅熱導係數比其他材料好，而樹脂熱導係數則相對較低，容易產生 200 ～ 300℃介面作業溫度。所以電路板機械鑽孔加工，所需考慮的因素甚爲複雜不可輕忽。圖 3-35 所示爲一般業者機械鑽孔加工的重要考量因素分析。

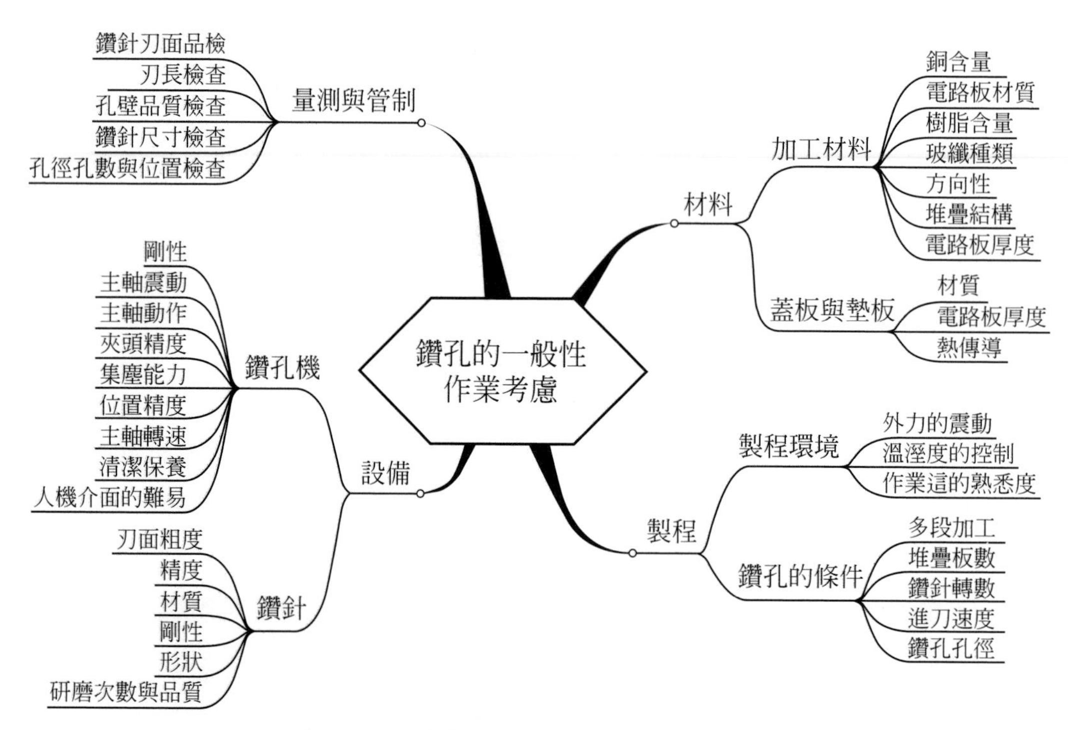

▲圖 3-35　一般業者機械鑽孔加工的重要考量因素

這些因素會因爲產品不同及選用材料差異而變化，某些產品只需要考慮部分參數即可，但對挑戰性較高的電路板，可能的顯著影響因子就會出現。如：薄板加工、含銅比例高的電路板加工、軟硬板加工、鐵氟龍板加工等，這些類型產品所需要注意的鑽孔事項就更多。

鑽孔機的影響

電路板的鑽孔機目前以電腦控制多軸 NC 鑽孔機爲主要模式，品牌種類繁多且各具特色。近年來鑽孔加工孔徑需求日趨縮小，適當選用鑽孔機就顯得非常重要，特別是轉速快的機種在小孔加工佔有優勢地位。其機械穩定性，鑽軸振動要低，持續操作穩定性要高，這些都是極爲重要的機械特性，對整體鑽孔加工品質影響重大。

一般鑽孔機都採用氣動式軸承製作鑽軸，這種設計若要達到高速運作，必須有強固的本體，這也使得鑽孔必須驅動的重量大幅提高。對於需要高精度鑽孔，不但操作上要耗用較多能源，靈活性及精度保持都相對吃力許多。因此有新的鑽孔機設計想法，針對這種缺失做設計改變，希望能避開這些缺點。

一些不同的鑽孔機設計想法

某些鑽孔機設計嚐試改變以往以氣動式軸承設計的負擔，轉而採用傳統滾珠軸承帶動鑽軸。它是利用內外徑比例差，將鑽針挾持在滾珠軸承間，因爲軸承直徑比例關係，可以變化出不同轉速。如：利用直徑爲 20 倍滾珠軸承外緣做鑽針刀柄帶動，可以將鑽針轉速加快到滾珠軸承的 20 倍速度。如果滾珠軸承的轉速爲 15,000 RPM，那麼理論上鑽針就會加速到 300,000 RPM，這是一般滾珠軸承設計無法達到的速度。典型設計模式，如圖 3-36 所示。

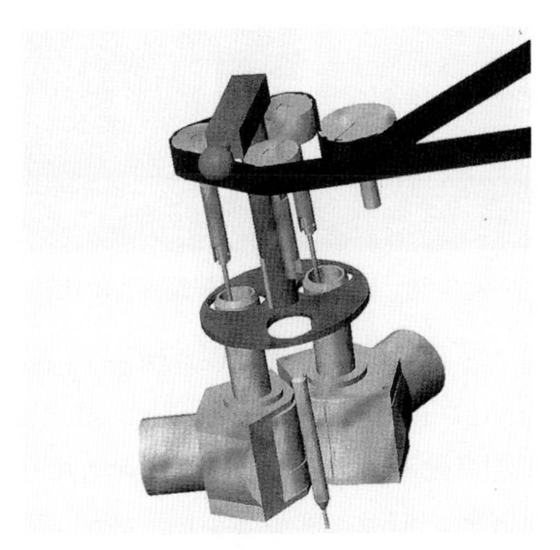

▲ 圖 3-36　利用滾珠軸承所設計的鑽孔機鑽軸

這種鑽軸透過升降曲柄設計，可快速而輕巧的作升降動作，因爲機構簡單質量輕，幾乎不會產生傳統機械嚴重震動。簡單的設計使零件製作成本比傳統鑽軸低廉，保養更換的便利性也比傳統鑽軸優異。圖 3-37 所示，爲其機構設計示意圖。

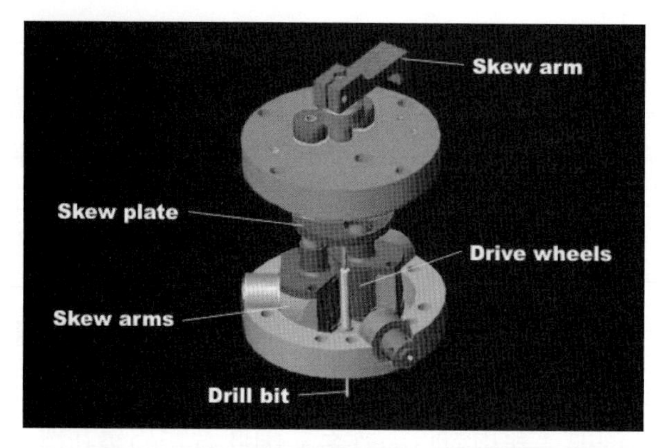

▲ 圖 3-37 軸承驅動曲軸牽引上下的鑽軸機構

由於有這樣輕便的結構，使這種鑽孔機設計可突破傳統設計限制，採取動態鑽軸運動模式。這種鑽軸被設計者安裝在磁力驅動固定機構，利用磁力驅動機構讓鑽軸在整個平台上自由運動。因爲鑽軸所佔面積不大，可在同樣或更小面積下裝置更多鑽軸，有利於單鑽孔機的產能提昇。圖 3-38 所示，爲此類設備鑽軸驅動模式。筆者在自動化展也看過類似的磁軌驅動設備，不過加工的零件變成了激光。

▲ 圖 3-38 磁力驅動的鑽軸驅動設計模式

因爲鑽軸位置的隨機化，可用單片多軸鑽孔模式操作，同時電路板面積也可不受到軸距限制。這種設備也因爲電路板可以不作平面運動，方便做光學對位後鑽孔的設計。對於機台重量而言，因爲沒有劇烈震動考量，整體荷重就比傳統鑽孔機輕許多。

這類的機種號稱可置放在高樓層而不產生過大加工偏差，這些都是傳統鑽孔機不容易達成的目標。可惜的是，因爲觀念不同於一般傳統設備，雖然數據顯示有不錯的鑽孔品質，且在鑽針壽命也有優於傳統的能力，但還沒有實際累積足夠使用口碑。目前除了在北美地區有特定機種推出，在亞太地區這種技術還有待努力。圖 3-39 所示，爲該鑽孔機種實體外觀。

▲ 圖 3-39　質輕軸多的滾珠軸承驅動鑽孔機

平衡運動的機械鑽孔機

目前機械鑽孔精度主要干擾因子，以各種運動震動與變形爲重點。在改進方案較重要的項目，包括降低台面大小、重量等，至於鑽軸設計則會強調漲縮、震動改善。但如何將這些改善特性整合，則是設備工程進一步推升的動力。日商維亞 (Via) 公司，曾經推出雙台面六軸鑽孔機，嘗試將以往傳統六軸鑽孔機改良，用比較不同的機械設計概念，將六軸機變換成兩個三軸平台，這種設計當然可以降低台面重量提升精度，但理論上應該會增加製作成本，其細節訴求是我要進一步瞭解的。

以往台面輕、小有利於降低運動震動，但他們又將對稱運動導入。將台面切割爲兩段，並將鑽孔作業運動也作對稱設計。這並未讓機械佔地變大，只是將控制面板改到機械中間，對工廠設置面積沒有明顯變化。但加工運動機制採用對稱運動設計，台面運動就可產生平衡性降低鑽孔機震動影響，所有台面運動動量都會因對稱而產生相消作用，可以讓震動影響降到最低。另外因爲將台面切割成兩段，機台中間部分可做結構補強，這樣可使機械單一結構長度縮短，有助於設備穩定度提升。又由於台面切割成兩段獨立驅動機構，重量再次大幅下降卻沒有增加整體機台作業空間，使得行進與停止可以平衡而產生較少震動影響。圖 3-40 所示，爲該公司展示的雙台面機械鑽孔機外觀。

▲ 圖 3-40　維亞立的兩段三軸動態平衡機械鑽孔機 (來源：Via)

這種設計也使鑽孔台面運動速度可適度提升，但仍然能同時保持 (甚至提升) 鑽孔精度。而因爲鑽軸已經採用 30 萬轉以上氣動軸，該機種已可用 0.1mm 鑽針做多片加工。鑽針壽命理論上也應該有一定程度幫助，只是究竟會幫助多大必然與使用狀況及材料類型相關。圖 3-41 所示，爲筆者嘗試表達兩段三軸對稱運動作業模式的示意圖。歐洲廠商也有類似的設計想法，不過具筆者所知，是採用前後運動平衡，沒有做分段機構的處理。

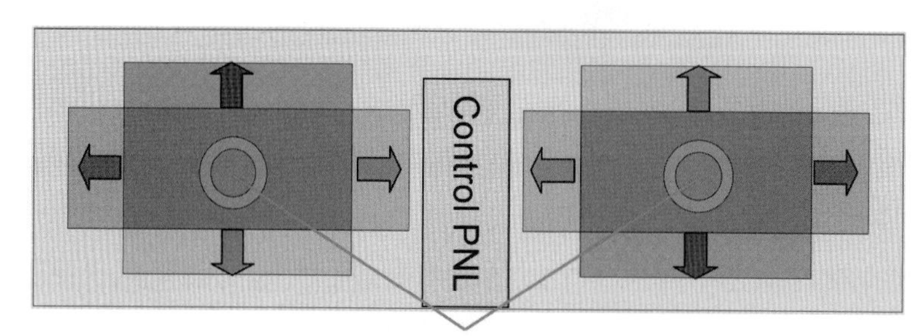

▲ 圖 3-41　兩段三軸動態平衡鑽孔機的台面運動模式

要使用這類設備，並不需要改變太多使用習慣，原廠在程式轉換已經作了考慮，會將相關數據轉換與運動操控都直接處理，完成後其對稱運動就會產生。

蓋板 (Entry Board) 與墊板 (Back Up Board) 的功能描述

電路板機械鑽孔，在可能範圍內一定會儘量以堆疊更多片做加工。圖 3-42 所示，爲典型電路板機械鑽孔加工堆疊結構示意圖。

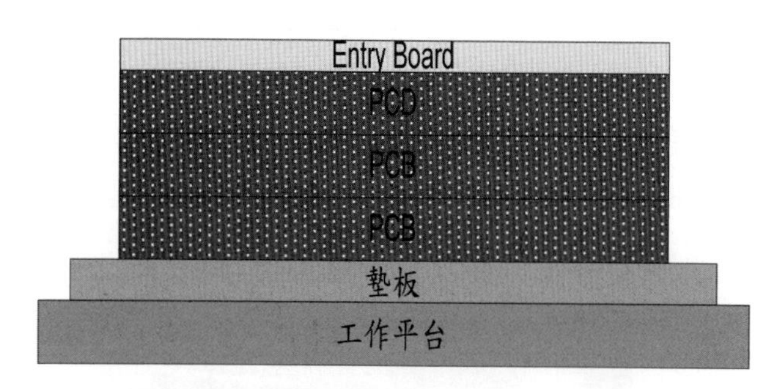

▲ 圖 3-42　典型電路板機械鑽孔加工堆疊結構

電路板鑽孔加工使用蓋板的目的如下：

- 降低電路板表面所產生的毛邊
- 輔助鑽孔時的散熱
- 導正導針進入電路板方向，能夠對正正中心
- 緩衝鑽軸與電路板的衝擊 (具彈性作用)

- 輔助鑽針的自我清潔作用
- 保護電路板不致受到操作中的損傷，避免產生壓力腳痕跡
- 特殊的材料可以幫助鑽針潤滑

很多不同類型材料可作爲電路板鑽孔蓋板，其中極少有特別設計或經過工程處理來符合這種目的，經過工程設計的產品則多數是爲了要改進孔位精準度與降低鑽孔孔壁破損程度。普遍性材料表現與評估狀況，會在後續內容中討論。一般性較容易取得的蓋板材料，依據五個特性來陳述其表現品質依序列舉：

- 鋁箔塑膠核心混成板
- 鋁質材料 (各種合金與厚度)
- 酚醛樹脂板
- 鋁箔酚醛樹脂板酚醛樹脂板

它們都是較主要使用的蓋板，紙苯酚板，對鑽針磨耗降低及加工環境保持都較有利。酚醛樹脂材料或它的混成材料 (即鋁箔酚醛樹脂板) 時常出現彎翹，同時在多數鑽孔作業下會產生孔壁污染，這會產生電鍍銅與孔壁結合不良的問題，這源自於除膠渣無法順利將酚醛樹脂材料去除。鋁合金板具有散熱好的特性，可降低材料過熱的影響。但鋁板耐熱性不好，在加工熱量大的時候，容易產生酸化鋁並附著在鑽尖，形成區域性硬塊是缺點。圖 3-43 所示，爲鑽針刀刃部位研磨不理想留下的毛邊。這種現象對鑽孔會有不利影響，也會劣化鋁板沾黏狀況。

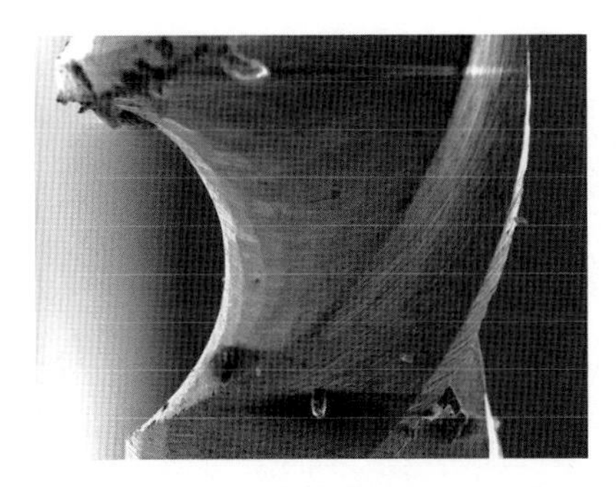

▲ 圖 3-43　鑽針刀刃研磨不理想留下的毛邊放大照片

恰當的蓋板可改進鑽孔孔位精度，也可經由減少鑽針偏斜量降低鑽孔斷裂破損風險。爲了讓蓋板功能性正常，材料應該要平整無凹陷與刮痕，彎曲或撓曲材料會導致鑽入處毛頭增加及鑽針斷裂機會。材料表面不完美或過硬，都可能讓鑽針產生偏斜，這會降低鑽孔位置精準度及讓小直徑鑽針更容易斷裂，孔壁品質變得更差。鋁質材料若有適當組成、硬度、厚度，應該可以適合較大孔徑加工，但如果使用厚度超過 8mil 以上的鋁板加工，容

易增加小直徑鑽針斷針風險。鋁箔酚醛樹脂板提供了較硬表面，可防止毛頭出現同時降低鑽針偏斜與斷針等與鋁板相關的問題。目前也有廠商推出特殊蓋板材料，其表面塗布了特殊潤滑劑可輔助鑽孔加工，這是不同的蓋板選擇。在採用不同蓋板時，要針對電路板的種類及加工條件等做必要搭配性調整。

電路板鑽孔加工用墊板材料的需求特性與目的如下：

- 提供介質作爲鑽孔行程尾端結束的基礎
- 防止銅產生毛頭
- 不可污染孔或鑽針
- 讓鑽孔溫度最低化
- 改善鑽孔品質

有多種材料被供作墊板材料，極少經過特別設計或工程處理達成這些目的。經過工程設計的產品，多數是爲了改進孔位精度。許多一般性墊板材料，是經由各種表面塗裝或表面黏貼法製作，將材料貼在不同的核心材料上。可供製程選用的墊板材料包括以下類型：

- 環氧樹脂紙漿板、木質核心板用有潤滑效果的材料黏合成鋁箔木漿核心板
- 環氧樹脂膜木漿核心
- 三聚氰胺膜木漿核心
- 氨基鉀酸酯膜木漿核心
- 酚醛樹脂板
- 鋁箔酚醛樹脂板
- 純木漿板
- 硬質板

理想的墊板品質應該有最小厚度變化、保持平整 (無彎、翹、扭曲)、無碎片或污染、表面平滑、低切削能量需求 (最低鑽孔溫度)，同時應該有硬質表面達成支撐基材銅面的目的 (防止毛頭)，並能不產生鑽針損傷及擴大鑽針磨損問題。

有潤滑特性墊板材料，已經被驗證可明顯降低鑽孔溫度約達 50%，這常使操作溫度低於被加工材料 Tg 值。這個優勢大幅降低了孔壁缺陷，如：粗糙、膠渣、釘頭等，也常可讓堆疊厚度增加及提升鑽針最大可鑽孔數。這些重要優勢，可明顯降低鑽孔操作成本並改善產速與良率。要注意墊板的碎片會經過電路板孔排到外部，因此電路板材料被污染 (受墊板材料) 的問題相當需要注意。包含酚醛樹脂材料或以酚醛樹脂混合的板材，有時並不適合電路板鑽孔。

酚醛樹脂或酚醛樹脂混合材料 (如：鋁箔酚醛樹脂板) 容易彎翹，多數鑽孔會污染孔壁，這種問題會影響電鍍銅與孔壁連結能力，因爲除膠渣系統都不是爲清除酚醛樹脂而設。硬板類材料都無法符合電路板鑽孔嚴謹厚度控制需求，也可能是各種污染來源 (如：油污型結晶可能會因爲要硬化板材而留在表面)。至於墊板常用的是以酚醛樹脂板爲主，目的是爲了抑制電路板底部毛邊發生，並能夠保護機台操作面不受損傷，讓電路板通孔能充份貫通。以材質而言，較軟的酚醛樹脂板確實較理想，太硬的墊板容易讓切刃產生缺口。因爲成本考慮，也有部分廠商採用木漿板加工，另外爲了強化墊板特性，部分廠商會用木漿板與鋁箔合成材料加工。鑽孔墊板選用，會以鑽孔品質與製作成本兩者共同考慮。

工具插梢 (Pin)

鑽孔加工較少人會將注意力放在鑽孔固定用工具插梢上，他們會以多樣不同形狀、外型價格進入生產場所，其實它的成本對電路板製作費用影響微乎其微，然而工具插梢經常發現有毀損或變形、尺寸不合適等問題。如果工具插梢尺寸不緊密，無法將電路板固定在應有位置，作業中有可能產生嚴重移位變異問題，也會有毛頭及與對位不良、鑽針斷裂的相關缺點。這些不必要的問題，其實可經由更換調整工具插梢獲得解決，只要在他們出現磨損、變形徵候時更換掉就可以了。如果使用經過硬化處理的插梢，可降低磨損與變形，目前較普遍使用的理想插梢尺寸是直徑 3/16 英吋。工具插梢直徑如果不到 3/16 英吋 (如：1/8 英吋)，不容易將堆疊電路板材料穩固的固定，可能會讓堆疊材料移動。

機械鑽孔的加工模式

近來小孔加工，由於技術提昇及機械精度改善，大家對小孔徑加工品質要求更加嚴格，對加工效率要求也更高。因此對高縱橫比孔加工，其能力要求不斷提升。一般對鑽孔加工基本要求如下：

- 孔位正確性 (不能有孔曲)
- 無斷針現象
- 良好孔加工品質與孔壁狀態

多段式鑽孔加工 (Step Drilling)

同一個通孔加工，分多次進退刀穿透，進而可改善排屑與散熱能力，對孔徑較小鑽孔有一定幫助。這種加工法，可將加工程序分爲兩次以上進刀，理論上次數多可改善程度就大，但相對加工效率就會打折扣，因此非必要業者並不會普遍使用。圖 3-44 所示，爲多段鑽孔加工示意圖。

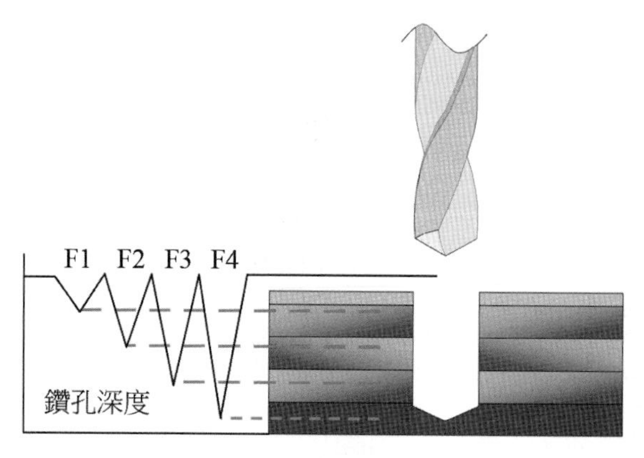

▲ 圖 3-44　多段鑽孔的加工模式

多次鑽孔加工 (Double Drilling)

這種方法是以較短鑽針先做定位鑽孔，之後做交換鑽針以較長鑽針做鑽透，這種方法一般用於縱橫比 (Aspect)20 以上的鑽孔加工。當必要使用刀刃長度比較長的鑽針加工，但又必須有高位置精度時，可考慮使用這種加工法。因爲長鑽針在進入電路板的方向剛性相對較弱，當鑽針進入電路板時容易有孔曲情況發生，甚至有斷針的風險，因此採用換針法可改善這種問題。但這種加工法，必須有加工機械本身位置精密度良好的保證，否則光是台面位置精度誤差就已經是個大問題，這是採用這種方法必須考慮的重點。

背鑽加工 (Back Drill)

某些特殊大系統用高層電路板，爲了要降低電氣訊號干擾，希望將通孔部分非連接需求部分去除，因而產生了這種技術需求。典型背鑽切片狀況，如圖 3-45 所示。

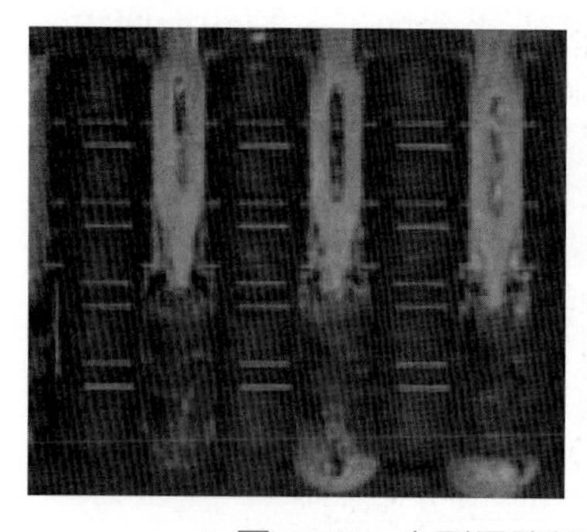
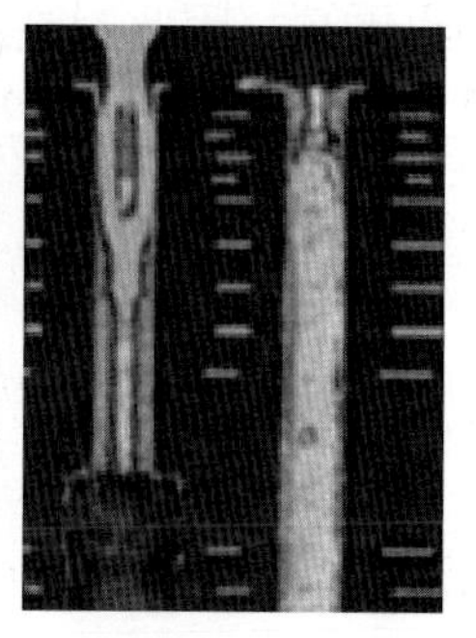

▲ 圖 3-45　大型電路板用背鑽結構

這類鑽孔加工，必需精準控制鑽針切入深度，但所謂深度控制指的是在某兩層銅皮間。理論上機械加工精度不難掌控，但問題在電路板經過壓板後厚度變化不易穩定，若深度變化需求相對較小，容易產生深度不足或鑽過頭問題。目前業者較典型解決方式，是在電路板蓋板上下功夫。利用導電感知在鑽針接觸導電蓋板瞬間開始起算下刀距離，這樣可以降低電路板總厚度對鑽孔深度控制的困擾，但如果規格較嚴或壓板厚度變化還是太大，這種問題仍然不容易解決。

3-9 機械小孔製作的技術能力

以往傳統電路板設計，用於零件組裝的貫通孔比例較高。在表面貼裝技術或構裝載板類產品，通孔有相當大比例用於線路間導通，小孔徑數量大幅增加。這是因爲現有電子產品連結密度快速提高，小型高密度零件也大量使用所致。CSP 等小型構裝板，已有不少載板設計採用 75 ～ 100um 左右孔徑設計，更嚴苛者甚至還會要求更小貫通孔尺寸。當然這與現在鑽針製作技術能力提升，有絕對關係，圖 3-46 所示爲大小直徑的鑽針範例。

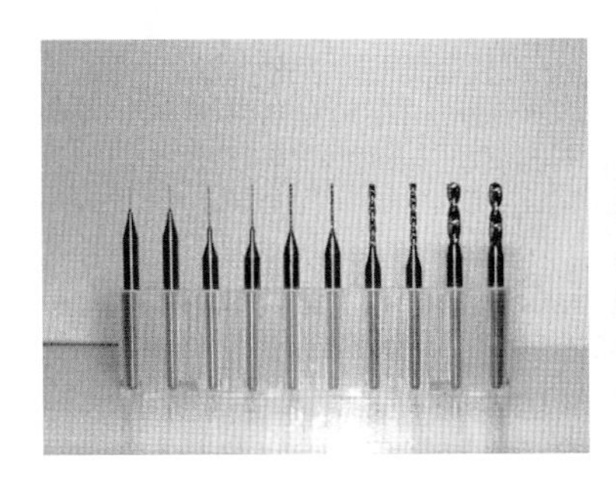
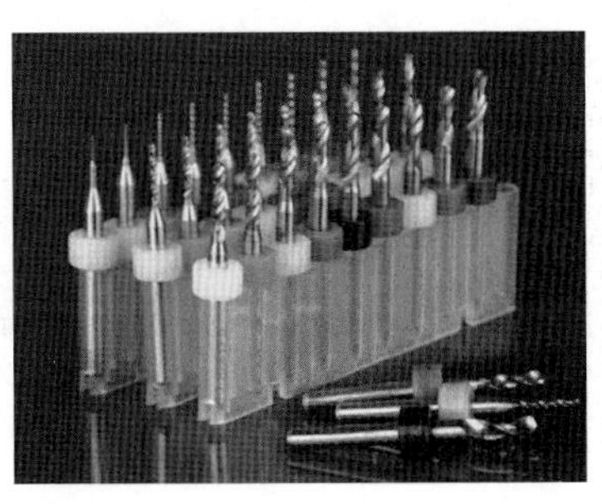

▲ 圖 3-46　大小直徑鑽針的範例

機械切削的原理，單位時間內刀具通過的面積與切削量有正比關係。同樣的道理，切削產生的殘屑 (Chip) 也與切削品質有關。一個好的機械切削，就是如何強化切削力、加強排屑力、保持精準度、加強刀具壽命的工程。機械鑽孔愈來愈小型化的過程，鑽針尺寸必然會愈來愈小，相對刀刃強度也會愈來愈弱 (因爲刀具強度與材料殘留厚度成正比)，因此難度相對提升。

爲此機械鑽孔機業者不斷在鑽軸轉速作提昇，希望能增加單位時間內鑽針刃面通過的面積。排屑則一再提供如多段式鑽孔、強化排屑的壓力腳、冷卻鑽針等機制。精度方面則提出，較小壓力腳開口可改善鑽孔精度降低偏移。鑽孔蓋板方面則提出，使用特殊鑽孔蓋板可提供潤滑機能，改善孔壁品質。鑽針製造商，則提供鑽針直徑逐漸縮小的鑽針，就是所謂的 (Under Cut) 型鑽針，希望能降低鑽孔過程鑽針與孔壁的摩擦，藉以減少膠渣產生及幫助排屑。

爲特殊電路板需求，傳統機械鑽孔機還被要求作出深度控制盲孔，這使鑽孔機械商與刀具商忙得團團轉。圖 3-47 所示爲機械鑽孔壓力腳排屑機構示意圖。爲了要讓材料更爲平整，避免在鑽孔過程因爲電路板不平而產生偏滑斷針問題，鑽孔機業者嘗試以各種不同機構設計來動態調整壓力腳大小。圖 3-48 所示，爲縮小壓力腳開口對電路板鑽孔的影響，變換較小的壓力腳開口，理論上可改善機械鑽孔精度。

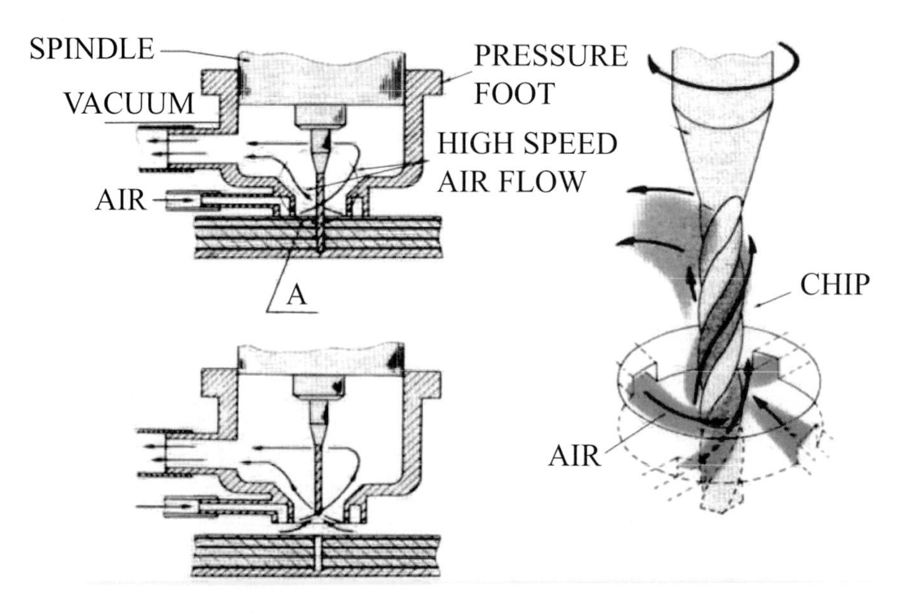

▲ 圖 3-47 機械鑽孔壓力腳與排屑機構圖

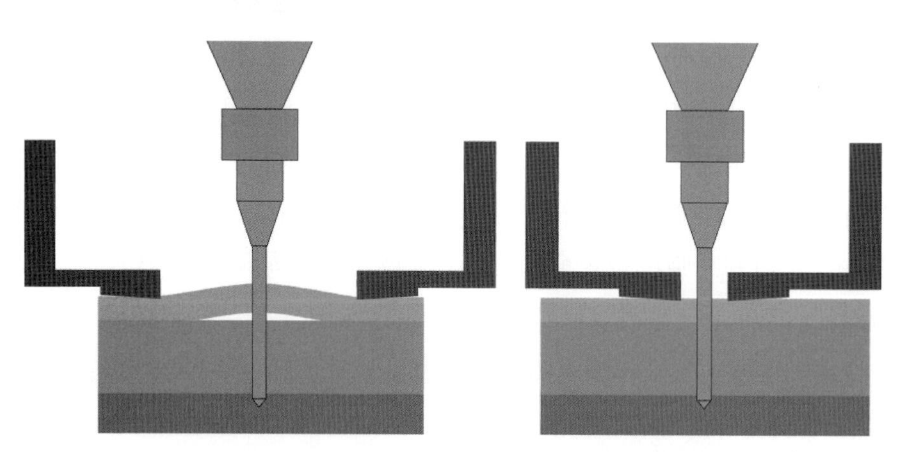

▲ 圖 3-48 縮小壓力腳開口有利鑽孔精度改善

以目前業界製作水準，構裝載板仍然以 0.25mm 以上孔徑加工使用率最高，但 0.2mm 孔徑也因爲機械設備成熟度及小孔徑鑽針單價下滑而普及。但小於 0.2mm 孔徑設計，主要還是用在連線密度特別高且基板厚度較低的設計，如 HDI 類產品及構裝載板。鑽針廠商目前技術較領先者，號稱可生產 0.05mm 直徑產品，但實用上目前可量產的技術仍然停留在 0.1mm 孔徑，不過從 30 萬轉以上鑽孔機出現後似乎 0.075mm 鑽孔也逐漸提升。不過又因爲電鍍問題，業者開始採用雷射雙面加工製作沙鐘型孔，這又取代掉不少機械鑽孔的空間。

因爲機鑽孔的孔徑與所鑽小孔深度有關，就是所謂縱橫比 (Aspect Ratio) 有多高，因此小孔加工常必須是單片或兩片一鑽，這種作業法，鑽孔製作成本就會較高。因此在決定採用何種鑽孔技術時，鑽孔孔徑設計是製作成本重要考量。

3-10 軟板鍍通孔加工探討

軟板有利產品減輕重量、縮小尺寸、節約成本，若搭配傳統板做整體設計，更可強化產品便利性與彈性。對各個電子應用，更可使產品設計有無限想像空間。由於可攜式產品如：手機、筆電、數位相機等盛行，軟板需求大增。產業能適當使用軟板，讓構裝零件連結密度可快速增加。電路板製作，通孔加工是基本步驟。產業中有多種製作連通孔法存在，如：機械鑽孔、雷射鑽孔、後孔等，隨高密度需求提升，導通處理方法還在增加。儘管機械鑽孔搭配電鍍，受到其它成孔法的競爭與挑戰，但仍是目前導通孔較普遍技術，主因當然源自於它優異與穩定的孔內品質。

對於軟板製作技術，同一片板中採用多種材料，是讓業者最頭痛的問題。由於議題繁瑣，有不少問題糾纏不清，要有整體性觀點更是困難。筆者嘗試對這個議題，做相關技術整合性探討，針對軟板材料鑽孔加工及金屬化技術問題做概括性整理，希望能夠提供一些作業程序方向。軟板密度提高，鑽孔技術提升不可或缺。要控制軟板機械鑽孔，有兩個關鍵議題必須注意，就是鑽針表現及鑽孔參數控制技術。至於較困難的部分，如：殘屑沾黏、毛頭、釘頭等現象，都是鑽小孔技術較頻繁出現的問題，特別是在軟板製作時尤其明顯。軟板鑽孔，本來就比硬板面對的問題多，加上軟板有不少使用濕製程禁忌，如何讓兩者加工間的搭配與不協調降到最低，是大家必須用心的部分。

材料特性對鑽孔與電鍍加工的影響

軟板製作用的基材如：PI 膜，具有相當高耐溫性，也具有相當低的熱膨脹係數。但軟板基材結構並不單純只是 PI 樹脂，對多數較爲廉價的軟板材料，接著材料也是材料結構中重要部分。如果要對軟板鑽孔有全面瞭解，則必需對其使用的材料特性有認知，才能探討這個議題。表 3-4 所示，爲製作軟板較常用的典型基材特性整理。表 3-5 所示，則爲典型的接著材料特性整理。

▼ 表 3-4 典型的軟板介電質層材料

基材	玻璃態轉化點（Tg-˚C）	吸濕性	說明
聚醯亞胺樹脂 PI（Polyimide,Kapton）	220 ～ 390℃	1 ～ 3%	標準軟板製作材料，具有相當強的抗酸能力，但是對於強鹼就比較無法承受。
聚酯樹脂 (Polyester,PET;Mylar)	90 ～ 110℃	<0.4%	這種材料較低價位，可以用在許多的應用上，對於酸以及多數有機溶劑都有好的承受力，但是對於強鹼也無法承受。
(PEN-Polyethylene Naphthalate)	接近 120℃	<0.5%	PEN 的特性介於 PI 與 PET 之間，對於溶劑與化學品有不錯的抵抗力。
複合材料（環氧樹脂 / 玻璃纖維等）	90 ～ 165℃	<3%	對於強酸與化學品都有好的承受力，但是與其它材料相比柔軟度就差得多了。

▼ 表 3-5 典型軟板接著材料

接著材料種類	Tg(˚C)	吸水性	備註
(FR*)Acrylic	30 ～ 40	4 ～ 6%	低價又容易操作，是軟板標準黏著材料，壓克力接著材承受焊接力比 PET 及改質 Epoxy 好
(FR*)Polyester(PET)	90 ～ 110	1 ～ 2%	PET 類材料用在不會承受過高溫與應力應用。
改質 Epoxy	90 ～ 165	4 ～ 5%	改質 Epoxy 材料柔軟性較差，但這可用添加其他樹脂改善。它具有較佳抗熱性，可獲致較佳黏著力與材料相容性。
Polyimide(PI)	220 ～ 226	1 ～ 2.5%	PI 黏著材料有比較低的熱膨脹係數，因此這類材料用在多層軟板方面的應用比較有利。

** 典型的軟板接著劑材料，在生產的時候必需要注意材料間的組合形式

由於這些接著材料及 PI 材料，同樣具有相當高黏度與柔軟度，這種特性必然會導致鑽孔期間殘屑排出困難。尤其鑽孔中產生的熱傳導困難，直接導致鑽孔加工接著材料黏度大幅降低，因而產生殘屑沾黏、毛頭、釘頭等現象。這尤其對使用未經仔細考慮的參數或鑽針型式加工者，其加工品質問題會更加嚴重。

軟板用鑽針的設計

軟板鑽孔加工的特殊性，在使用鑽針及操作參數方面，需要業者投諸更大心力，是克服軟板鑽孔困難的重點，必須瞭解鑽針結構對加工性的影響。鑽針結構是選用鑽針首要考慮，業界廣泛使用的鑽針種類已如前述，有 UC (Under-Cut) 及 ST(Standard) 兩類。選用哪種鑽針最適合加工軟板，成爲有趣的話題，也值得加工者仔細瞭解。

要回答這個問題，當然應該實做測試驗證，有不同鑽針製作廠家曾提出試做結果，而使用 ST 型式鑽針普遍認定有較好的效果。典型的測試結論如圖 3-49 所示，當使用 UC 鑽針時殘屑塞在排屑通道中，孔的上方較容易有毛頭。這是因爲 UC 型鑽針加工退出時，會有拉扯現象發生所致。用 UC 型小鑽針，在生產硬板時確實有不錯效果，但在製作軟板過程，這種結構未必對鑽孔效果有好處，相對的 ST 型鑽針會比較建議用於軟板加工。

▲圖 3-49　鑽針狀況及 UC 鑽針軟板孔加工的品質

經過與相關人員討論提出的看法是，因爲軟板鑽出的殘屑較黏，如果鑽針刀身與孔壁有較大空隙，不容易將柔軟的殘屑直接刮除，反而會在退刀時產生大量殘屑拉扯與蔓延。

鑽針材質選用的影響

軟板基材的質地十分柔軟，採用鑽針銳利度必須足夠才能獲得良好鑽孔品質。所謂銳利鑽針，意味著它必須有銳利切割刀面，同時讓鑽針耐磨損性在應有水準。耐磨性主要影響重點是材料硬度，碳化鎢硬度對鑽針耐磨性影響應優先探討。要更進一步瞭解這些變化機制，可研討新鑽針尖端圖像及固定參數做多次鑽孔判定。圖 3-50 所示，爲相同設計結構與作業參數下 (直徑：0.3mm) 不同硬度鑽針，經過 2,000 孔加工後呈現的狀況。極明顯的，如果鑽針用較硬材料製作，會比軟質材料耐磨損，因此鑽針選用的材料應該要足以承受磨耗考驗才是好選材。除了碳化鎢硬度外，耐彎強度、楊氏係數也是兩個重要設計參數，是軟板加工用鑽針設計重點。碳化鎢耐彎強度會影響鑽孔效率及鑽針斷裂可能性，楊氏係數會影響鑽針堅硬性及孔位精度。這兩個因子，在考慮鑽針硬度的同時也要注意。

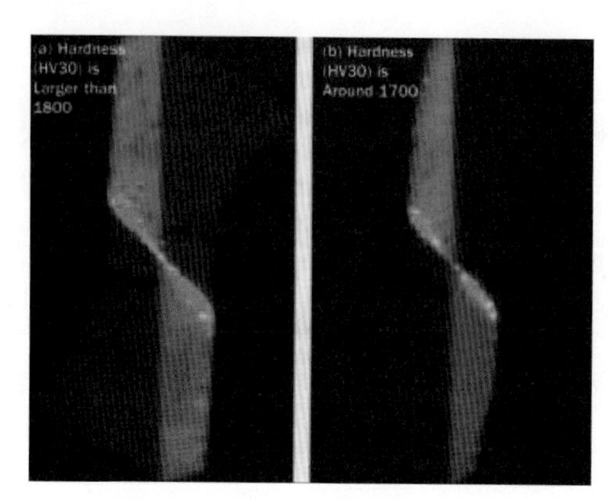

▲ 圖 3-50　不同材質鑽針經過相同鑽孔數後產生的不同磨損狀況

螺旋角設計

用於軟板鑽孔的鑽針螺旋角考慮必須小心，如前所述要克服軟板鑽孔，用較銳利的鑽針切面較好。鑽針前緣鑽尖角是銳利度指標，在軟板鑽針設計會採用較大俯角製作。較小鑽針製作，俯角設計會接近螺旋角，較銳利的切割刀面可經由增加螺旋角獲得。螺旋角的設計不只影響鑽針刀面切割角度與銳利度，也會影響鑽孔產生的排屑力（F），這個提升可以靠增加螺旋角達到 (參考圖 3-51)。但是這種設計，鑽針的耐彎強度會弱化，同時也會增加殘屑排出距離。這兩者間有矛盾必須取得平衡，以維持鑽針銳利度與鑽針強度，同時又要保持殘屑排出力及適當排屑距離。

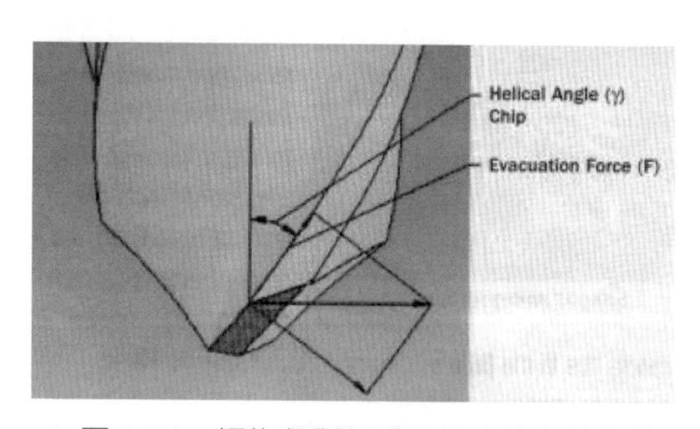

▲ 圖 3-51　螺旋角對於殘屑排出能力的影響

排屑溝與鑽針殘留材料比例設計

因爲 ST 型鑽針較適合軟板鑽孔，那究竟用於硬板的鑽針也能適合軟板加工嗎？理論上材料特性不同，答案應該非常明顯是否定的，軟板該用與硬板不同的鑽針。但礙於取得方便與使用習慣，多數初次進入此領域或代工業者，會先選用硬板鑽針，這也使產品問題變得較麻煩。軟板基材本來就較軟，殘屑相對較不容易排出，所以軟板鑽針選用與設計，就必須注意排屑能力強化。鑽針結構研究，業者將排屑溝與殘留材料比例 (FLR-Flute/Land

Ratio) 當作鑽針排屑設計指標，FLR 値定義爲排屑溝開口寬度與殘留材料寬度間比例，如圖 3-52 所示。對一般鑽針，FLR 設計經驗範圍在 1.8-2.8 間，較小 FLR 値有利於保持鑽針剛性，但相對殘屑排出空間會較小，這對加工軟板就較容易產生問題。

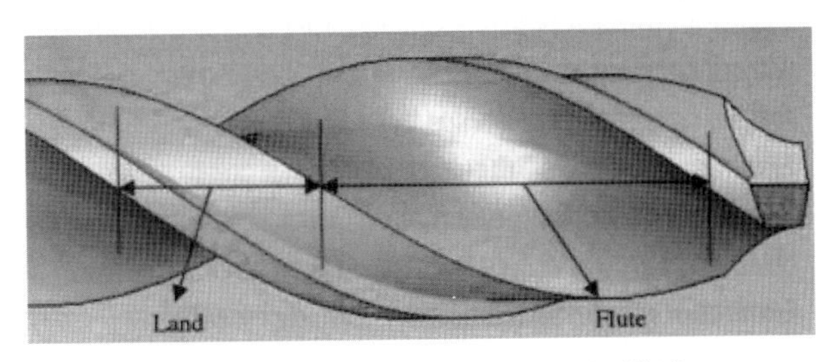

▲ 圖 3-52　微型鑽針 FLR 關係描述

圖 3-53 呈現的，是使用一般鑽針做軟板鑽孔 (FLR = 2.2) 的範例，由這種結果可看出軟板鑽孔面對的困境。殘屑沾黏在排屑通道上，而毛頭也出現在加工孔出口上。廠商研究發現，較大的 FLR 値較適合軟板鑽針加工設計與應用。

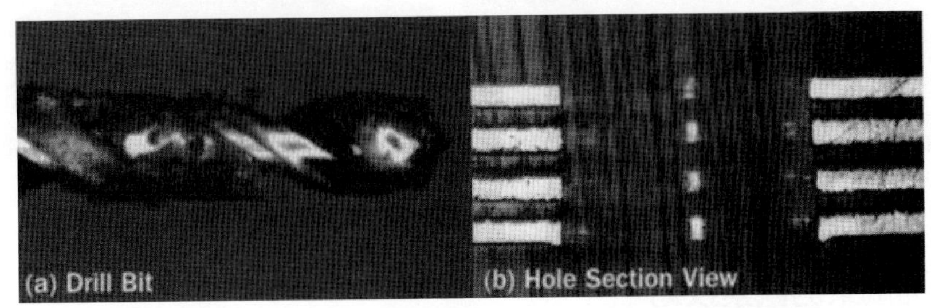

▲ 圖 3-53　以 FLR = 2.2 的鑽針加工所呈現的軟板斷面結果

刃帶厚度的設計

刃帶厚度也是鑽針結構的關鍵參數，當鑽針設計與選用時，業者必須考慮排屑能力及鑽針剛性。較小刃帶厚度對排屑能力會有幫助，同時也有利降低鑽孔產生的推力障礙，可以降低鑽孔熱量與膠渣產生。然而還是必須保持足夠刃帶厚度，才能維持應有鑽針剛性及強度。

軟板鑽孔技術與加工結果

要確實掌握軟板孔加工品質，必須使用適當鑽孔技術。鑽孔參數必須小心選擇，以符合軟板加工規格需求，特別是後續可能錯誤必須避開：

- 避免使用過高鑽軸速度：如前所述，軟板鑽孔難處之一是散熱，因此鑽軸速度需適度選擇，過高鑽軸速度會導致嚴重問題。若過度採用高速加工，可能產生嚴重熔膠後遺症。

- 避免鑽針使用次數與更換週期設定過高：為避免因鑽針過度磨損產生的高熱影響品質，軟板鑽孔鑽針管理必須保持合理量。
- 避免使用相同鑽孔參數到不同軟板結構上。

軟板鑽孔加工時，應該要把軟板材料的黏著材料也列入參數考慮。目前有部分廠商，已經嘗試將鑽孔數降到更低，但只做電漿清洗或除膠渣，之後回送加工，累積到磨損界線才做研磨。這種思考，主要是嘗試降低因軟板膠黏滯造成的嚴苛沾黏問題。圖 3-54 呈現的，是為軟板加工而特別設計的鑽針，所加工出來的產品結果。可看出優異鑽孔品質，同時可發現殘屑沾黏、毛頭、釘頭等問題都獲得不錯的改進。

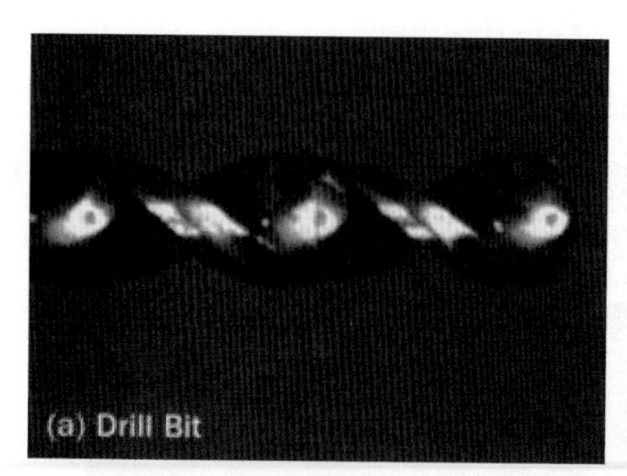

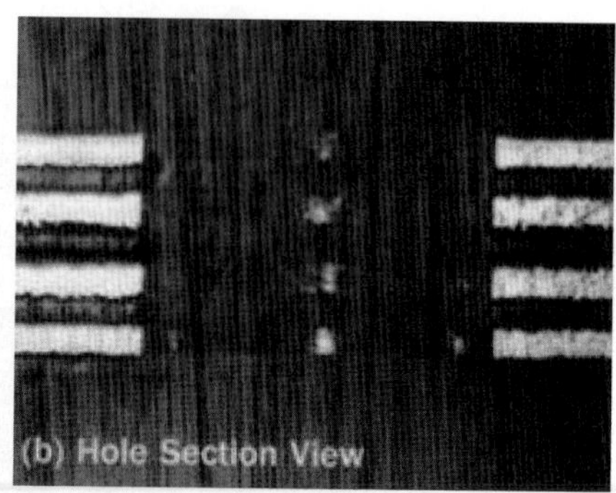

▲ 圖 3-54　以特別設計鑽針所做軟板鑽孔加工結果

軟板機械鑽孔成果的觀察技巧

軟板機械鑽孔後觀察鑽孔成果並不容易，因為軟板黏著劑多數顏色與切片灌膠顏色類似，如果採用灌膠切片觀察鑽孔缺點，很容易發生介面不清觀察不易問題。如果採取裸切，比較沒有介面問題，但因為裸切過程中會把鑽孔產生的膠渣弄掉，有可能看起來沒問題的孔壁，其實是有問題的。圖 3-55 所示，為軟板鑽孔後裸切影像，看起來似乎沒有問題，但部分的孔卻會在電鍍後出現殘留膠渣問題，如圖 3-56 所示狀態。

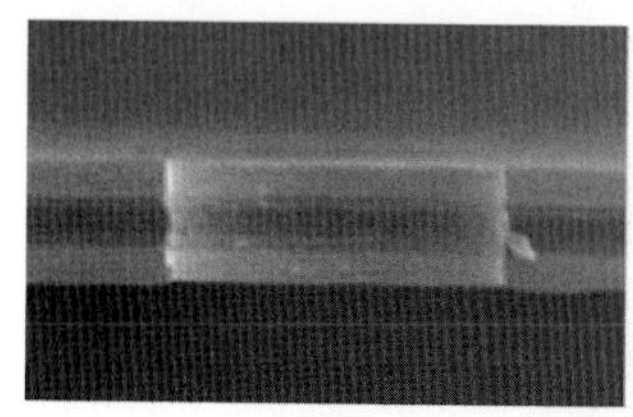
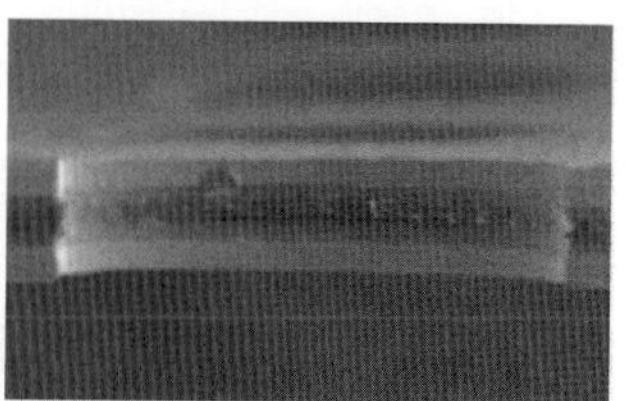
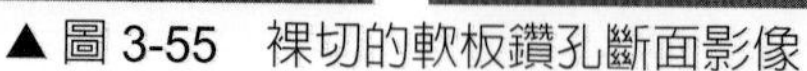
▲ 圖 3-55　裸切的軟板鑽孔斷面影像

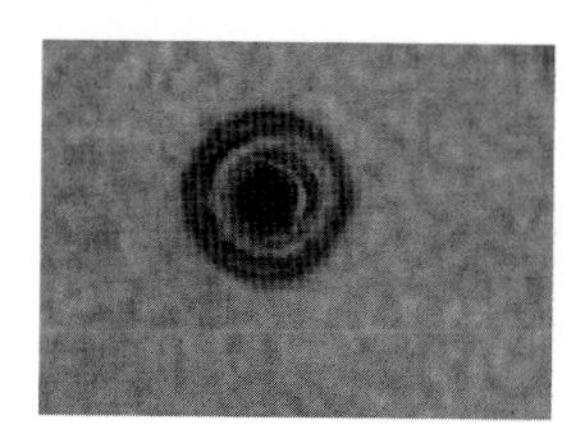
▲ 圖 3-56　電鍍後直接觀察孔壁影像

筆者建議較好的方法有兩種，其一是用立體顯微鏡或九孔光學顯微鏡直接觀察，完全不用切片直接做觀察。其二則是在切片前先在孔壁上塗佈有色樹脂，硬化後再做切片觀察，可較容易觀察到問題所在。

3-11 集塵抽風對機械鑽孔品質的影響

由於產能需求快速成長，加上機械鑽孔屬於單一機械特性，使許多產能設置問題常會被疏忽。機械鑽孔設置規劃，最容易被疏忽的就是集塵抽風問題。電路板加工廠爲了讓加工經濟有效化，都會將鑽孔機排成整列配置，由少數作業人員操作。因爲產品孔密度提昇，一旦電路板安放上機台就要相當久時間才會取出，因此規劃都會將鑽孔機配置成巷道形深長模式，六至十台一排是常見的規劃。

但問題在於鑽孔機集塵抽風，是否都有適當設計卻成爲品質潛在殺手。因爲鑽孔機重量大，設備商都會建議將鑽孔機安裝在實體地基上，建議不要在下方又架空，對鑽孔精度較有利。但這種要求使得空間利用受到限制，幾乎都必須用一樓地板或地下室。其下方既然不適合採用架空結構，那麼所有抽風設計就需要在周邊區域架設，這會限制抽風設備與鑽孔設備間連接距離。圖 3-57 所示爲一般典型機械鑽孔設備排列方式及背面的抽風管設計。

▲ 圖 3-57　典型機械鑽孔設備排列方式及抽風設計

機械鑽孔機重量及操作震動都影響場地選擇，這些特性讓多數工廠採用周邊地下室或就近區域安放集塵機。鑽孔機與集塵機間的風管經過長距離抽送一定會發生壓損，加上每增加一台鑽孔機就會加速集塵機靜壓損失，這些都會直接影響鑽孔加工排屑效果，間接就影響到鑽孔品質。一般鑽孔機配置規劃，最好縮短鑽孔機與抽風設備間距離，這可節省作業能源消耗。對於工程設計，應該將需要的抽風量安全係數加大，因爲抽風在鑽孔加工啓始時風壓損失不大，但一段時間後集塵袋會開始累積塵屑，屆時風壓損失會讓靜壓不足，當然會直接影響鑽孔品質。圖 3-58 所示爲典型抽風集塵機。

▲ 圖 3-58 典型抽風集塵機

3-12 小直徑鑽孔加工

小直徑鑽針規格依使用人、廠商不同而會有不同定義。傳統電路板，如果不用於通孔零件插裝的孔多數就被稱爲小孔。但以現今電路板製作水準，主要會以鑽針單價及普及率定義小孔。爲何業者要鑽愈來愈小的孔？依據電腦設計專家說，每縮小鑽孔直徑 1mil 可縮小他們相關產品大約 30%。不論這種理論眞實性，人們仍嘗試製作更小鑽針製作電路板。目前已有部分廠商製作 2-mil 鑽針販售，這些刀具用途主要是在發展的目的，但業者總是相信未來這種刀具會被用眞實生產。圖 3-59 所示，爲 2mil 鑽針的 SEM 照片。

▲ 圖 3-59 2mil 鑽針的 SEM 照片

2mil 電路板鑽針，SEM 相片可有效照出表面暗影。如果經由放大鏡看這個小鑽針，表面看到的該是拋光面，但實際細節對刀具壽命其實相當重要。大家認定小鑽針最大問題是斷針，對 2mil 鑽針而言這個問題當然更嚴重。如果鑽針直徑大於 0.35mm 以上，對多數板商都可算是較大鑽針。而如前文所述，機械鑽孔目前已經跨越 0.1mm 直徑，因此這也已經與目前雷射孔技術重疊，與此相關的加工都該歸類爲小孔加工。

由於電子零件組裝密度提高，小孔徑鑽孔需求急速增加，孔密度也不斷提昇。加上因應不同電性需求，許多新電路板材料都對基材特性作了改變，使得機械鑽孔難度不斷提高，其中尤其是在維持孔壁品質及如何防止鑽針折斷，是最主要癥結。對於塡充物較高或脆性較大的材料，會因爲 Tg 變高脆性加大及碎裂顆粒大小變動問題，使鑽孔孔壁品質備受考驗。除了在鑽孔加工參數要下工夫，對選擇材料搭配性也要下工夫。

至於討論鑽針折斷，究其主要原因如下：

(1) 鑽針形狀與材質特性所致
(2) 鑽針外徑小與縱橫比過大所致
(3) 電路板的材質、厚度、堆疊數等問題所致
(4) 鑽孔機的振動和主軸的振動造成的偏斜問題所致
(5) 鑽孔條件不當 (如：回轉數、進刀速度)
(6) 抽風、排屑不良所致
(7) 蓋板、墊板的材質選擇問題所致

目前針對鑽針折斷問題，機械設備商都提出了偵測機構設計解決方案，包括利用光電元件偵測或利用壓力腳集塵量做偵測。業界較典型的壓力腳設計模式，如圖 3-60 所示。這些壓力腳設計，都嘗試將材料壓得更平同時幫助加工排屑。一般壓力腳前緣與鑽針進刀端點距離會設定在約 50mil 距離，這樣可以讓壓力腳有充裕時間在鑽針接觸與進入前完全壓平堆疊材料。如果前緣距離明顯低於理想，或者若鑽針尖點突出於壓力腳，鑽針會產生斷裂。要確認壓力腳安裝正確性與功能性，每天檢查壓力腳是否產生磨損，確認其位置與導引機構沒有彎曲並運動順暢。

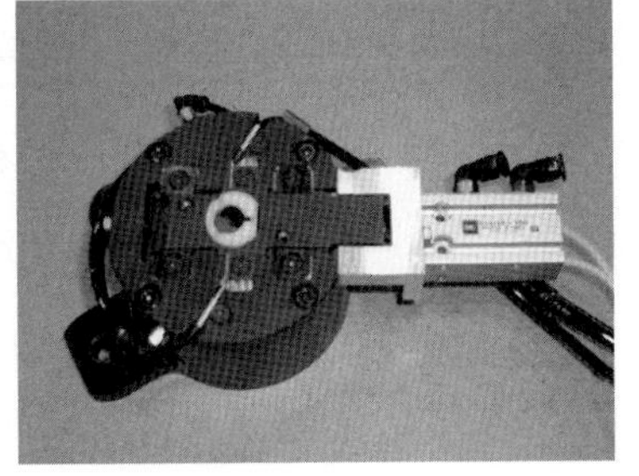

▲圖 3-60　業界較典型的壓力腳設計

當要調整鑽軸 Z 軸高度，應該同時調整壓力腳高度保持相同的相對鑽軸高度。壓力腳調整與鑽軸無關，如果沒有正確執行可能導致壓力腳上方開口與鑽軸外殼間產生間隙。這個間隙只有在加入鑽軸時才會被注意到，同時會分享掉多數抽風效果，這會嚴重影響壓力腳眞空效果，導致許多鑽孔缺點，增加斷針機會。如果有一個缺口存在，這可能會伴隨著大量鑽孔碎片粉塵出現在堆疊材料及機械上。

3-13 鑽孔的加工條件設定

適當鑽孔切削條件設定，是形成良好機械鑽孔品質的必備因素，在一般性機械鑽孔操作，其條件設定考慮要點如下：

(1) 鑽針最大轉速需依照鑽針材質與電路板材質而定，過高轉速對孔壁品質及鑽針壽命都不利。

(2) 若鑽針鑽入電路板尖端角度固定，進刀速應該依據鑽針尺寸變動，愈小鑽針其剛性愈差，進刀速度應該要降低。

(3) 電路板堆疊數也是鑽孔加工必要考慮因素，雖然堆疊數較低會影響作業成本，但對鑽孔品質卻是重要因子。

(4) 鑽針長度是另一個必要考慮因子，要依據鑽孔機能力及鑽針材料特性選用。

鑽孔可用條件，依據理論轉速、鑽針直徑可推估出鑽針周邊速度，其關係如圖 3-61 所示。

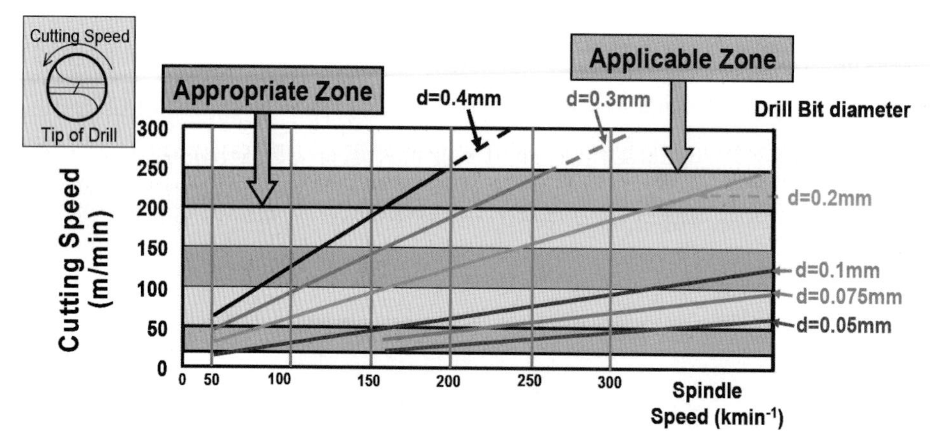

▲圖 3-61 鑽針外徑與線速度的關係 (資料來源：Hitachi Via)

恰當鑽針切割速度，經驗值是落在 50 ～ 600 M/min 間，而多數電路板較大鑽孔孔徑加工，較常採用 170 ～ 200 M/min 的加工速度。自從表面貼裝技術普及，0.4 mm 以下直徑鑽孔需求大增，即使採用 100,000 轉鑽孔機，如果要加工 0.4 mm 直徑機械孔，其線速度也不過約達到 120 M/min 左右，如果要加工更小孔徑就會逐漸落入偏低轉速範圍，這也是爲何鑽孔機轉速一再提升。轉速產生的線速度不是鑽孔品質唯一影響因素，搭配的因素還應包括加工進刀速度，兩者所搭配出來的加工成果就是所謂切屑承受量 (Chip Load)。

小直徑鑽針加工，因爲鑽針機械承受力較差，加工線速度也較低，因此在低轉速鑽孔機上要加工小孔徑相對困難，其進刀速度及轉速搭配要格外小心，必要時可按照比例減低進刀速度。多層板小直徑加工刀具磨損速度快，這必須針對 Smear 產生量與材料特性考慮不同加工條件。多數電路板用鑽孔機都用氣動式軸承，其可操作轉速範圍都有一定設計限制。針對成長快速的小孔需求，許多設備商都推出更高速度鑽孔機，但相形之下略大的鑽孔工程就必須要用多段且較低操作參數製作。因此若非多數孔都是小孔，選用氣動式軸程高速鑽孔機未必就是上策。

這方面的表現，若再回頭看採用滾珠軸承設計的鑽孔機，其承受側向力的能力較大，且可在低轉速範圍運作，比較適合加工大型孔，這是因爲這類軸承設計可承受較大側向力所致。另一個較會影響鑽孔品質的考慮參數，是電路板內銅金屬含量。同樣的電路板堆疊厚度，不代表會有同樣的銅金屬厚度。當銅金屬厚度變化時，有可能因爲鑽孔拉扯及熱量集中而產生材料損傷問題，這方面某些廠商利用變動加工程式順序降低其影響，也是不錯的策略。至於銅金屬量增加，對鑽孔品質影響也應該考慮，這類加工常必須注意鑽針維護與選用。圖 3-62 所示，爲典型銅金屬殘屑捲入鑽針的狀態，如果沾黏過度一定會影響作業順暢性。

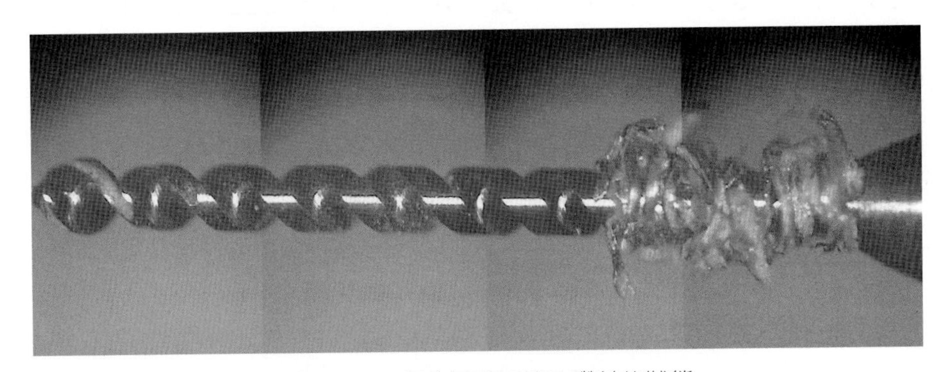

▲ 圖 3-62 銅金屬殘屑捲入鑽針的狀態

排屑負荷 (Chip Load)、進退刀速度等相關作業參數討論

迴刀速度 (退刀速)

迴刀速度指的是在完成進刀鑽孔後的退出速度，也是以每分鐘變動距離爲基準 (英制：IPM)。機械現有最大設定隨生產廠商而不同，一般範圍在 500 ～ 1000IPM。愈高的迴刀速度就代表每一鑽孔循環時間愈短，最大迴刀速度對大直徑鑽針可能還好，但如果用鑽針範圍接近 25mil 到 13.5mil，迴刀速度就應該要降低到 500IPM 或更低的速度，以免發生斷針問題。當鑽針直徑比 13.5mil 還小，迴刀速度可能要進一步降低。迴刀速度可在沒有斷針狀況下隨機使用，主要與鑽孔機抽風狀況、作業穩定度有關，另外堆疊厚度及電路板結構、厚度、墊板材料類型、堆疊方式、插梢使用、鑽針設計形式等也都有關係。

墊板鑽入的深度

墊板進入深度定義爲鑽針在鑽孔時穿透到墊板材料內的最終距離，最小墊板穿透深度設定值隨鑽針直徑而變，是由鑽針尖點長度計算來決定 (參考圖 3-63)，一般會再增加大約 10mil 深度。一般公定規則，墊板穿透深度可能要設定爲等於鑽針直徑深度或 40mil，看哪一個較小就用哪個。

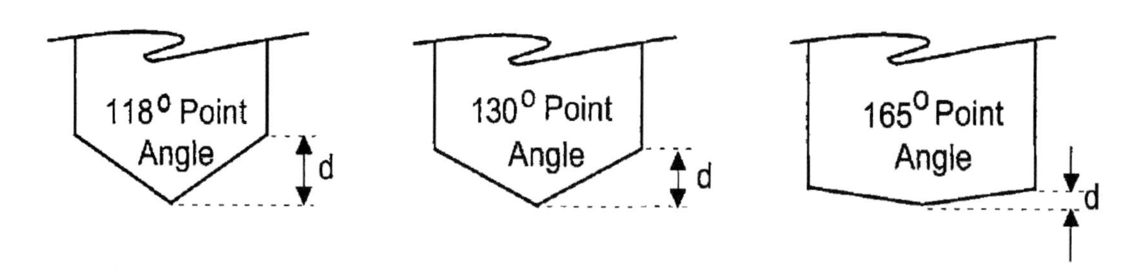

d(118) = tan 31 x Radius = ~ .600 x Radius or ~ .300 x Diameter
d(130) = tan 25 x Radius = ~ .466 x Radius or ~ .233 x Diameter
d(165) = tan 7.5 x Radius = ~ .132 x Radius or ~ .065 x Diameter

▲ 圖 3-63 尖點長度的計算

過度墊板穿透距離，會增加鑽針磨損及斷裂機會，特別是小直徑鑽針，對孔品質也有負面影響並增加工作時間。如果墊板穿透量不足，就會產生鑽孔不透問題。這意味著墊板材料厚度變化非常重要，能夠有最小厚度變化是選用墊板的期待，選用墊板材料時這個項目要列入考慮。

排屑負荷 (Chip Load)

排屑負荷定義爲每一完整鑽軸旋轉的鑽針前進量，一般是以 mil 表達 (1mil 相當於 1/1000 英吋)。也就是鑽針每一圈轉動，其鑽針前端向材料方向前進的距離。排屑負荷用來計算每分鐘進刀速率的名稱 (英制：英吋 / 每分鐘 -IPM)。

進刀速 (IPM) = 排屑負荷 (mil/ 每旋轉) × RPM

愈高的排屑負荷會有愈高產出，但排屑負荷與進刀速會影響孔位置精度、斷針、毛頭、機械型鑽孔缺點，如：空隙 (Void)、釘頭等，所謂空隙指的是拉扯出支撐的纖維。更快進刀速度代表會有愈多的蓋板毛頭及第一片電路板毛頭、較少釘頭缺點及出口 (底部電路板) 毛頭，斷針機會增加與產生更多鑽孔空隙。較低的進刀速則呈現相反現象，但也會有較少產出。

鑽針的可鑽孔數

對給定直徑的鑽針尺寸，其最大單一鑽針可鑽孔數的定義是，此鑽針在達到有效鑽孔壽命拋棄前所能加工的孔數。最大鑽針可鑽孔數與產品及規格相關，並受電路板材料結構、板厚度、堆疊厚度、表面速度及使用蓋板墊板材料影響，沒有具體單一鑽針最大可鑽孔數規則可遵循。過高可鑽孔數設定會增加孔內缺點，也可能會影響再研磨正常狀況。過於保守的單鑽針最大可鑽孔數設定，會明顯影響每孔加工成本，同時會增加因更換鑽針所耗費的操作時間，讓批次生產時間增加。

堆疊間隙高度

所謂堆疊間隙高度指的是，從鑽針尖端到鑽針接觸堆疊材料與蓋板頂端實際距離。理想狀況應該要保持最小間隙距離約 1/8 英吋，也就是希望能保持壓力腳底部與堆疊材料頂部間距爲 0.075 英吋，這是假設鑽針尖端與壓力腳前緣要保持 0.050 英吋距離。堆疊間隙可隨批調整，只要以 0.075 英吋的薄片插入壓力腳與堆疊間就可調整，調節壓力腳的極限位置到接觸薄片就可完成。

堆疊頂部與壓力腳的間距或鑽針尖端距離愈小，鑽孔所需走的行程愈短，這樣當然批次內的作業時間就可縮短。增加間隙距離可讓鑽孔行程間間隔時間變長，這可以給較多時間讓移動台面穩定下來，可以改進孔位精度並降低小直徑鑽針斷裂機會。另外在下鑽行程間時間越長，應該可有更多碎片粉塵從鑽針排屑溝排出，從而鑽孔溫度會比較低，這樣當然可降低鑽針斷裂機會，同時也可減緩相關孔品質問題發生。

鑽孔的堆疊高度

材料結構 (電路板厚度、銅層數量、基材種類等)、鑽針直徑、排屑溝長度，當然還有孔的品質、孔位精度需求。這些都是在決定堆疊高度時要考慮的因素。愈高數量單一鑽孔堆疊數，意味著更高的鑽孔溫度、更快鑽針磨損、更多鑽針偏斜，影響最終鑽孔品質與鑽孔位置精度。當用較小直徑鑽針，堆疊高度必須降低以避免發生斷針與搭配較短排屑溝長度。一般公定規則，最大總鑽孔深度 (電路板厚度、墊板厚度、蓋板厚度、墊板穿透深度) 應該要可安全作業而不會有斷針風險，這個値約是直徑的 17 倍。

堆疊、固定插梢、安放堆疊

建構堆疊結構

檢查所有基材板及蓋板與墊板材料，確認是否有表面損傷。並應去除板邊毛頭與插梢孔邊毛頭。這些電路板上對位工具，未必就能以插梢完成堆疊，重要的是應該將任何壓板後出現在孔邊樹脂殘渣移除，才能順利進行 (依製程不同而有可能發生)。毛頭及突出表面無法讓堆疊平整，會導致鑽孔時中間存在間隙，這會造成孔對位問題，也可能引發毛頭、孔內品質及斷針問題。剔退有縫隙、刮痕及其它表面缺陷的蓋板與墊板，當然對彎翹或扭曲材料也一樣。植入插梢時應該要清理所有基材表面及蓋板墊板，使用無塵布在堆疊前將所有表面碎片粉塵擦掉 (讓堆疊材料能緊密貼近)。確認插梢孔與插梢植入都是垂直於堆疊材料，避免用變形或損壞插梢。

安放堆疊

在將整個完成堆疊的材料放到鑽孔機台面前，應該要檢視台面上是否有毛頭、殘屑、凸點等影響平貼的東西。如果發現台面上固定插梢的套件凹陷或破損就不要繼續作業，這些狀態都無法穩定固定這些堆疊材料在正常狀態。如果直接安放鑽孔，材料會在鑽孔時發生移動，會產生各種品質缺點、位置精度問題及斷針，而實際上只要簡單低成本更換處理就可避免這種問題。

安放完成後，還是建議在必要時清理堆疊表面，之後放上蓋板並以輔具或膠帶固定板邊。蓋板必須要避開插梢，同時不應該超過堆疊區域邊緣。不建議將蓋板也固定在堆疊材料上，因爲它會限制材料移動，這會產生蓋板與基材間分離，導致蓋板毛頭與可能的斷針問題。

3-14 機械鑽孔加工品質的維持與評價

高品質機械鑽孔，就是要使孔壁良好、孔位精確，同時可降低孔的曲度延長鑽針壽命。由各種測試追蹤及品質評價，可對電路板鑽孔品質維持有直接助益，且對電路板加工成本掌控也有一定幫助。對於這些議題，多數工程人員會就以下項目做研討：

鑽針的磨損

刀具磨損是切削加工的必然現象，電路板鑽孔數愈多則刀具磨損量自然隨之增加。鑽孔加工最需要作到的，應該是降低異常磨耗產生，而異常磨耗是孔內壁粗糙產生 Smear 的重大因素。

一般異常磨耗產生的主要原因有以下幾種：

a. 切削條件的不當

b. 使用前切刃已有缺口

c. 蓋板與墊板材質不良所致

除了刀具本身外，磨損的最重要因素就是加工材料特性及加工參數設定。以電路板材質差別來評估其加工特性，硬質樹脂及玻璃纖維材料對刀具磨損有較大貢獻，相形之下如果加工的是紙基材或軟板材料，則其耗損會相對輕微得多。目前電路板使用材料變化愈來愈多，尤其是構裝載板及高層板應用，其材料結構都趨於高玻璃態轉化點及高填充料設計，這些變化對鑽針磨損狀況也會有大影響。

鑽針的彎曲度

小孔徑鑽針加工最大課題，就是鑽針不可以折斷，另外就是鑽針的彎曲度必須保持在一定範圍內，這對電路板線路對位是非常重要的品質因素。對這方面的能力評估，應該以堆疊最上方電路板與底部電路板孔位偏差量比較。另外必須注意品質比較方法，鑽軸內、鑽軸間、機台間的品質都應該做比較，因為電路板在量產時不可能永遠都限定單機台，因此較嚴謹品質管製作法，應該要作全面性品質比較，這才能知道實際整廠鑽孔機械製程能力。

鑽孔孔壁的品質

(1) 孔壁的粗糙度

電路板是以複合材料製造，網狀玻璃纖維縱橫交錯，鑽針加工多數都會與纖維產生 45 度切削，纖維較容易被挖起或拉扯，這就是孔壁產生粗糙的重要原因。典型鑽孔孔壁內纖維切割狀態，如圖 3-64 所示。

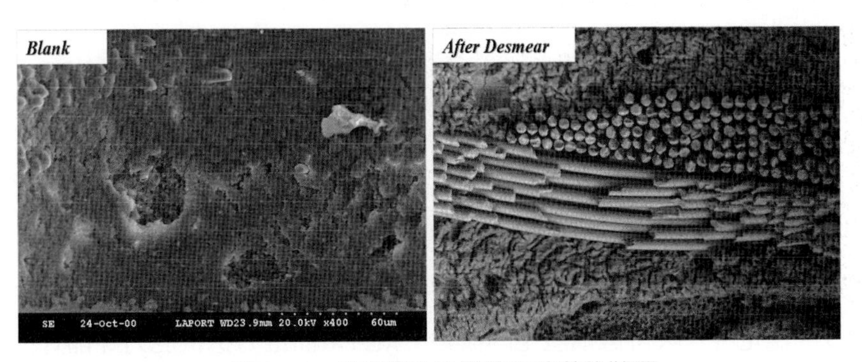

▲ 圖 3-64　典型鑽孔孔壁除膠渣前後狀況

(2) 膠渣 (Smear)

在切削時鑽針切刃和刃帶部 (刀筋) 的磨損，造成切刃外周銳利度不夠，形成非切割材料摩擦。這時由於磨擦面積增大，切削熱量增大而導致環氧樹脂產生融熔，因而附著在銅皮與內層銅皮間，電鍍處理時就會發生導通不良問題，這是機械鑽孔最容易面對的品質問題。至於典型的鑽孔品質現象，會在後續內容中討論

3-15 小孔加工時鑽孔機特性的影響

小孔徑機械鑽孔，孔徑越小或縱橫比 (加工深度 / 加工直徑) 越大時加工難度愈高，其中最大問題就是鑽針容易折斷。這方面在鑽針直徑 1.0mm 以上的加工，主要以鑽針製作幾何形狀來解決刀具剛性問題。但小鑽針，只靠改變形狀很難達成這種目的。因此由超硬碳化鎢材料的選用、鑽針外型改善等處著手，是目前業者主要作法，另外在鑽孔加工方法，也必須搭配調整才能順利運作。圖 3-65 所示，為日本的日立 PCB 公司所製作的高縱橫比通孔產品，其縱橫比高達 26，堪稱為電路板產品的藝術品。

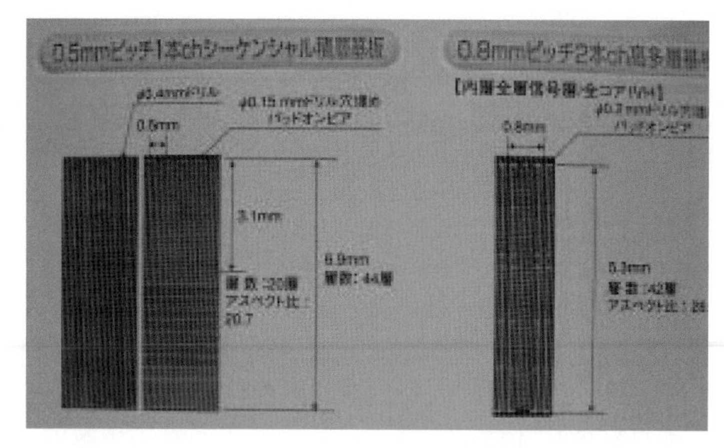

▲ 圖 3-65　日本日立 PCB 公司展示的縱橫比 26 通孔產品

鑽針的彎曲與斷裂

鑽針斷裂可分為加工開始時的接觸斷裂與鑽孔中發生兩種模式，究其原因則都是瞬間發生過大扭矩 (Torque)，因為扭矩造成的彎曲變形已經超過鑽針剛性而折斷，發生位置多數是在刀身與刀柄銜接區最常見。依據機械公式推估，折斷扭矩的承受能力與鑽針直徑的 3 次方成比例，因此小直徑鑽針的刀體殘留厚度，是決定其剛性的重要因素。另外鑽針的彎曲，也會因為電路板重疊張數多或機械產生的 RUN OUT 機會增加而容易斷折，這些鑽孔機主軸回轉精度、穩定度、夾持機構產生的振動、鑽針彎曲推力抵抗能力等都有很大影響。

小孔加工的精度探討

高密度構裝載板平面可用空間有限，整體面積又以銅襯墊 (Pad)、線路及鑽孔孔徑三者相互競爭，因此在更小銅墊上鑽更小的孔，成為機械鑽孔加工重要議題。維亞 (Via) 對鑽孔加工刀刃尖端偏移，有一套簡單的分析結構，可給加工者做參考。其分析內容如圖 3-66 所示。

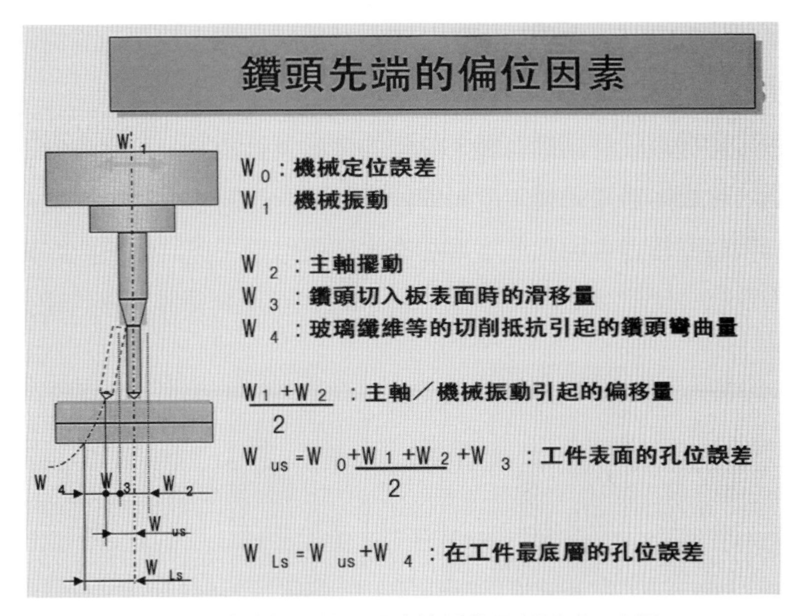

▲ 圖 3-66　鑽孔加工的刀刃尖端偏移分析模式 (來源：via)

銅櫬墊大小並不完全決定於鑽孔能力，另一個因素是曝光製程中曝光機底片尺寸控制與對位能力，因爲課題複雜無法在此細述。但在鑽孔位置精度，這卻是單純機械鑽孔問題値得討論。鑽孔精度，如果同一個孔位經過多次鑽孔作業，應該可以經過測量蒐集到足夠數據。這些數據經過整理繪製，可獲得孔位分布靶點圖，如圖 3-67 所示。

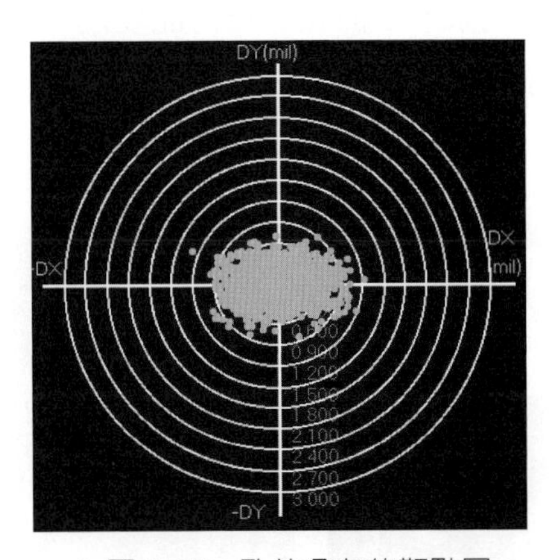

▲ 圖 3-67　孔位分布的靶點圖

從圖面中淺藍點偏離度及分散程度，可知機械鑽孔機的鑽孔精度能力可做到怎樣水準。這種位置精度與幾個主要因素有關係，其一是機械本身移動精準度，其二是鑽軸本身震動大小，其三是鑽針本身在運動中的偏心度 (Round Out)，其四是鑽針經過板材造成的鑽針撓曲程度。一般程式設計位置與實際工作台位置精度誤差，以目前機械設備能力，可以達到 ±5um 左右誤差。但是以 CNC 檯面運動作業，通常只能保有大約 ±10-15μm 左右準度。機械移動精度能力，只要看機械加工中的狀態維持能力及平日設備保養維護，就已經可決定其水準了。

鑽軸震動程度和機械設計結構有關，愈輕的鑽軸運動設計，可獲致愈低震動。另外鑽軸實際長度變動，也會影響鑽軸穩定度。傳統鑽軸設計是將鑽軸驅動端裝在尾部，這種設計在加工作業一段時間後就會因爲溫度增加產生膨脹增長。此時如果能將鑽軸驅動端設計在前端，則可因爲總長度縮減降低其影響。圖 3-68 所示，爲鑽軸前後端驅動設計比較。

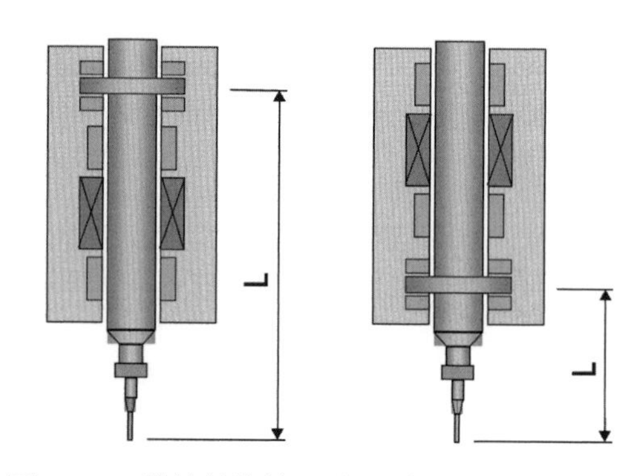

▲ 圖 3-68 鑽軸前後端驅動設計的比較 (來源：Via)

鑽針偏心度，主要受到鑽針強度、鑽軸抖動、鑽針抓取機構眞圓度及抓取頭清潔度等因素影響。當鑽針被抓取機構抓起，如果其間殘留鑽孔殘屑，鑽軸轉動時就會有偏心旋轉現象，這對鑽孔是非常不好的現象，不但孔品質可能變差，也容易發生斷針現象。圖 3-69 所示就是鑽針抓取機構的圖像，當抓取頭的夾縫中殘留雜屑，驅動時產生偏心旋轉是可以想像的。

▲ 圖 3-69 機械鑽孔的鑽針抓取機構

對於機械 (球) 軸承鑽軸，每班清潔一次夾頭及夾頭座 (在鑽軸內部) 是基本工作要求，骯髒的鑽針夾頭會增加鑽孔偏心度。當在處理特定量板材料時，會產生大量鑽孔粉塵，這就要依賴有效率抽風集塵設備處理，較高的清潔頻率是必要的，這可保持鑽孔偏心度在一定水準。一般建議在清潔過鑽針夾頭後，要裝回原來移出的鑽軸，因爲夾頭在安裝時應該都經過與夾頭座校調。對氣動軸承，大多數機械商會建議不到偏心度超出水準前不用做清潔。

當鑽針推進時會接受到材料給予的反作用力，因爲電路板本身是複合材料，有不少纖維材質作爲補強之用，材料整體並非均勻物質，因此各處加工阻力不相同。如果推進速度過快，很容易發生鑽針偏斜撓曲問題。但如果進刀速度降低或用多段鑽孔，則不論生產速度或刀具消耗量都可能受到不良影響。要如何從兩者間獲得恰當平衡，需要製作者做產品實做評估才能得到結論。

當然也有部份電路板商將鑽孔外包代工，這似乎在成本較容易做固定管控，因爲鑽孔代工索取費用是以孔數計費。但需要注意的是，一般構裝載板及系統用電路板，其鑽孔密度高、品質要求嚴，如果代工作業與期待有落差，產品瑕疵可能會造成更大損失。因此如果是代工生產，品質規格要求必須明定，同時要將工廠內品質水準延伸，才能降低品質對生產廠產品製造順暢性的影響。

3-16 機械小孔加工的機會與挑戰

即使是看來簡單的機械鑽孔，面對小孔製作也成爲千頭萬緒複雜度極高的工程。因爲無鉛環保訴求，電路板材料都往高玻璃態轉化點 (Tg) 樹脂材料方向發展，在鑽孔過程就較不容易產生膠渣。但這也不能高興得太早，因爲多數高溫樹脂材料都會利用添加強化材料提升 Tg，這樣會使材料特性變得硬脆，如果眞的產生膠渣也不容易用化學處理去除，這又是另一個機械鑽孔面對的挑戰。

由於機械鑽孔不但有小孔徑挑戰，也有製作費用提高及盲孔能力受限的問題，因此基板雷射鑽孔加工技術應運而生。純就機械鑽孔加工的未來性看，如果是大型孔加工，使用機械加工仍是合理選擇。但當孔徑逐漸縮小，要如何掌握技術脈動，就成爲重要課題。以鑽針費用本身看，鑽針製造會使用特殊工具用金屬，鑽針加工成本也會因爲直徑縮小而升高。鑽針製造所用合金如：鎢、鈷等金屬，在世界上的蘊藏量都屬較稀有金屬，相信未來鑽針製作成本會因金屬材料的逐漸稀少而攀升。

小孔徑鑽針又因爲直徑小，不能像大孔徑鑽針可作多次研磨，部份廠商號稱目前可重複使用研磨直徑 0.1mm 的鑽針兩次，就是可使用壽命爲三次的意思。但問題是這麼小直徑的鑽針，研磨過後是否鼻端角仍然對稱，整體使用後的鑽孔品質是否仍能保持新品水準，這些都值得業者仔細觀察。因此從長遠角度看，不論盲孔或小型通孔，理論上會因為雷射加工技術進步及機械小孔加工單價提昇，而逐漸轉向雷射加工，這應該是可信度頗高的推測。

純就通孔加工品質而言，目前一些孔徑約在 0.1mm 左右的鑽孔成果比較，或許可略見端倪。雷射與機械鑽孔的孔壁切片外型比較，如圖 3-70 所示。可以看出雷射通孔的孔壁品質，確實跟機械孔有相當差距。

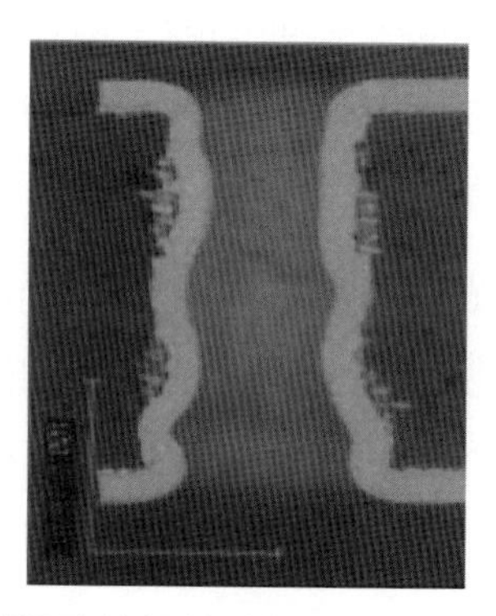

▲ 圖 3-70　雷射與機械通孔的切片外觀比較

過去雷射鑽孔機持續在技術上努力克服通孔加工的瓶頸，但是 UV 雷射能量密度還是偏低，而二氧化碳雷射則在加工通孔也難以突破較大 Over Hang 的問題。但是這些年卻因為載板通孔電鍍的填孔問題，反而讓雷射雙面加工有了出路。電路板業者為了填孔電鍍需求，製作的沙鐘孔，利用雙面雷射加工產生通孔，成為另一種類型的通孔加工。圖 3-71 為二氧化碳雷射穿透能力不足與沙鐘孔的斷面狀態。

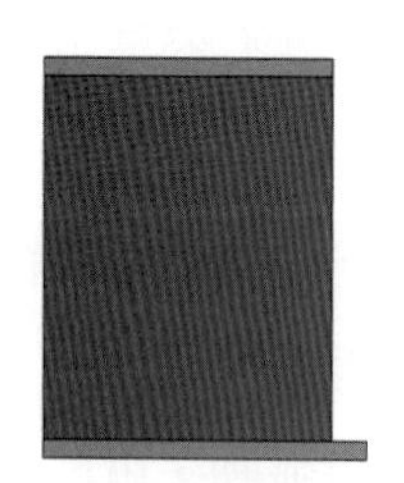

▲ 圖 3-71　二氧化碳雷射 Over Hang 問題與沙鐘孔

3-17 機械鑽孔的品質檢查討論

一般機械鑽孔品質，主要檢查項目以孔徑大小、是否漏鑽、孔壁狀況三個部分為主。以往傳統檢查是以孔針與工作底片作人工比對，以確認整體的鑽孔品質。拜電子與光學科技進步之賜，現在有"讀孔機"可輔助鑽孔品質檢查。只要將數位鑽孔資料讀入機械，機械會經由光學判讀來比對資料與實際讀取光點間是否有差異就可以發現缺點。因爲速度快同時失誤率相對低，已經是廠商檢查方式的主流。圖 3-72 所示爲典型讀孔檢查機。

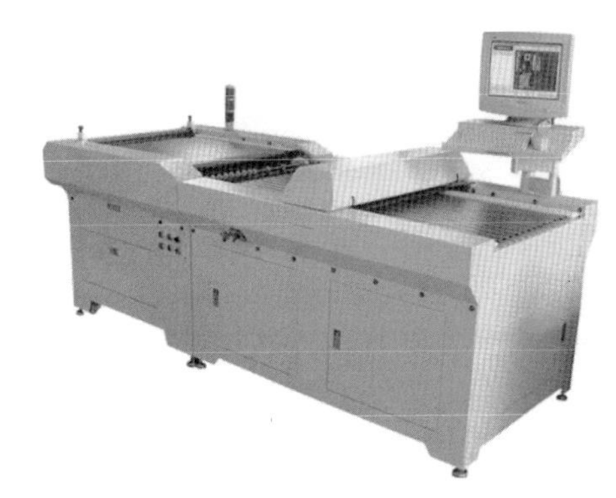

▲ 圖 3-72　典型的光學讀孔檢查機

至於鑽孔精度，鑽孔位是否能準確搭配電路板銅襯墊位置，並不完全僅是鑽孔機問題。如果壓板製程或電路板設計之初，沒有考慮好尺寸漲縮，那麼產生鑽孔位偏離問題就可以預期。這類問題，可在鑽孔前做基準靶位檢查就可看出端倪。如果靶位沒有落在正中間，就可能是因爲壓板漲縮預估偏差產生的問題。圖 3-73 所示，爲典型鑽靶偏差狀況，這種現象當然會產生鑽孔襯墊偏移問題。

▲ 圖 3-73　典型鑽靶偏差狀況

多數鑽孔機位置精度都可控制在 25 ～ 75 um 偏移度內，這包含堆疊後產生的上下板位置偏差在內。因此若常態機械保養穩定，純粹因爲機械機動作不良所產生的鑽偏問題不多見。但如果作業人員將電路板顛倒放置或插稍鬆弛固定不良等現象發生，有孔偏問題當然就不足爲奇了。機械鑽孔後，多數廠商會做 X 光透視檢查，對鑽孔位置與銅墊配位度可以經由這種檢查一目了然。圖 3-74 所示爲典型鑽孔後 X 光影像檢查結果，可明顯看出品質差異。

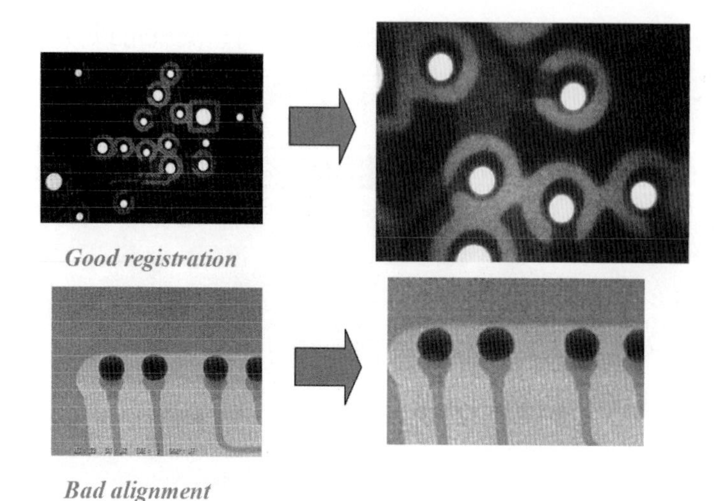

▲ 圖 3-74 典型鑽孔後 X 光影像檢查結果

電路板需求廠商會對鑽孔品質做定義，並非所有電路板都必須保持不能切破現象，不過需要注意的是切破狀態一般都是指內層襯墊，外層線路部分仍然是不允許的。常見切破標準爲切破 90 度，如圖 3-75 所示。不過這種要求，多數都用在較低密度產品，高密度因爲線路相當接近，爲了避免產生離子遷移等信賴度問題，多數高密度或系統用板不允許這類現象發生。

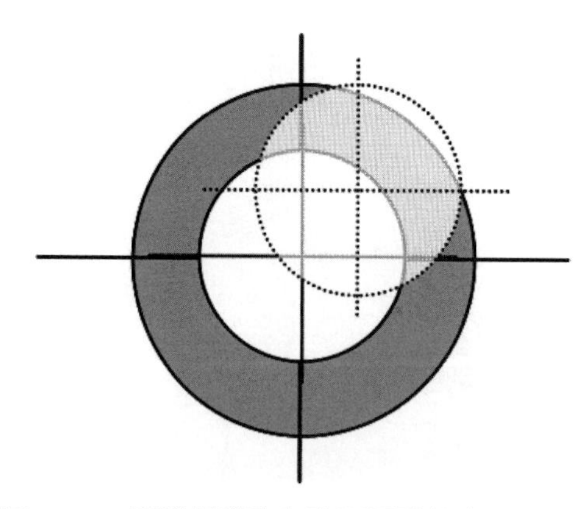

▲ 圖 3-75 電路板鑽孔允許切偏破墊在 90 度以內

某些電路板爲了避免較大工具孔在製程中，產生電鍍、影像轉移等製造困擾，會在外層線路製作完成後再製作大孔徑結構。理論上這個製程沒有太大問題，但有經驗的業者都知道，只要是電路板經過愈多製程，電路板尺寸穩定度就愈差。且電路板如果經過線路製作、綠漆塗裝等製程，其平整度就會降低，這對於鑽孔加工位置精度及孔品質都有不良影響。圖 3-76 所示，爲業界所謂二次鑽孔作業。表面不加蓋板，而一般的孔也都不會在表面出現銅金屬。

▲ 圖 3-76　電路板的二次鑽孔作業

某些廠商爲了省事，也可能將這類作業放在與成型機一起作業，此時如果參考座標產生偏差更容易產生鑽偏問題。某些特定產品，需要做電路板開槽，但因爲所需槽寬相當小，無法用銑床加工，此時也會採用開槽鑽孔加工法製作結構。如果作業基準偏差，也會有鑽偏品質問題。圖 3-77 所示，爲典型的二次鑽孔開槽偏差品質問題。

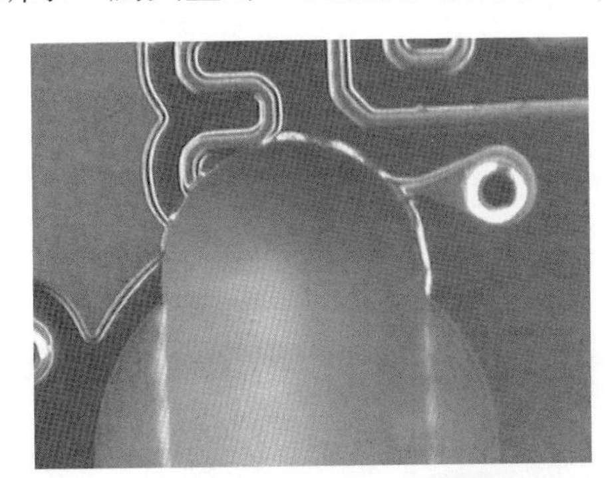

▲ 圖 3-77　典型的開槽鑽孔位置偏差品質問題

除了開槽鑽偏，如果用的鑽針類型不同，電路板也常會產生開槽變形問題。典型開槽變形案例，如圖 3-78 所示。這類問題常是因爲使用鑽針不對所致，較正確的開槽用鑽針應該是 SD 型鑽針，因爲刀刃比較筆直不會在開槽時產生扭動。

▲ 圖 3-78　典型的開槽變形案例

另外一項鑽孔品質重要指標，當然是鑽孔孔壁品質。這方面的表現，一般無法用非破壞性檢查，而必須作切片確認。圖 3-79 所示，爲機械鑽孔後產生釘頭現象的切片。

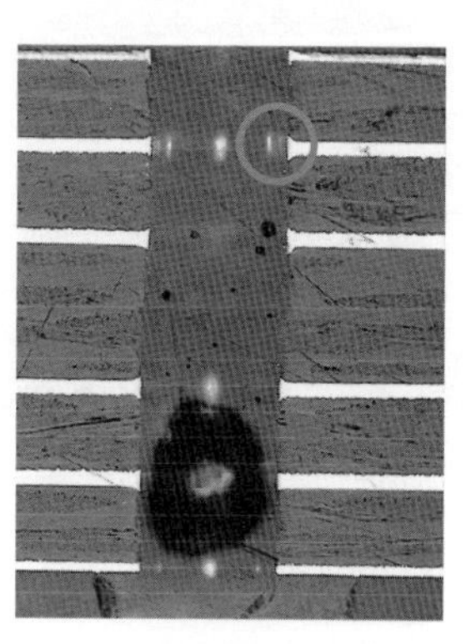

▲ 圖 3-79　機械鑽孔後產生的釘頭

機械切割難免會對材料產生拉扯力，如果發生刀具鈍化或震動就容易產生斷面缺點，因此孔壁品質一般會要求的第一個標準就是平滑性。其次因爲銅金屬本身具有延展性，因此在切割過程容易產生變形量，當變形後經過電鍍，就產生了有名的釘頭 (Nail Head) 現象。這種現象輕微出現是可接受的，但如果嚴重性提高，有可能發生擠壓力量擴大，將銅金屬與基材分離的現象，這時候就會產生較嚴重問題。圖 3-80 所示，爲一般鑽孔電鍍後產生的切片斷面照片。

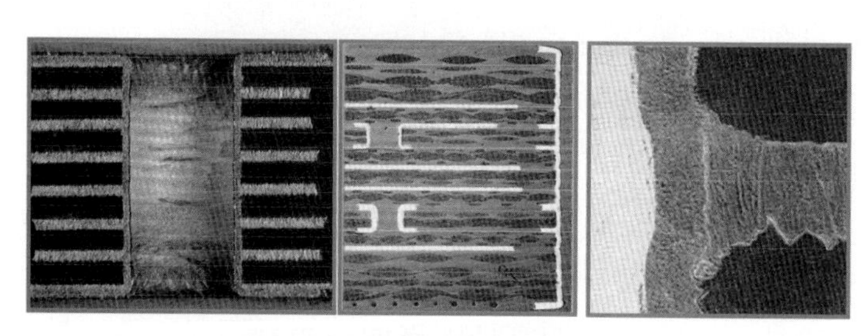

▲ 圖 3-80　典型的鑽孔電鍍後切片

究竟多大的釘頭是可接受的標準其實較難定義，有某些業者以介面高度不超過銅皮厚度的 150%爲定義標準。這種定義當然有其嚴謹性，但面對銅皮使用愈來愈薄的狀態，釘頭問題解決相當棘手。這類問題可能的影響，包括因爲拉裂產生的藥水滲入、電鍍不良、潛在粉紅圈危險及孔距離近時所可能發生的短路危險等，這些都是一般負責機械鑽孔的人員應該要注意的事情。

業者最介意的就是機械鑽孔膠渣問題，高熱產生的膠渣殘留會讓內層線路間導通產生問題。業界常爲了這類問題產生代工與板廠間爭議，問題就出在責任歸屬。理論上機械鑽孔無法完全沒有膠渣，幾乎所有加工表面溫度都會超過材料 Tg 值。因此較該努力的是，如何將這種量降低到應有水準，另外就是如何搭配這種水準做除膠渣規劃。這種現象也呈現了另一個問題，究竟除膠渣該做到多少蝕刻量才正常。這個問題沒有標準答案，必需看產品結構、鑽孔品質、信賴度需求等不同因素才能有個參考性答案。較恰當的作法應該是維持穩定鑽孔條件，搭配做適當除膠渣蝕刻量控制，才能得到良好通孔品質。典型膠渣殘留產生的通孔問題，如圖 3-81 所示。

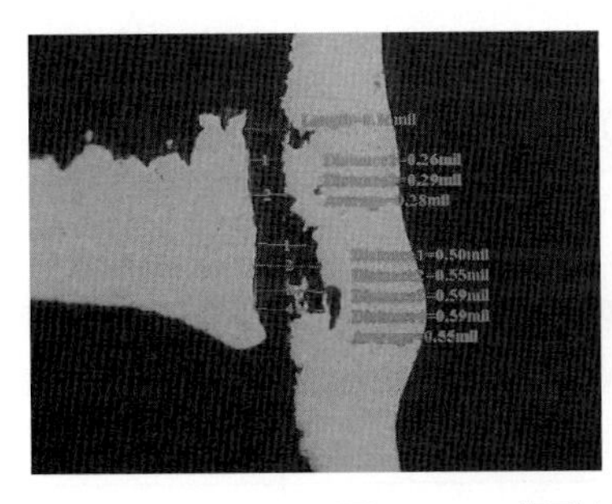
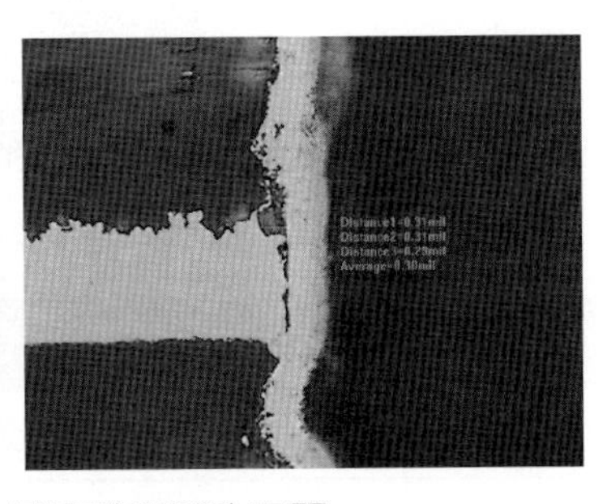

▲ 圖 3-81　典型的膠渣殘留通孔問題

某些特殊鑽孔問題判讀，除非仔細理解容易產生誤導。例如圖 3-82 所示，爲鑽孔後孔壁產生嚴重撕裂問題。

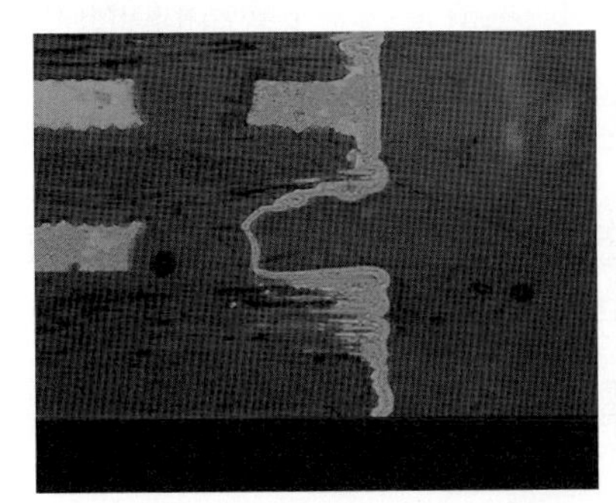
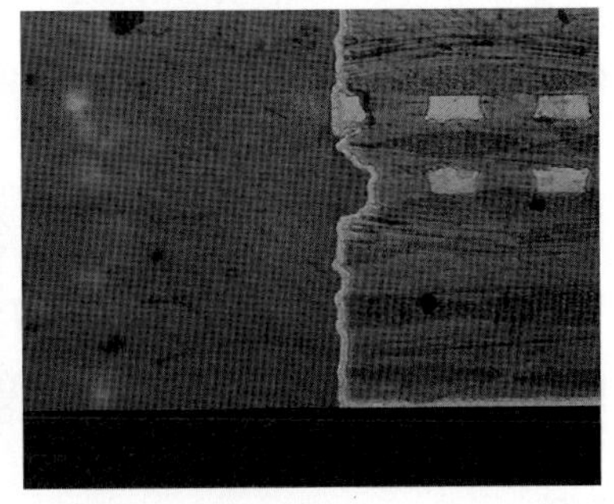

▲ 圖 3-82　鑽孔嚴重撕裂的孔壁狀況

這種狀況乍看會以爲是鑽孔問題，其實從切片孔圈兩邊的斷裂狀況可發現，其實鑽孔時孔位配置並不對中。當單邊孔圈偏小就可能會因爲機械拉扯將銅皮從材料中拉出，接著整圈將另一邊銅也拉出來，結果就產生了這種深的孔壁粗糙問題。面對這種現象，較有效的改善措施包括：改善壓板漲縮控制、強化壓板前粗化處理、加大襯墊尺寸降低撕裂機會等。

孔的品質術語與相關資料整理

在表 3-6 與 3-7 中的術語，是用來描述發生在銅面及基板本身的鑽孔缺點語彙整理。能夠分別這些缺陷特性相當重要，它不同於一般語彙表面意義。

▼ 表 3-6　銅的缺點

缺點	定義	類型
毛頭 (Burr)	在外部表面留下的脊狀物	機械性的
碎片粉塵 (Debris)	鑽孔的殘留物	機械性的
層分離 (De-lamination)	銅材從基板上分離	機械性的 / 與熱相關的原因
釘頭 (Nail-heading)	在內部銅層的毛頭	機械性的 / 與熱相關的原因
膠渣 (Smearing)	機械性熱產生的樹脂堆積	與熱相關的原因

▼ 表 3-7　基板缺點

缺點	定義	類型
粉屑堆積 (Debris pack)	鑽孔殘渣堆積到空隙中	機械性的
層分離 (Delamination)	基板的層間分離	機械性與熱相關的原因
鬆散的纖維 (Loose fibers)	孔壁上出現沒有支撐的纖維	機械性的
犁痕 (Plowing)	在樹脂上出現深的縐痕	與熱相關的原因
膠渣 (Smear)	機械性熱產生的樹脂堆積	與熱相關的原因
空隙 (V oids)	因拉扯出支撐纖維所產生的凹陷	機械性的

使用一般性語彙如：粗糙可能就意味著空隙或犁痕。而空隙是一種機械性缺點，犁痕則是一種與熱相關的缺點。因此過度空隙會引導作業者檢查碎片負荷 (進刀速度)，而出現犁痕則會讓作業者檢討表面速度 (鑽軸速度)。

鑽孔缺點的範例

典型鑽孔缺點範例，如圖 3-83 所示。

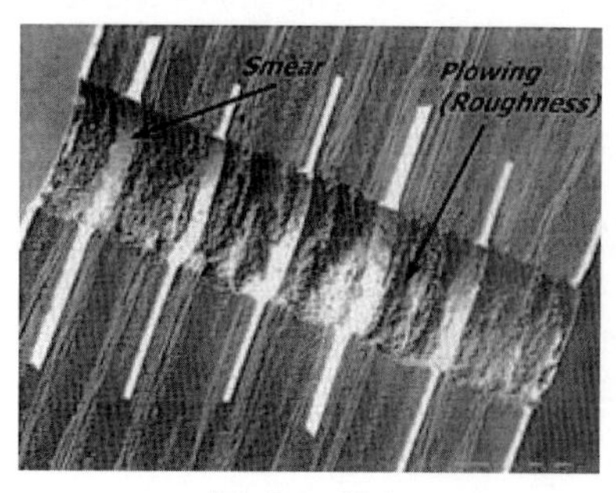

膠渣與犁痕

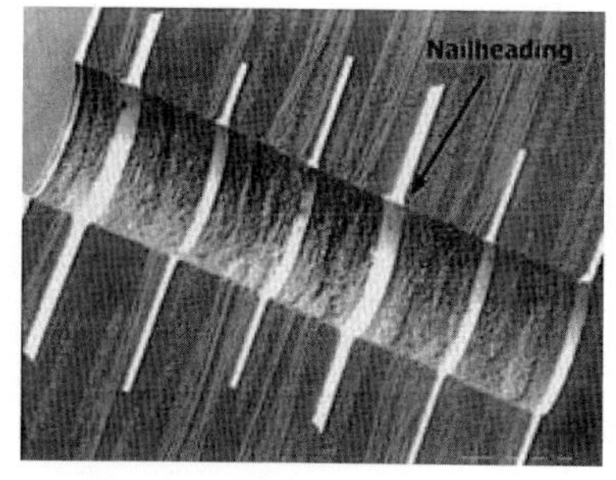

釘頭缺點

▲ 圖 3-83　鑽孔斷面缺點範例

鑽孔後的檢查

有大量資訊可由簡易鑽孔後堆疊材料檢查與鑽針檢查獲知，例如：檢查鑽針可讓作業者知道在穩定速度下是否有磨損產生 (對加工相同直徑的孔而言)，或者會呈現是否設定最大鑽孔數過高，並可對照出預期孔壁缺點。沾黏碎片或過度鑽針刀緣磨損，表示產生了過高鑽孔溫度 (會導致如膠渣與犁痕缺點擴大) 或材料未完全聚合。這種缺點指向了材料問題 (基材、蓋板或墊板)，或者可能是因爲過高表面速度問題。廣泛的鑽針刀面前緣磨損，表示材料可能較硬脆容易產生磨損，需要較低的堆疊厚度、降低最大鑽孔數或者更換蓋板與墊板材料。在堆疊材料間有毛頭，意味著在堆疊、上插梢、安裝作業有問題，也可能是板材彎曲問題。

在外部基材入口或出口毛頭可能會讓作業者懷疑，蓋板、墊板材料或進刀速度可能有問題。鑽孔後檢查程序這種觀點是，如果某人花時間確認正常基本狀況，在鑽孔後檢查材料與鑽針並予以校正，很多鑽孔問題就可以在失控前獲得解決。

鑽孔的製作成本推估

材料、加工成本及鑽孔整體花費，可用分析表做分析。如：利用爲此目的而設計的成本模式，利用電腦試算表推估。使用試算表的優點是可做參數變動，如：特定材料價格及加工時間或參數，且可讓鑽孔加工總成本能即時呈現，這樣可以同時看到單片加工成本與每孔加工成本。知道每孔加工成本相當重要，因爲它可以做不同工作與製程狀況比較。

機械加工的時間

產品所需要機械加工時間，可依據產品堆疊數、各孔徑鑽孔數、加工條件速度值與參數等計算出來。其中較大的變動是交換鑽針、斷針處理、架設電路板等轉換時間，這些作業時間理論上應該列入機械稼動成本。但產量不足產生機械停等成本，則不該列入作業成本，以免高估實際作業負擔。這對某些代工廠，如果高估成本可能會降低競爭力。

鑽針

完成加工所需要鑽針費用，可依據每支鑽針平均費用及其被使用量計算。要確認單一鑽針平均使用費用，可依據特定鑽針可研磨次數乘以研磨成本就得出總研磨費用。研磨成本加上新鑽針成本就是整支鑽針生命週期費用，以此數字除以可鑽孔數量就是單孔分擔鑽針成本。接著依據產品需要加工的該鑽孔孔徑數，就得到該孔徑總加工成本。緊接著把各孔徑成本加總，就可得知單疊產品鑽孔需要分擔的總鑽針成本。當然這個成本是以無斷針狀態爲基礎，實際狀況業者必須加上安全係數。

蓋板與墊板材料

每疊基板的蓋板與墊板材料費用分擔，是依據堆疊基本數與面積來計算的，單片墊板成本是墊板單價乘以單片基板面積數量而得。比較應該提醒的是，一般墊板都可使用兩次，成本應該除以二。墊板分擔成本除以堆疊片數，就是單一基板的墊板加工分擔成本。蓋板成本也是如此，只是蓋板只能使用一次不可將成本除二。

人員與其它分擔

單位小時的其它典型分擔成本是另外一些成本，可依據完成產品所需時間計算其需要負擔的量。一般對於這項計算，不可以將人員停滯時間計算到成本分擔，尤其是在產品量不足或稼動率不足時，這會過度高估成本。

整體產品鑽孔成本與單孔加工成本

經過各個不同孔徑、產品堆疊結構、工作效率、人員與固定分擔分析之後，各種不同產品與堆疊狀況就可做較客觀計算。如果將平均單孔加工成本計算仔細推估出來，對其它產品成本瞭解就比較容易得多。

CHAPTER 4

雷射加工技術的導入

4-1 前言

對於雷射加工這項技術，約在 1995 年以後由雷射鑽孔應用開始，逐漸進入電路板生產領域。直到約 1997 年，因爲行動電話市場快速成長，加上高密度電路板製作技術需求而逐漸成熟，正式進入電路板量產市場。在盲孔結構進入電路板應用的初期，由於感光成孔技術仍然被認定是較低成本的技術，而雷射加工速度在當時又相當慢，因此雷數技術成長及前景都還有待觀察。當時雷射加工成孔速度，約是原地加工不移動狀態，可製作出以每孔打三下每分鐘可製作 2000 孔左右的水準。

但經過逐年改良，不但單一雷射槍加工速度成長了十五倍以上，同時多頭雷射加工機設計也使單機產出速率再有數倍成長。以往在雷射成孔技術發展初期，電路板加工成孔材料都受限在純樹脂，但因爲製程與設備精進，現在對雷射加工材料限制已經放寬，雷射加工在高密度電路板領域已經墊定了不可動搖的地位。目前推估總機台數，應該已經有兩萬台上下的規模，且仍在持續成長。

4-2 雷射加工原理

雷射這個稱呼是來自英文的 Laser 譯音，其原始字串是由 Light Amplification by Stimulated Emission of Radiation 組合取其前端字母產生，依據原始意思是 - 利用激發後輻射放射的光放大現象，因此也有“激光”的稱謂，這種稱呼比較偏向現象描述。目前這種技術的應用相當廣泛，電路板加工不過是其中一種，舉凡小區域切割、焊接、清理、修整等，都可見到這類設備身影。除工業用途，在醫療方面雷射更是發揮了特有功能，大家熟知的皮秒雷射眼球曲度校正，就是典型醫療應用。

雷射加工原理，可從機械設計觀點切入，一般性雷射加工設備可簡單分為雷射槍 (Laser Pump) 機構、光路配置結構、聚光與操控機構等，如果與加工介面技術及基板加工搭配整合，就成為完整電路板加工技術，我們將嘗試在後續內容中逐項探討。

首先就雷射發光機構探討，雷射光本身是一種共振、光波單純、同步性高、不易散失、容易匯聚照度與能量、可指向式的光源。雷射光的產生有相當多模式，圖 4-1 所示，為最基本雷射產生機構。

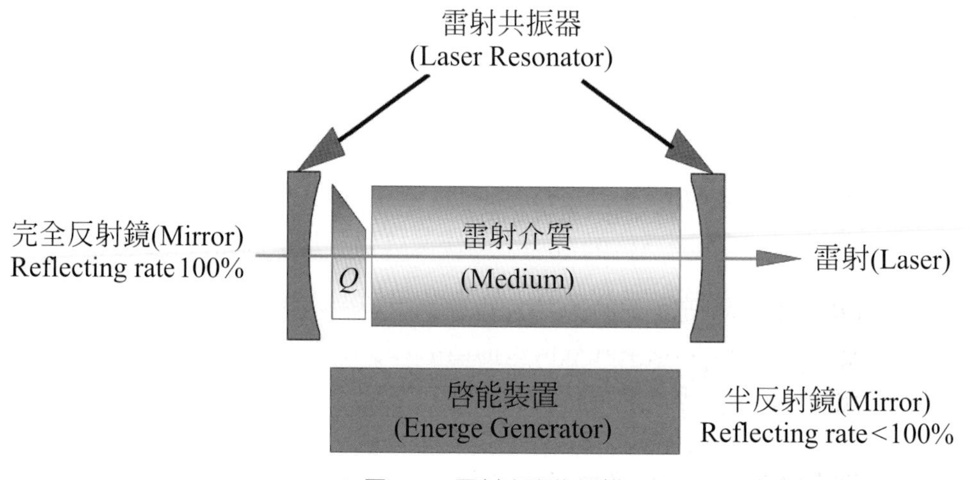

▲ 圖 4-1　雷射光產生機構

此機構中，啓能裝置是產生激盪能量的來源，這些能量可用來激發雷射腔內介質，並因為介質激發而可在介質間蓄積能量。因為介質所蓄積的能量使介質存在於不穩定狀態，介質會傾向於回到較穩定的未激發狀態。當狀態轉換時兩種介質狀態的軌域能量差，就會在介質回到穩定狀態時釋出，其所釋放的能量大小並非連續性的，這個概念就是物理學上所稱的能階，屬於量子力學的範疇。

其能量會不連續，是因為固定物質會有固定原子或分子結構，這種軌域結構能階差異釋放的能量是固定大小，因此就呈現單純而不連續的數種光波強度。當要取得某種波長光源，理論上就要找到該類型介質材料作為雷射激發源，目前被使用的介質固體、液體、氣體都有。以二氧化碳為介質的雷射，它是目前電路板業界使用最普遍的雷射機種，經過啓能裝置所激發出來的能量，是來自於二氧化碳分子結構的各種分子能階變化與震動產生的能量差，圖 4-2 所示為這種分子激發震動示意圖，這就是量子力學呈現的光波物理特性。

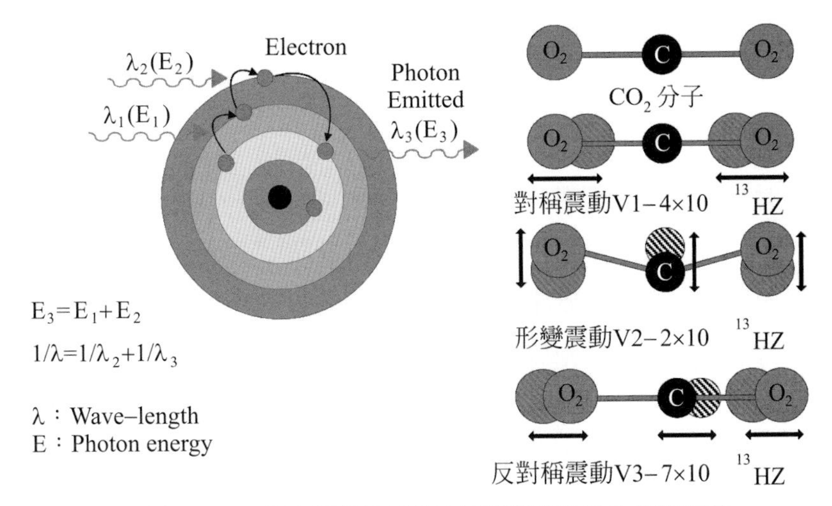

▲ 圖 4-2　二氧化碳分子各分子位階與震動產生的能量差

當電子由內部低能階跳到高能階時，會蓄積跳躍能量 E1 與 E2，因此可能的能量組合有 E1、E2 及兩種能量的合 E3，但除了這些以外的能量理論上是不會出現的。因此這種雷射介質產生的光，就可能呈現這三種能量轉換出來的光波。當這些較單純能量，經過具有兩面反射鏡機構的震盪腔來回彈射，整體總蓄積能量會不斷提高。這就好像我們將很多球從一樓搬到十樓，搬到十樓存下來的球數量愈多，所蓄積的整體位能就愈高一樣。而反射鏡的功能，就是將能量不斷在震盪腔中迴盪，藉以保存與累積足夠能量。

因此雷射設備在啓動時，都必須有一段暖機時間，這段時間就好像水庫必須有適當水位調節，才能開始啓動供水功能。如果水位不足，根本自身就沒有穩定供水能力，就算閘門打開也不會有穩定供水。所以適當應用兩面反射機構做能量蓄積，讓雷射可達到頻率共振、光波單一、能量集中的特性，成爲特殊加工技術。整體光腔震盪基本模式，如圖 4-3 所示。當這種裝置要用於加工，施放能量不能隨機，必須有一個控制機構來掌控收放，就好像槍隻板機一樣，需要發射時才扣板機。因此裝置內部會有震盪控制器叫做 Q-Switch，

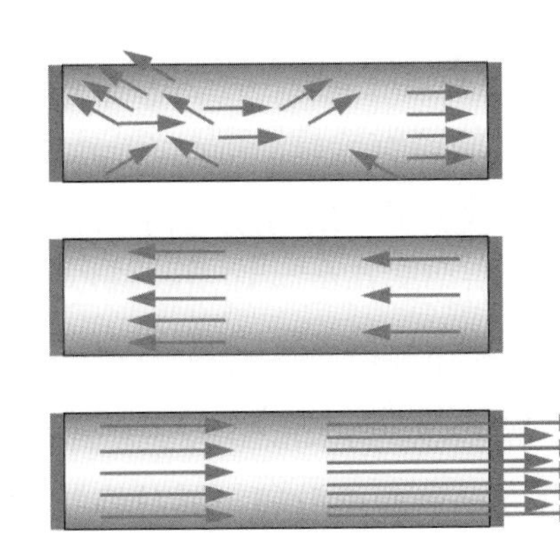

▲ 圖 4-3　雷射能量的放大模式

其功能是在不需要發射光時將光偏折，讓能量繼續保持在內部激盪並繼續蓄積，當需要發射能量時就可以除去偏折讓發射光衝出雷射槍做加工。當然也有某些大型雷射設備採用持續施放能量操作，不過這並不列入本書討論範圍。

雷射裝置發射能量大小及頻率，是雷射加工時相關參數。他就好像水庫蓄水速度和閘門開闔頻率一樣。當進水量大但閘門開放時間短，則閘門所放的水可以是滿載流速不會影響蓄水量。但如果蓄水速度低於施放速度，則施放速度會受到進水速度影響，當最終達到平衡時就是可持續保持的實際施放量，這就是雷射發射頻率與可維持發射能量的相對關係。因此當希望加工速度快，應該要用較高功率雷射裝置，這才能負荷較高加工發射頻率。雷射成孔加工機設計，目前多數都採用區域掃描操作。其機械設備工作示意圖，如圖 4-4 所示。

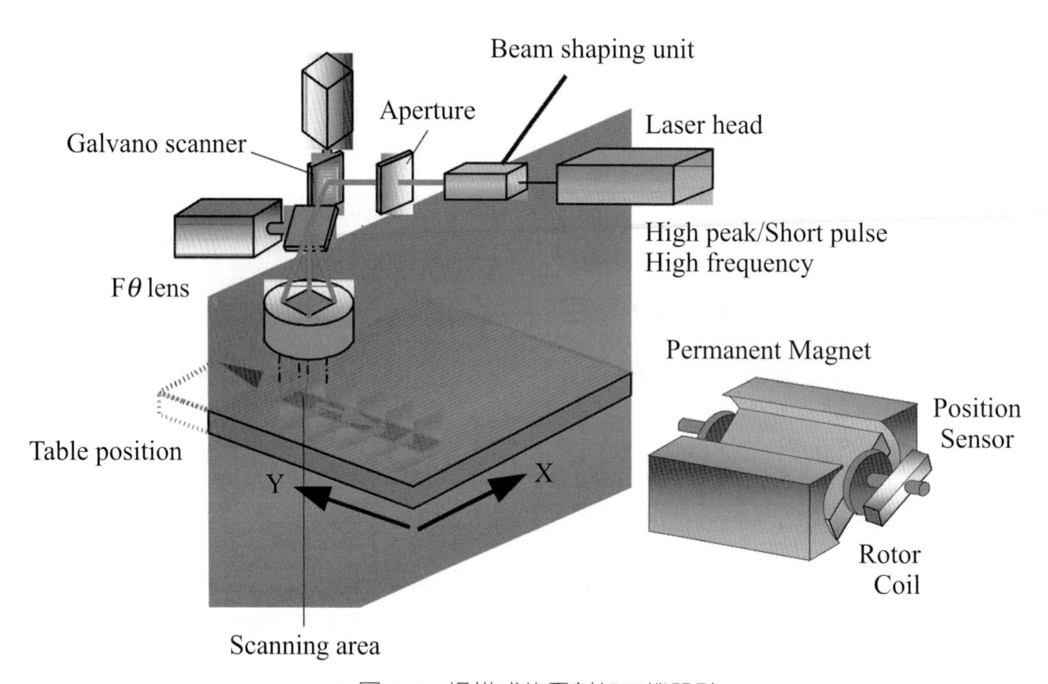

▲ 圖 4-4 掃描式的雷射加工機設計

雷射加工機光源是由雷射泵浦產生，經過波形光學調整機構 (Beam Shaper) 調整波形分布，再經過光路移轉將光斑 (Spot) 投射在基板表面做加工。反射鏡是利用磁動式驅動機構，非常類似硬式磁碟機讀寫頭，可非常高速操作反射鏡的角度。利用兩軸交替反射及聚光鏡 (F θ Lens) 投射，可使高能量密度光斑投射在基板正確位置做材料加工。早期因爲整體加工機技術尚在起步，許多不同技術都在摸索。當時對雷射波形掌握十分有限，多數都只用直接光源加工。但原始能量強度與波形，較偏向高斯曲線分布，其分佈狀況如圖 4-5 所示。

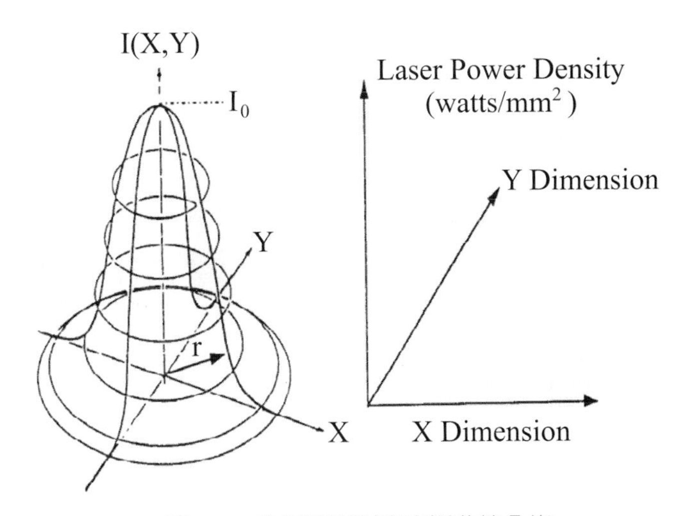

▲ 圖 4-5　典型的雷射光高斯曲線分佈

雖然產業界都以曲線圖表達雷射光能量分佈，但實際雷射能量並沒有如此平緩完整。以早期 TEA 雷射爲例，它有多種激發模式，經過偵測與分類可看到有單點與多點光分佈，如圖 4-6 所示。這些不同光點模式，在用於加工時需要做光波調整。

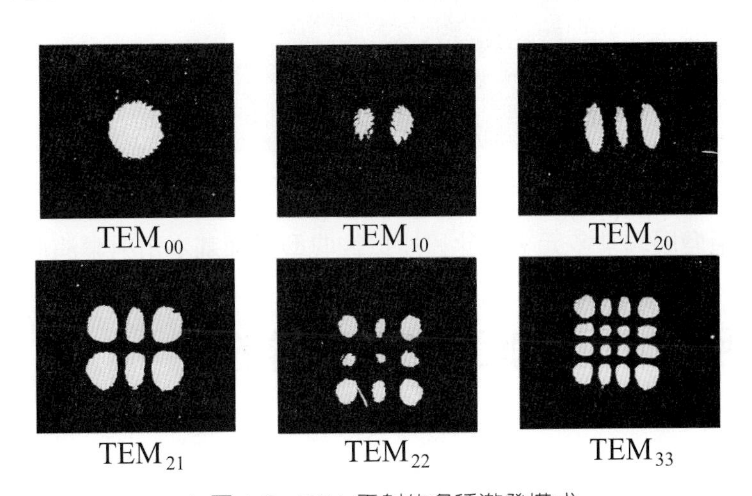

▲ 圖 4-6　TEA 雷射的多種激發模式

經過科技界努力改善，爲各種不同應用需要加上了波形調整機制，能量分布因此有了大幅改進。波形變化示意做法，如圖 4-7 所示。

光經過特定鏡片處理，可將高能量區分布作平整化調整。經過平整化的光路，再經過類似於光柵機構和稜鏡聚光作用，將能量密度及波形整理成更適合加工的狀態。這不但能讓能量利用率提高，節約加工耗電量，也可以提昇加工不同材料的工作能力。因此後期雷射加工機，對於玻璃纖維材料及特殊添加劑基材，就有較寬的加工操作性。圖 4-8 所示，爲含有玻璃纖維基板的加工成果。

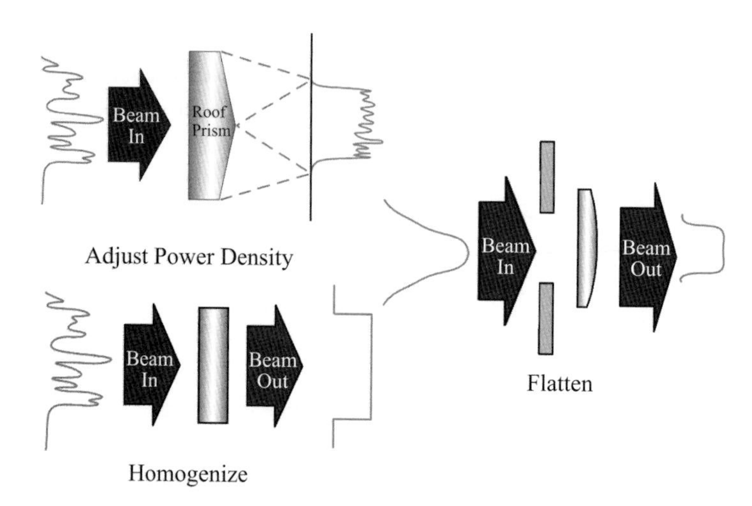

▲ 圖 4-7 雷射光波波形調整機制

▲ 圖 4-8 含有玻璃纖維基板的加工成果

由於雷射技術發展非常多元，在此只能以較典型幾種基本雷射泵浦形式做簡單介紹。

4-3 用於電路板加工的典型雷射

TEA 雷射

這種雷射是較早開發的雷射形式，其簡單結構示意如圖 4-9 所示。

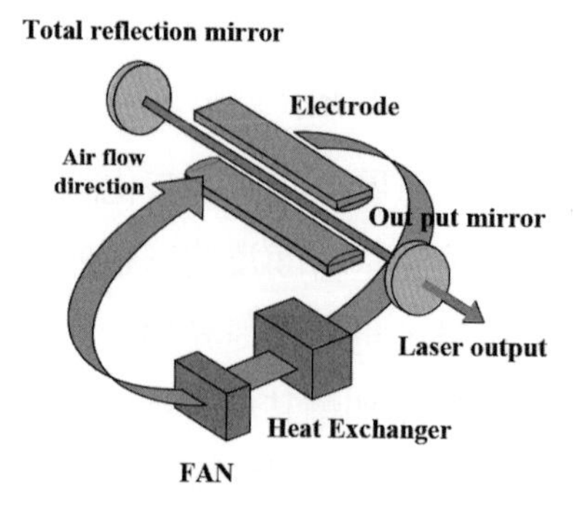

▲ 圖 4-9 TEA 雷射的結構示意

當這種雷射產生的光未經處理，會呈現出多種不同光斑形式，而其能量分佈則較不均勻，容易產生尖端能量過高現象，如圖 4-10 所示。這種能量分佈對電路板鑽孔應用較不理想，因爲脈衝峰值過高又尖銳有損傷底銅風險，同時對於孔周邊的材料移除也比較不利，因此如果沒有適當的光學處理比較不容易進行電路板鑽孔加工。這類的雷射設計，已經不常出現在主流的電路板雷射加工設備上。

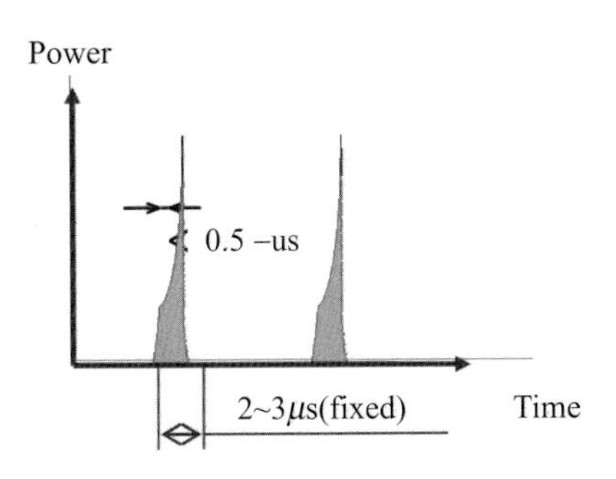

▲ 圖 4-10　TEA 雷射的脈衝能量分佈

三軸直交型二氧化碳雷射

這種雷射是目前電路板雷射加工機的主流設計之一，其簡單結構示意如圖 4-11 所示。

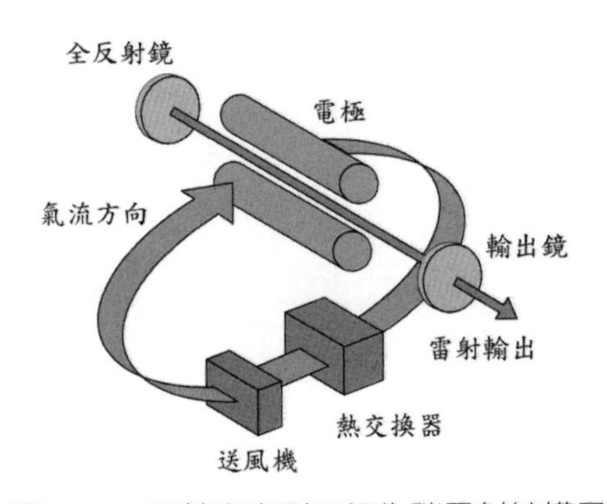

▲ 圖 4-11　三軸直交型二氧化碳雷射結構示意

這種雷射特性是可提供高功率連續輸出，其脈衝寬度較大可以提供的能量密度也較高。不過因爲是採取開放式供氣設計，必須定期做氣體交換，而功率大相對就需要較大容量冷卻裝置。由於採用開放設計功率高，在能量調節彈性也相對較大，這對需要較高能量密度加工的材料，是較有利的設計。至於要做較大雷射孔加工，雖然不是 HDI 類產品主要需求，但在加工彈性上確實較大。

在能量的穩定度方面，這類設備因爲採用開放設計，在輸出能量變動需要較小心管控。不過對多數產品，這種變動應該還在可接受範圍。另外也因爲光腔設計與持續供氣結構，雷射保養頻率略高。整體設備適用性如何，使用者可以依據自身需求評價。

RF 型二氧化碳雷射

這種雷射是目前電路板雷射加工機的另外一個主要設計，其簡單結構示意如圖 4-12 所示。

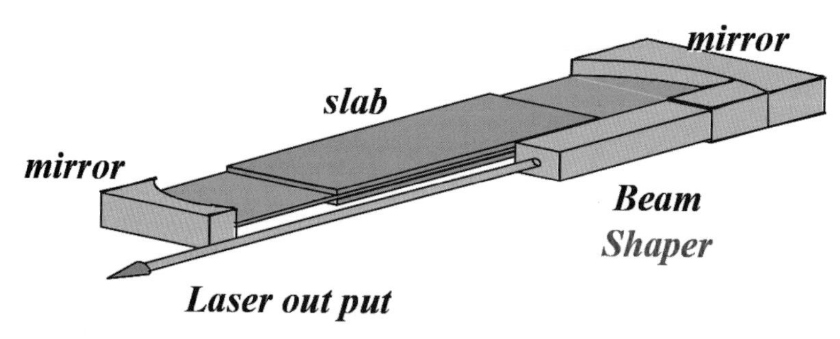

▲ 圖 4-12　RF 型二氧化碳雷射結構示意

這類結構雷射因為採用封閉式雷射腔設計，能量輸出比較穩定，對使用持續短脈衝電路板應用相當有利。也因為這種穩定性，對較精緻的產品孔徑控制能力較好。但也因為這種設計特性，在較需要高能量加工材料或結構，會相對吃虧。這兩種主流設備的設計，雖然在能量穩定度上還是有差異，但大致脈衝能量波形類似，如圖 4-13 所示。

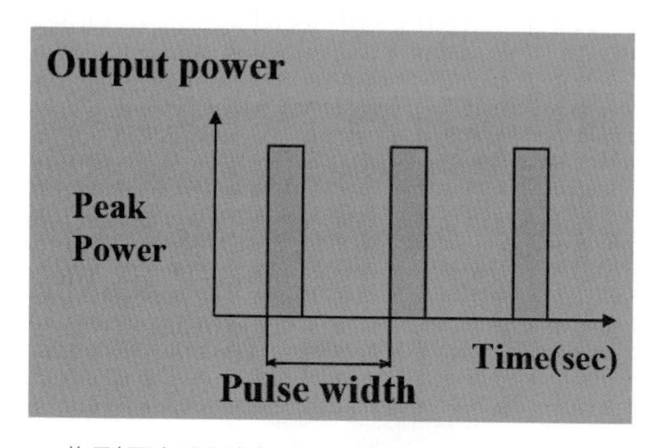

▲ 圖 4-13　典型用於電路板加工的二氧化碳雷射脈衝能量示意

或許有專業人士會認定這種輸出相當理想，因此不認同這種表達符合實際狀況。但在電路板業使用的雷射加工機，其眞實有效能量分佈模式還算是機密，多數人其實只能從表面瞭解其學理性狀況。加工機的重點，是光路設計、聚光機構、加工模式處理、路徑最佳化等，都是各個機種競爭重點，討論這些問題會比斤斤計較脈衝能量分佈更重要。

4-4 雷射設備的光路設計

依據傳統幾何光學解釋，當光經過透鏡成像時會將呈現的物件在透鏡另外一邊產生倒影，這個倒影與原來影像有固定幾何關係，其關係如圖 4-14 所示。

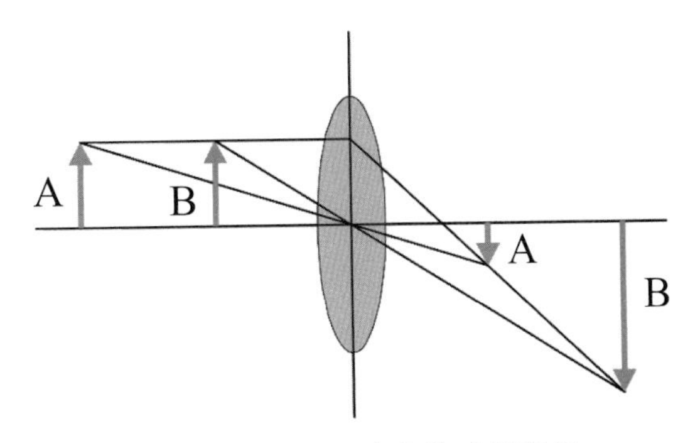

▲ 圖 4-14　幾何光學的成像關係

這個關係其實以往基本物理已經有相關描述，在此不嘗試進行學理的說明，只簡單以直觀陳述。當物件與鏡片距離改變，透過鏡片呈現的影像就會改變，當原來圖面上的 A 與 B 變成了雷射光，則雷射光經過聚光過程就可將能量聚集到需要加工的位置。如此雷射設備可利用調整雷射光源與透鏡距離、透鏡與加工物距離、進入透鏡光斑大小等來調整加工光斑大小。這些作法就是業者所謂雷射設備光路設計，圖 4-15 所示就是一種假設性的光路設計示意圖。

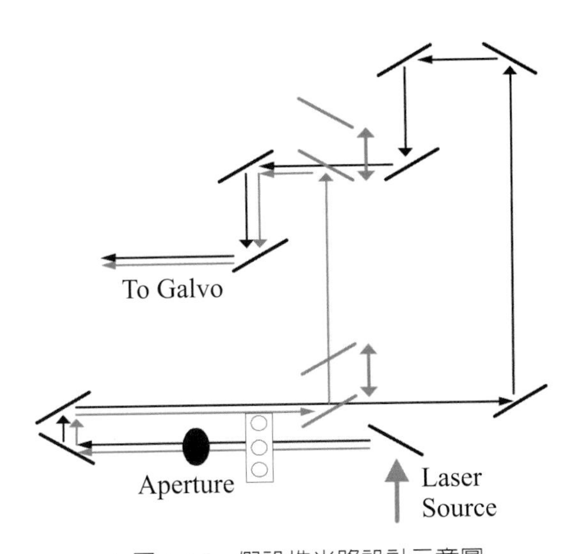

▲ 圖 4-15　假設性光路設計示意圖

各家雷射設備商可利用不同鏡片配置，將雷射光行進方向做調整與轉變，這樣就可在有限空間中產生長短光路，而這些長短光路可調節光斑與透鏡距離，因此可進行不同加工模式應用，同時搭配其它光學元件設計與裝置，加工設備彈性就可變得相當大。雷射加工材料的原理，就是利用雷射能量超過材料破壞強度將材料破壞移除。破壞後的材料經過融融、汽化飄移，離開原有位置而產生微孔。因此要做良好雷射加工，就必須對電路板材料加工過程作了解。

4-5 電路板材料對雷射加工的影響

不同材料有不同光學吸收率，吸收率愈高的材料就愈容易加工。但電路板本身有三種不同物質混在一起，因此材料間會產生加工速率差異。一般基板材料，對不同波長光典型吸收率狀態，如圖 4-16 所示。

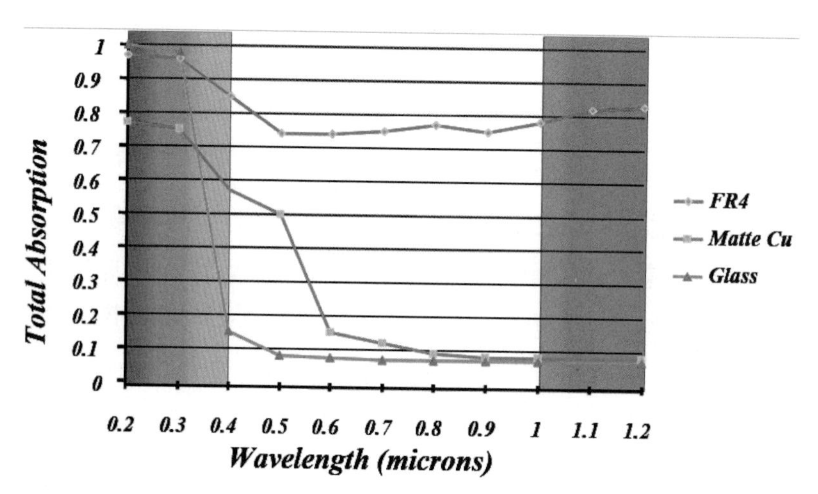

▲ 圖 4-16　典型基板材料對不同波長光的吸收率 (來源：ESI)

從圖中就可發現玻璃纖維及銅的光吸收率在紅外線區都偏低，但在紫外光區就有較好吸收率。要改善雷射加工性的做法很多，選用不同雷射加工機械設計、選用不同雷射泵浦系統、樹脂加入改善吸收率材料、提高雷射均勻度、提高平均能量、對銅面作吸收層處理等都是辦法。在不同情況下，製作者會採取不同處置方法。雷射對材料加工，必須超越其必要最低破壞能量才能產生效用，圖 4-17 所示，爲特定材料破壞強度能量比例。

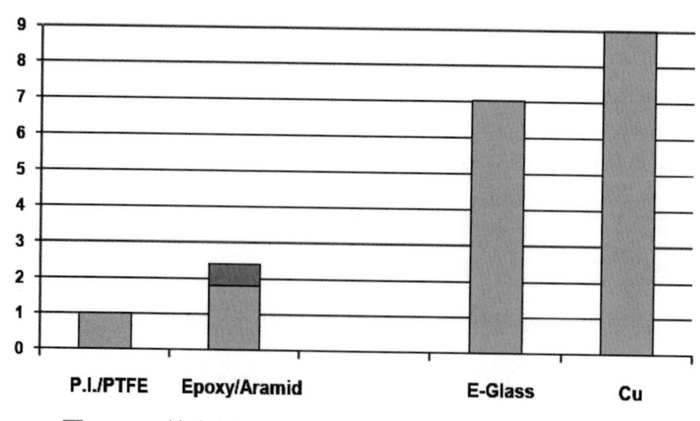

▲ 圖 4-17　特定材料破壞強度能量比例 (來源：ESI)

4-6 雷射鑽孔加工概述

目前一般基板製造用雷射泵浦系統主要有兩類，一類是紅外光範圍的二氧化碳雷射系統，另一類是固態介質紫外光範圍的雅各 (YAG) 雷射系統。二氧化碳雷射，特色是功率高加工速度快，但因爲屬於紅外光區域雷射，在材料加工會有較多熱量帶入，對基材熔出及排除相對較不理想，因此加工後容易在孔邊及孔底產生殘渣及焦黑物質。依據 IEEE 的研究，不論使用何種參數操作二氧化碳雷射系統，盲孔底部至少都會留下 1 ～ 3 um 殘膠，這是因爲盲孔底部銅金屬會將熱傳導散失，而無法完全用於破壞材料，依據這種推論盲孔落在大銅面與獨立銅金屬襯墊產生的結果也會不同，而這些殘留物必須依賴後續除膠渣處理去除。圖 4-18 所示，爲雷射加工後殘膠的狀態。

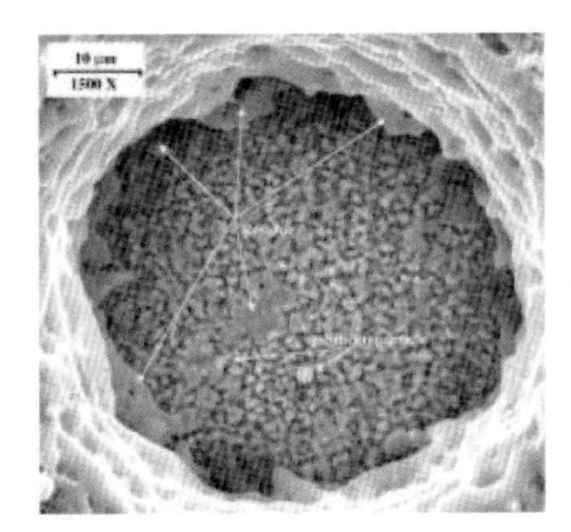
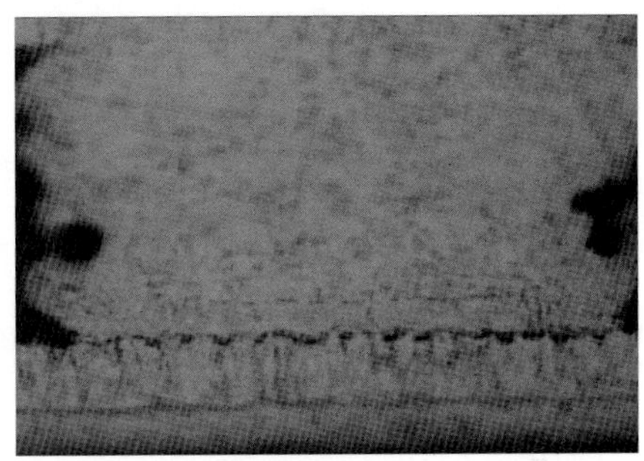

▲ 圖 4-18　盲孔的孔底殘膠

電路板業者爲了加工速度及孔形控制問題，會用一至三槍加工法製作二氧化碳雷射孔，同時依據材料特性不同調節能量強弱及單槍打擊時間長度。當材料選用不同，會調整雷射強度及加工槍數。目前多數電路板業者以使用二氧化碳雷射爲主流，加工盲孔孔徑尺寸以 100 ～ 50um 最常見，主要因素當然是因爲加工效率快成本相對低。部份特殊設計或用途的基板，也有設計孔徑大於等於 250um 的案例，但這種應用屬於少數。由於這種光源直徑較大且景深淺，對於非常小的孔加工較爲不利，但對一般盲孔加工，佔有加工速率高成本低的優勢。圖 4-19 所示，爲雷射系統各模式在測試片上的加工測試成果。

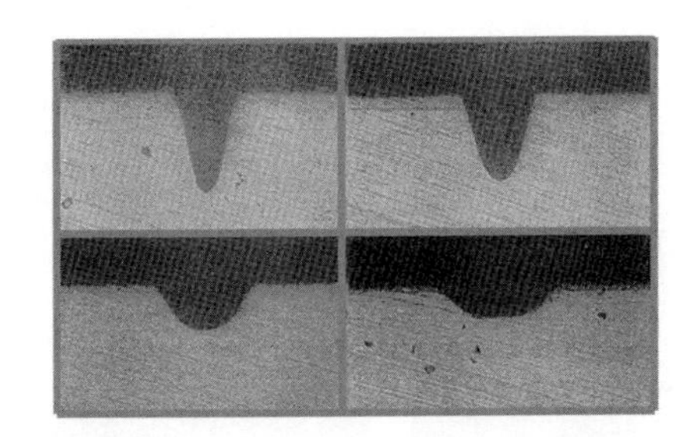

▲ 圖 4-19　雷射系統測試片測試成果

另一類雷射泵浦系統是紫外光雷射，較普及的機種是〞雅各雷射”。主要特性是能量密度高，對物質加工行爲是分解蒸發模式。因爲加工材料帶熱較少，而光吸收率又較高，盲孔底部不容易產生殘渣問題。又因爲銅能量吸收率也不低，可直接做銅金屬加工，不受是否有強化吸收層處理的影響。正因如此，對多層板通孔加工也有可行性，圖 4-20 所示，爲多層板雷射加工成果。

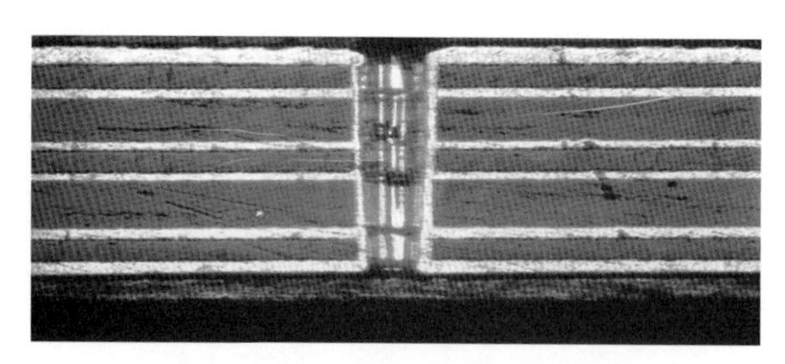

▲ 圖 4-20　多層板雷射加工通孔

紫外光雷射一般光束直徑較小，且雷射泵浦功率不易大型化，較適合用於超小孔徑加工，一般宣稱這類加工機可以加工到約 10um 或更小孔徑產品。可惜的是，這類機械因爲功率及光束尺寸劣勢，加工速度及對較大孔加工能力都略遜於二氧化碳雷射，尤其在加工超過直徑 100um 以上的孔徑，必須用旋轉式 (Spiral) 加工法，其作業模式如圖 4-21 所示。

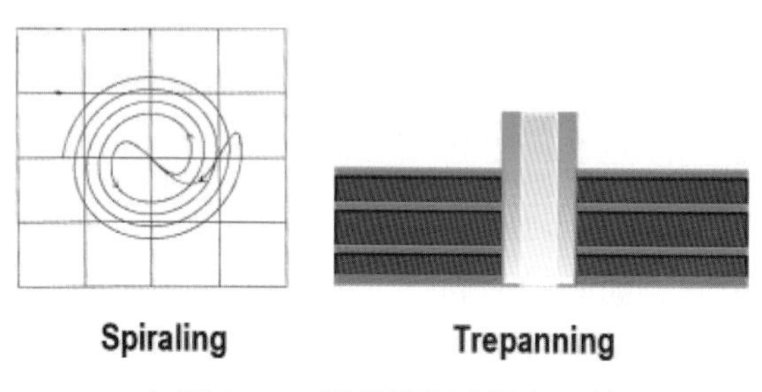

▲ 圖 4-21　雅各雷射大孔加工法

這種加工法生產速度不容易被使用者接受。紫外光雷射一般可以在單槍加工下打掉大約 1 ～ 2um 材料，因此依據材料厚度不同，其加工效率也會有很大差別。目前這類機種多數用於高密度構裝載板製造及細線修補，對一般電路板加工使用者較少。圖 4-22 所示，爲這類設備用旋轉式加工法做出的成果。

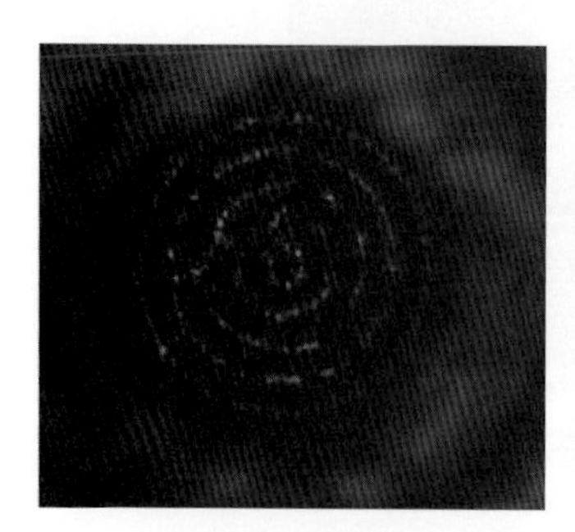

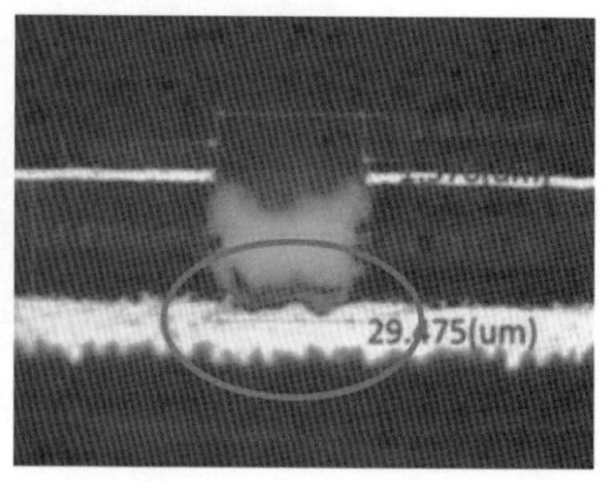

▲ 圖 4-22　用旋轉式加工法製作的盲孔範例

目前紫外光雷射技術仍改善，部分廠商宣稱已有突破技術可在孔徑約 100um 左右加工，與二氧化碳雷射一較長短。但從實際加工原理探討，終究紫外光加工效率與介電質層樹脂厚度有直接關係，如果只談構裝載板或許可信，但談一般電路板加工，則其介電質層厚度仍偏高，加工能力爭論確實待考驗。至於構裝載板，都傾向設計小孔，這種趨勢紫外光雷射不必在大孔徑上競爭，因此這類話題會因為應用不同而在某些孔徑加工上產生分野。如何恰當應用兩類技術，業者值得做仔細評估。

4-7 影響加工速度的重要因素

脈衝雷射加工的參數

電路板盲孔加工，是依據脈衝雷射特性在其提供的有限條件下，做參數調整與排列組合，藉以達成產品需求。雷射光束能量是加工能力的核心，要討論雷射盲孔加工就勢必要研討雷射光脈衝特性。單一雷射脈衝光束具有峰值能量、脈衝寬度 (時間長度)、光波形式 (波長)、脈衝頻率等特性。圖 4-23 所示，為單一光束脈衝的特性要件。

雷射設備的光源設計決定了單一脈衝最高能量，如前所述最高能量決定了可加工材料特性。至於加工光束持續時間則是脈衝寬度，這個寬度與峰值構成的脈衝面積，就是單次雷射釋放的加工總能量。至於單位時間內可釋放脈衝數，則與光路中元件反應速度有關。在雷射槍中發射扳機 (Q_ Switcher) 到目前為止都還不是主要瓶頸，較重要的發射速度仍然受折光鏡 (Galvano Mirror) 旋轉速度限制。

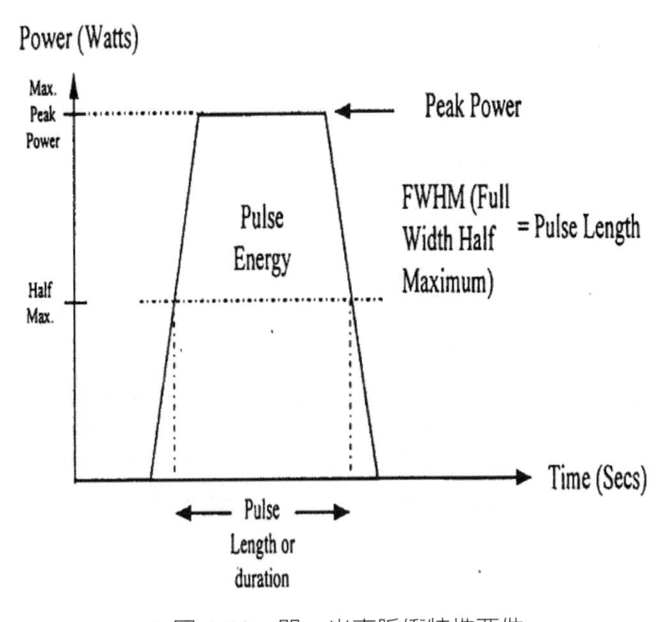

▲圖 4-23　單一光束脈衝特性要件

至於光波形式則與雷射設備採用的光學調整機構有關，雷射光在進入加工區前會做波形整理，包括利用不同透鏡將光能量分佈做調整，利用光圈 (Aperture) 直接遮蔽來擷取適合加工的光束區。探討各種雷射加工設備能力，都會針對這些可能參數做比較與調整。表 4-1 所示，為典型雷射參數與特性比較。

▼ 表 4-1　典型雷射參數與特性比較 (來源：ESI)

	UV：YAG	RF/CO_2	TEA/CO_2	Excimer
Wavelength	266-355 (UV)	10,600 (IR)	9300-1,000(IR)	193-348 (UV)
Pulse Width(ns)	40-50	50,000-150,000	100-1000	20-40
Pulse Height(KW)	12	0.5-1.5	～3000	～3000
Practical Pulse Frequency(pps)	0-20,000	0-20,000	0-150	0-200
Pulse to Pulse Stability(%)	10	10	30	15

4-8 雷射加工模式

雷射鑽孔必須搭配不同電路板狀態製作，因此目前業界較常見的盲孔加工法大分為直接銅面加工 (Laser Copper Direct Drill)、開銅窗加工 (Conformal Mask Drill)、加大銅窗加工 (Enlarge Window Drill)、直接樹脂加工 (Direct Resin Drill) 等四類。其中樹脂面直接加工法，目前比較集中在覆晶構裝載板製作上，至於銅面直接加工法則因為雷射能量密度的提升與表面處理搭配，已經成為主要的盲孔加工法主流，目前廠商用來製作 HDI 類產品如：手機。這些加工法的示意，如圖 4-24 所示。

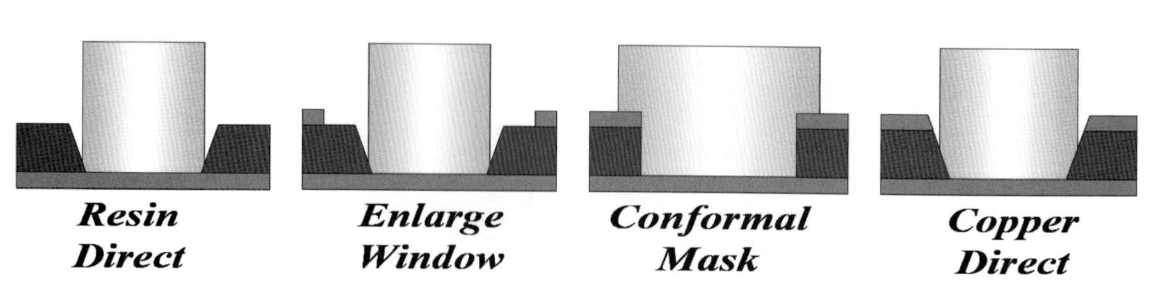

▲ 圖 4-24　四種主要雷射加工小孔模式

樹脂直接雷射盲孔加工模式

日本因爲對直接鍍銅有較長久使用經驗，較習慣使用無銅皮加工，以前也有不少廠商用樹脂直接塗佈加工，但目前因爲雷設技術進步，多數都已經轉回採用玻璃纖維基材加工。有關雷射直接加工樹脂的技術，目前主要使用領域以加工覆晶載板爲主。知名的 ABF 材料加工案例，如圖 4-25 所示，是一個 50um 盲孔製作成果。

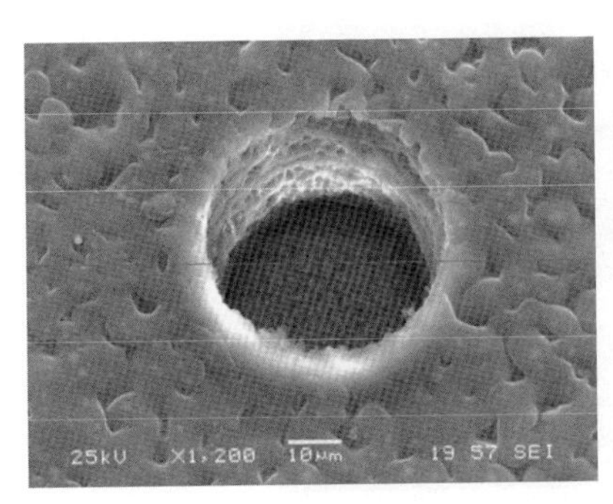

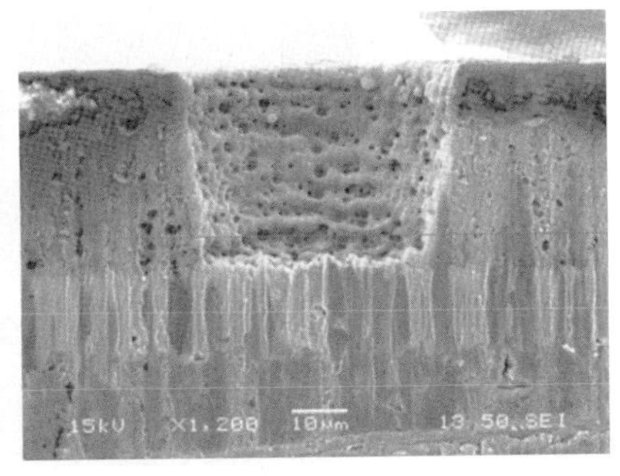

▲ 圖 4-25　50um 盲孔製作成果

這類盲孔加工最大特色是沒有玻璃纖維干擾及銅窗限制，孔型可控制得相當穩定整齊。但這種加工法較需要小心的是，由於表面樹脂粗度尚未建立，如何適當清除孔底殘渣並建立表面粗度，是後續表面電鍍銅結合力的關鍵。由於半導體構裝技術更高密度需求，其接點尺寸設計更趨小型化，這種現象使構裝載板材料特性需求更走向低 CTE 特性。而就目前所知，要讓純樹脂材料能有較低 CTE 表現，最簡單的處理法就是加入較多塡充料，這些材料加入會讓雷射加工難度提升値得注意。另外一種目前業界較常見的雷射盲孔加工，則用在軟板盲孔應用。由於軟板高密度化，傳統機械鑽孔爲主的加工法有相當比例轉爲雷射盲孔加工。圖 4-26 所示，爲軟板材料雷射盲孔加工範例。

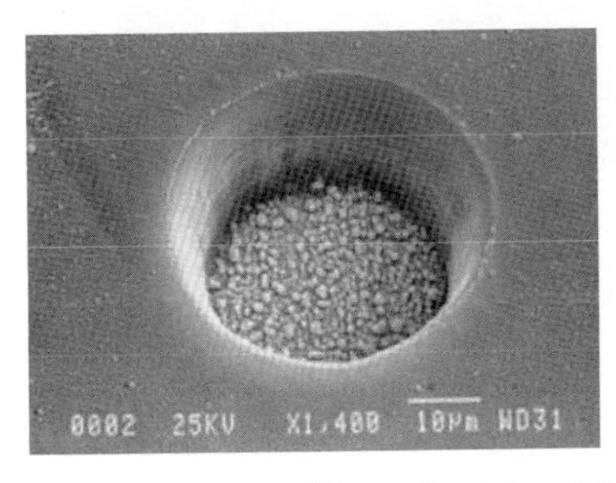

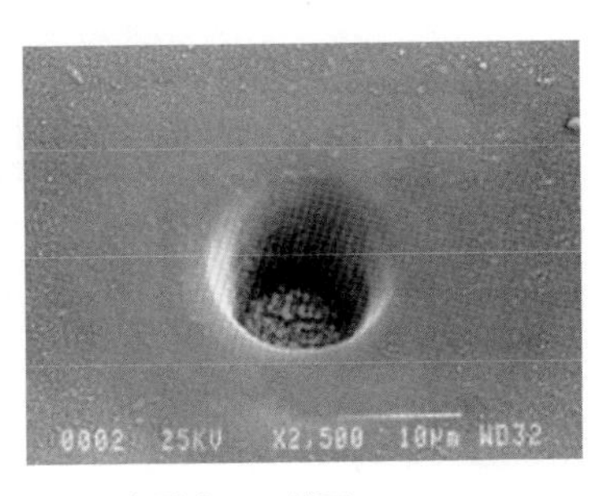

▲ 圖 4-26　50、25 um PI 盲孔加工成果

由於軟板加工還涉及到結合膠材問題，廠商會採用 UV 雷射加工，可以降低加工時對結合膠的損傷。另外一個採用 UV 雷射的原因，則是因爲軟板材料都比硬板薄，相對可生產較小孔而不會產生電鍍問題。UV 雷射特性較容易產生小直徑光束，所以要做小孔徑加

工比較有利。不過這種加工作法若操作不當，可能會產生不必要的製程風險。因為 UV 雷射能量密度較高，在雷射加工接近孔底部時，有可能會損傷盲孔底部銅面。圖 4-27 所示，為 UV 雷射加工盲孔時底銅產生損傷的狀況。如果生產多層板，則雷射有機會打穿底銅進入下層介電質材料，如果是生產軟板則原來的盲孔就成了通孔，對電鍍處理及電路板幾何形狀都有影響。因此用 UV 雷射做盲孔加工，應該適度調整能量密度以免傷及底銅。

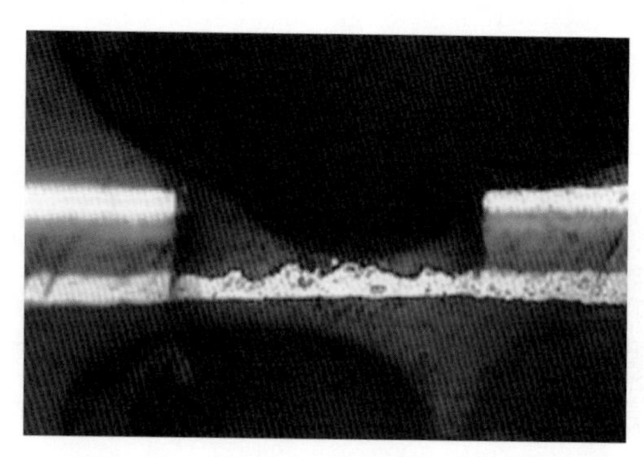

▲ 圖 4-27　UV 雷射加工盲孔底銅損傷狀況

UV 雷射加工盲孔時，應該採用階段性能量密度加工法，如圖 4-28 所示。當第二段雷射能量調整到高於介電質破壞強度，但低於銅破壞強度時，雷射光就可只作清潔工作而只微量打擊銅皮，這樣就不會過度損傷銅面。

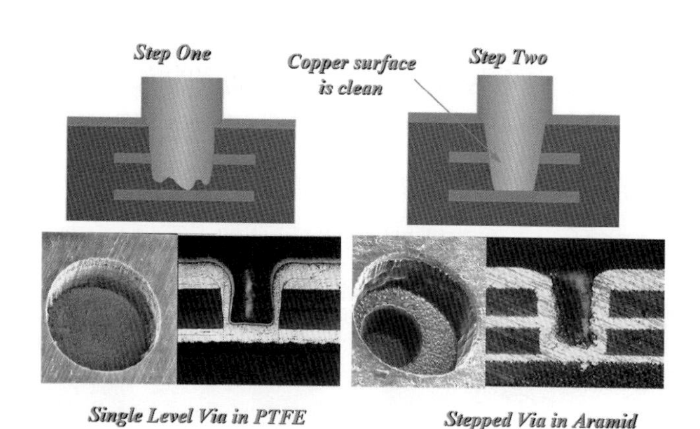

▲ 圖 4-28　以 UV 雷射加工盲孔採用的階段性能量密度工法 (來源：ESI)

開銅窗雷射盲孔加工模式

以開銅窗法製作盲孔，主要有兩種加工類型，其一是銅窗限制型加工，其二是加大銅窗型。銅窗限制型的加工模式，主要的目的是希望能夠由銅窗直接定義出孔徑與位置，如此雷射可用較大光束加工而不會十分要求位置精準度。典型銅窗限制模式加工成果，如圖 4-29 所示。這種加工模式相較於樹脂直接雷射加工，電路板表面銅皮是由熱壓合作業產生，並不需要擔心銅皮與樹脂結合力問題。但位置精度，則因為熱壓合製程會產生尺寸變異，如果因此而在開銅窗時沒有達成適當對位，則有孔底打偏風險存在。

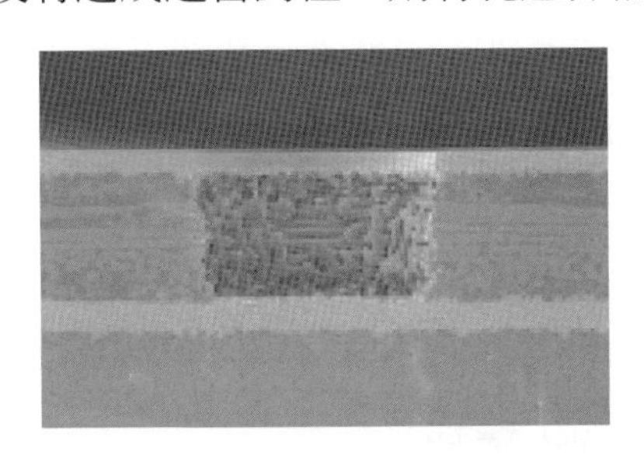

▲ 圖 4-29　典型銅窗限制模式加工成果

這種加工模式只要參數使用得當，應該可將孔型控制在一定水準，如果沒有產生銅皮懸空現象，應該是相當好的加工模式。但因為電路板製作成本壓力，這種作法需要先做銅皮開窗，自然有業者希望能夠將程序簡化。尤其面對行動電子產品孔密逐年提升，需要更多加成層數才能達成設計密度需求，此時若能免除先開銅窗費用對成本影響可以想見。依據雷射鑽孔業者推估，如果能在銅面上直接做雷射加工，依據目前技術水準與製程能力約可以節省 15%雷射孔加工費用。不論這種推估是否正確，可理解的是有相當多業者期待能直接做銅皮表面雷數孔製作。

開大銅窗雷射盲孔加工模式

為了保有銅皮壓合良好拉力優勢，又具有純樹脂加工好處，因此也有廠商用開較大銅窗加工法。這種方法與一般開銅窗的最大不同，在於銅窗尺寸比預期製作的盲孔孔徑大，盲孔孔徑的決定又重新回到雷射加工機本身。典型作法是在雷射鑽孔前做影像轉移開銅窗，但這個作業對銅窗尺寸控制較鬆，常見的外型控制維持在比實際孔徑大 50 ～ 80um 左右，過大銅窗一般並不必要，但某些特定廠商較喜歡將銅窗開得更大一點，認為比較容易檢查。究竟使用這種製程應該開多大銅窗較好，這方面沒有絕對定論，只要沒有製程後遺症就好。圖 4-30 所示，為典型開大銅窗製作雷射盲孔範例。

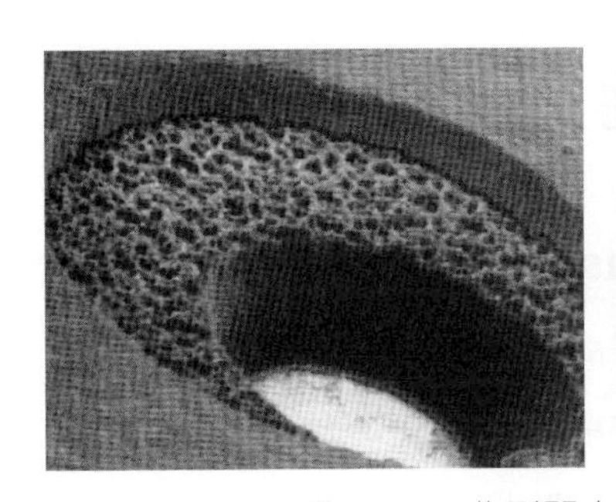

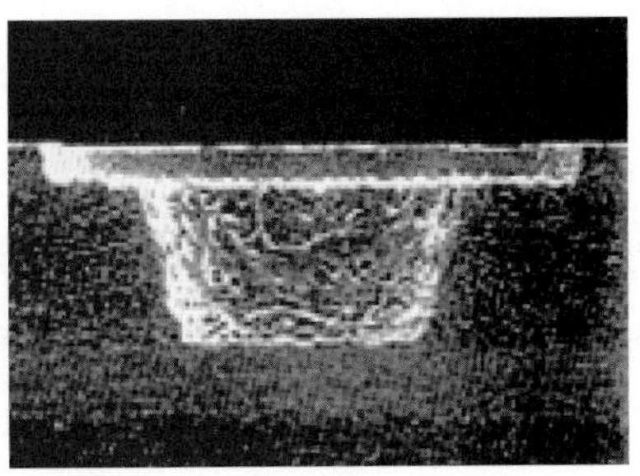

▲ 圖 4-30　典型開大銅窗製作雷射盲孔範例

因爲加工模式沒有銅皮拘束，雷射光束產生的氣體與熔出物得以順利散溢，這對孔型掌控較有利。同時因爲孔型可適度傾斜又降低了銅皮厚度對盲孔縱橫比的影響，電鍍銅製程也會相對有利。不過因爲孔圈邊緣在電鍍後有落差，有些業者認爲對曝光密貼度不利，以筆者經驗，這方面的問題並不嚴重。還有部分廠商認爲，孔圈邊緣的銅是用化學銅成長，結合力會有顧忌，這種說法似乎也有道理。不過依據筆者所知，正常使用這種方法，並未見有嚴重問題發生。

UV 開銅窗 CO_2 雷射盲孔的加工模式

依據業者經驗，如果採用比高能量密度的 CO_2 雷射加工有玻纖材料，效果會比用 UV 雷射切割玻纖斷面要好。因此雖然理論上可直接用 UV 雷射做有纖維材料加工，但實際應用上還是較多廠商採用 CO_2 雷射加工有纖維材料。特別是大型電路板廠，會採用 UV 雷射做開銅窗處理，之後再做 CO_2 雷射加工。這類產品會採用這種加工，主要考慮是 UV 雷射可不用銅面處理就被穿透，穿透產出銅窗後的電路板再用 CO_2 雷射加工就順理成章。大型電路板對盲孔使用較保守，因此盲孔數量不如一般 HDI 板高，採用這種模式加工會較簡潔。這種模式加工產出的孔與直接用影像轉移產生銅窗後再做 CO_2 雷射加工相當類似，除非對銅窗位置進行仔細切片觀察並不容易看出差異。圖 4-31 所示，爲這類加工方法所產出的盲孔。這種加工法的雷射槍使用效率偏低，但製程彈性相當大。不過由於 CO_2 雷射技術提升，大量生產使用者相對較少。

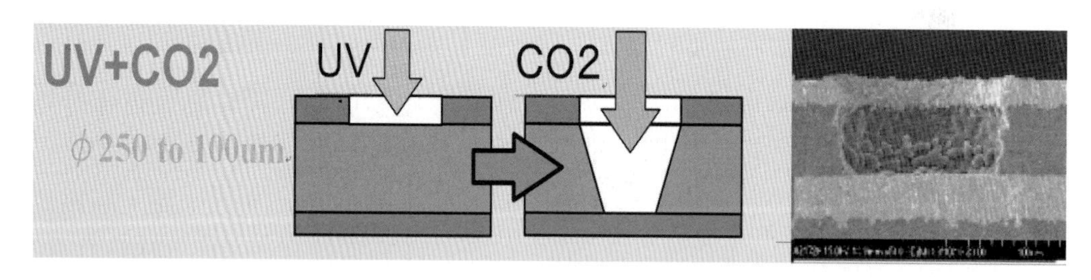

▲ 圖 4-31 UV 與 CO_2 組合的盲孔加工

4-9 不同的雷射加工應用

銅皮直接 CO_2 雷射盲孔加工模式 (LDD-Laser Direct Drill 技術)

對於電路板業者，簡化製程代表的是降低成本提升品質。因此面對雷射盲孔技術需求一直不滿意，特別是必須做開窗，相較於傳統機械鑽孔可直接加工，著實令業者相當不滿意。尤其雷射盲孔加工必定是單片作業，每片電路板都作冗長處理成本也是問題。經過逐年技術改進，CO_2 雷射能量密度及操控性已可提升到直接對銅面加工水準。主要因素並不在於銅面處理出來的能量吸收層，這種概念業界早就理解。其更重要的因素是，雷射鑽孔機光學系統有進步。CO_2 雷射原始光源還是離不開高斯曲線模式，但經過光學調整可將光束能量分佈變動成爲不同狀態。圖 4-32 所示，爲典型高斯能量分佈與經過處理產生的 Top Hat 能量分佈。

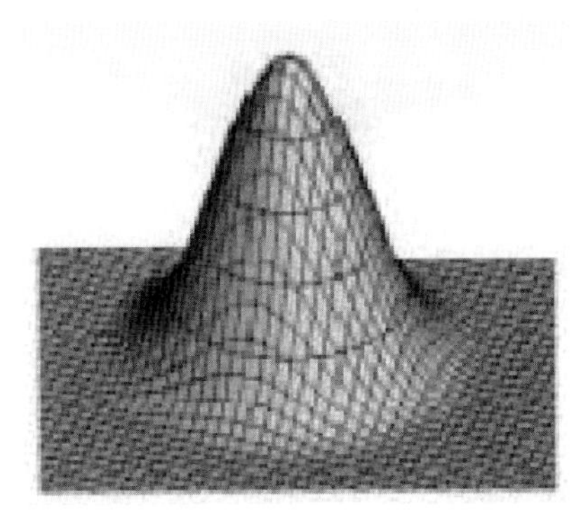

▲ 圖 4-32　典型高斯能量分佈與 Top Head 能量分佈

因爲兩者能量模式不同，對於加工材料影響也會有差異。當能量分佈呈現 Top Hat 狀態，因爲峰值能量相對於高斯曲線比較低，但邊緣的能量變化相對較陡峭，這種情況可使整體邊緣切削能力提升，差異減小而加工出較筆直孔壁。兩者加工成果比較，如圖 4-33 所示。

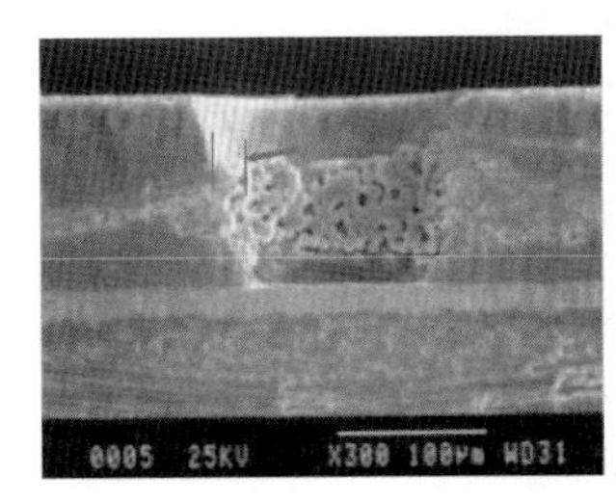

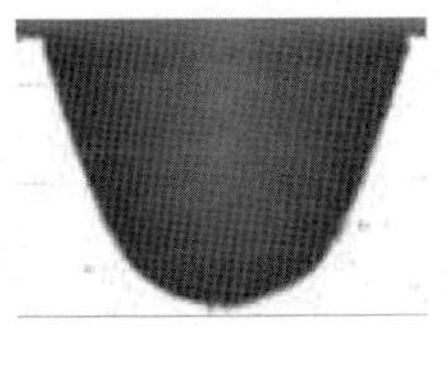

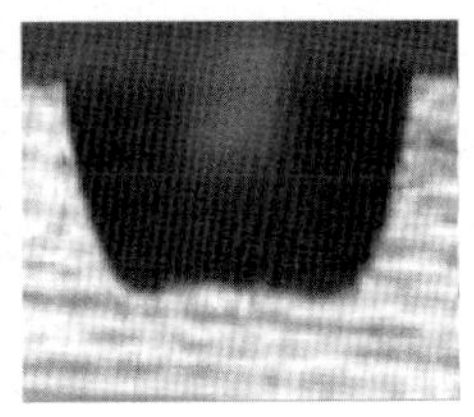

▲ 圖 4-33　高斯能量分佈與 Top Hat 分佈的雷射加工成果

由圖面現象可看到，經過調整成 Top Hat 模式的光束，不但可加工出較筆直的孔壁，也因爲能量分佈較陡峭，也可讓切割孔壁產生的纖維突出物較小。這種加工模式，對銅面直接加工也有一定意義，由雷射鑽孔機廠商研究提出的理論看，當採用較高能量密度模式做銅面直接加工，可在打開銅窗瞬間產生出較好銅窗狀況。圖 4-34 所示，爲兩種不同雷射銅面直接加工成果。高斯曲線能量利用較差，孔開口品質會較不理想。當用較高能量密度，產出的孔型會較理想。且因爲採用能量密度高的模式，使銅熔解物散出速度較快也較平坦，這對銅面雷射直接加工較有利，因爲散出銅量較薄清理較容易。

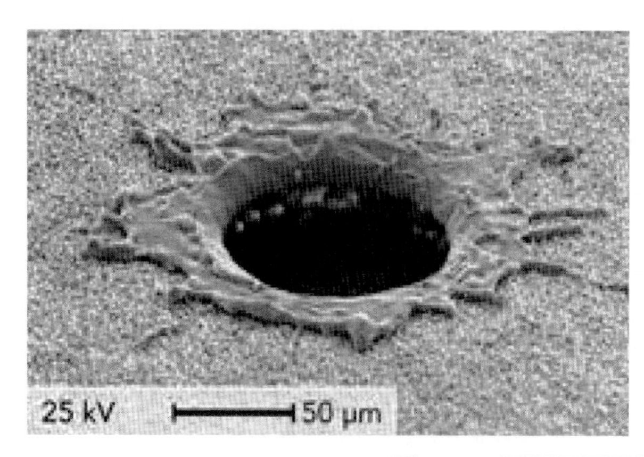

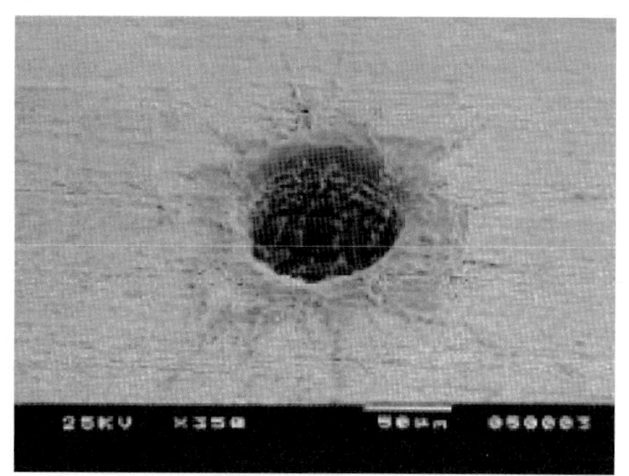

▲ 圖 4-34　兩種不同雷射銅面直接加工成果

目前這類雷射盲孔技術，最大瓶頸問題就是孔邊殘存銅無法順利清除。依據以往經驗，若利用氧化處理在銅面成長絨毛，則雷射加工會很容易讓噴散銅金屬殘留在板面不易去除。因此當做盲孔電鍍，銅會在轉角產生殘留介面，這種殘留銅在超薄銅皮應用方面，因爲表面銅厚度相對比較薄，所以噴濺的量也惠比較輕，這方面值得參考應用。也有業者採用鋁載體銅皮做這類加工，這樣噴濺的銅就會留在鋁面不會污染銅，不過成本高不易普及。目前這類盲孔加工法，在不同的產品應用上普遍採用，加工前的銅皮厚度最好能降低到約 8um 以下，之後做適當棕、黑化處理，再做直接雷射加工會較能穩定製作。

探討雷射加工速度的重要因素，會將注意力放在四個不同部分，各是機械作業速度、雷射能量利用率、操控與維護方便性、加工材料特性。

作業速度

在作業的速度方面，目前設備業者較注意的是機械台面速度、作業頻率、上下料時間、掃瞄速度、多頭多台面等。對於台面速度增進，部分廠商採用線性馬達設計，可將台面線性移動速度提升到 50m/min 以上，這樣可降低加工速度受到台面移動延滯的影響。較高作業頻率，各家公司都快速引進新的高速度折光鏡 (Galvano Mirror) 提升加工速度。這個特性可讓光束在掃瞄區的孔與孔移動間縮短時間，搭配高能量輸出就可增高加工速度。業者還會在路徑最佳化方面用心，這樣可以大幅提升作業速度增加產出。

上下料作業時間縮短，目前各家設備自動化程度都相當高，投收料速度影響整體加工效率相差有限。至於掃瞄速度，則應該以每次掃瞄的面積及單位時間內可掃瞄的面積數量爲基礎。圖 4-35 所示，爲雷射鑽孔機的掃瞄系統，在鑽孔加工時，光束經過這個機構做定向投射，投射出來的光束經過聚光鏡 (Fθ-Lens) 聚光作用，轉移到電路板面做鑽孔。

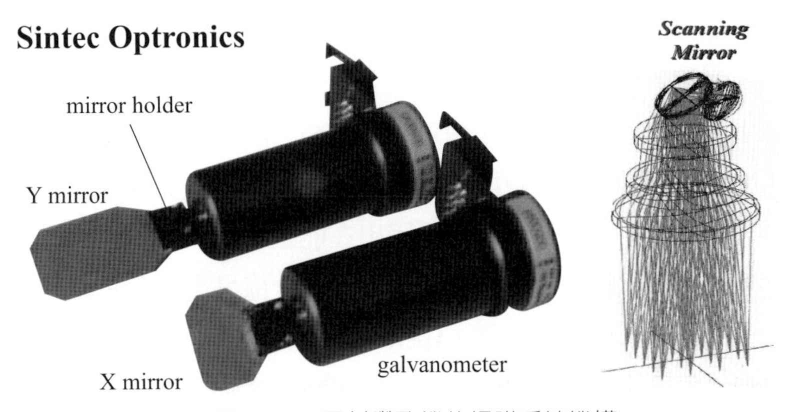

▲圖 4-35　雷射鑽孔機的掃瞄系統機構

一般光學的現象，當光源通過聚光鏡的邊緣時會產生影響扭曲的狀況，因此雷射鑽孔加工不適合在透鏡的邊緣進行加工，對於孔型要求比較高的產品幾乎都會限制其加工範圍在 2.5×2.5 或 3×3 公分的範圍。這樣會使加工的速度受到相當的限制，因爲這會讓比較慢速度的台面轉移影響雷射槍可以發揮的效率。因此設備廠商著手進行比較大的聚光機構研發，希望能夠將光鏡的直徑加大來提升速度，目前已經有接近 7×7 公分可加工範圍的透鏡機構推出，其加工效果如何則必須要長時間的實際量產驗證。

更好的能量利用率

聚光鏡 (Fθ-Lens) 的聚光作用是雷射光之所以能夠鑽孔或加工的關鍵，因爲光束在進入聚光鏡前所具有的能量密度都不算高，如果太高就會在行進的過程中快速傷害折光機構，這樣加工設備會在很短的時間內損壞而無法繼續使用。因此在光束通過光路進入聚光鏡時，有效的將光束聚集成足夠能量密度的光點就成爲重要的工作。圖 4-36 所示，爲典型的雷射聚光鏡機構。

▲圖 4-36　典型雷射聚光鏡機構。

這個機構除了要有良好聚光能力，也必須有良好透光性。但在雷射加工作業中，難免會有加工材料飛濺問題，這會產生光路干擾問題。爲了能夠順利生產並保持聚光鏡應有壽命，目前多數加工設備都已經增加了保護鏡避免污染。除了聚光能力外，加工設備還強調提升輸出功率，因此較新的設備都會配備高功率雷射源。理論上這種作法有其道理，但更新設備射源能量未必就能完全發揮效益，原因出在能量利用率問題。如前所述，材料需要有足夠能量密度才能移除材料，但原始雷射光束能量分佈呈現高斯曲線狀態，爲了讓加工盲孔的孔型較筆直，設備都會利用光圈 (Aperture) 將周邊無效能量遮蔽，這些遮蔽掉的能量就是能量的浪費。爲了能有效利用能量，各設備商都嘗試採用波形調整機制，將原始波形調整爲 Top Hat 波 (或者另一廠商稱的 Round top)，之後再利用與其它機構整合做加工，來達成高能量利用率，其作法如圖 4-37 所示。這除了前文所述壓低峰值能量有效幫助加工能力外，另一項技術追求是加工特性。

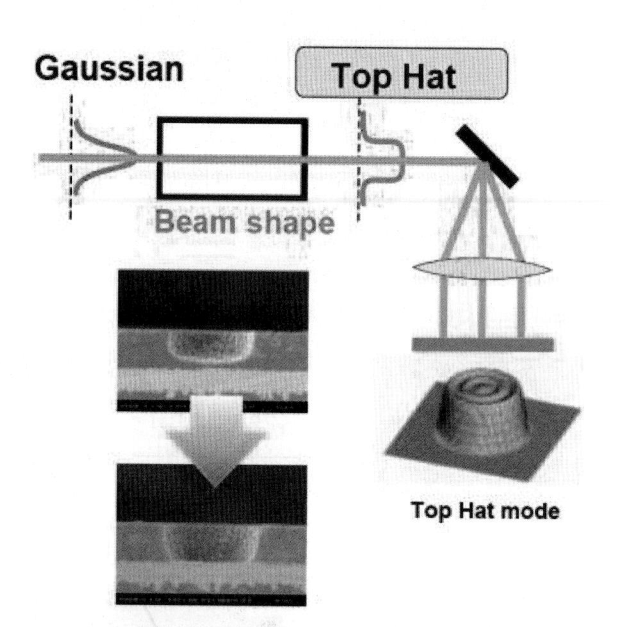

▲ 圖 4-37　Top Hat 波模式轉換機制

在提升單一光束能力後，當雷射能量仍有支援能力時，則可以開始思考分光與配光應用。所謂分光就是將單一雷射光分割爲兩個光束，這兩個分享出來的光個別當作獨立光束做盲孔加工。這種方式可利用單一雷射光源產生兩個加工光束，並做兩群盲孔加工。所謂配光與分光不同，是另一種提升利用光能的作業機構。作法是採用分時系統，在雷射發出光束時並沒有完全用盡雷射腔內能量，雷射腔內的扳機與能量都足以提供高於這種速度的發射頻率，此時就可用類似折光鏡機構，將更高發射頻率的光束發射到不同光鏡上，但每單一光波並不會如分光系統般產生能量折半現象。目前也有廠商將兩種技術整合，先做配光將光束分爲兩束能量不變的光，之後再利用分光將光切割爲兩束雷射光。這種設計，可以只用一個雷射光源產生四個加工光束，可非常有效提升加工能力。

除了分光配光想法外，也有另一個提升光源利用率的想法稱爲河洛圖 (HOE-Holographic Optical Element)。這種技術概念已經存在相當久，主要想法與分光技術類似，不同的是利用陣列分光鏡將光束排列成需要的矩陣做加工，其概念如圖 4-38 所示。

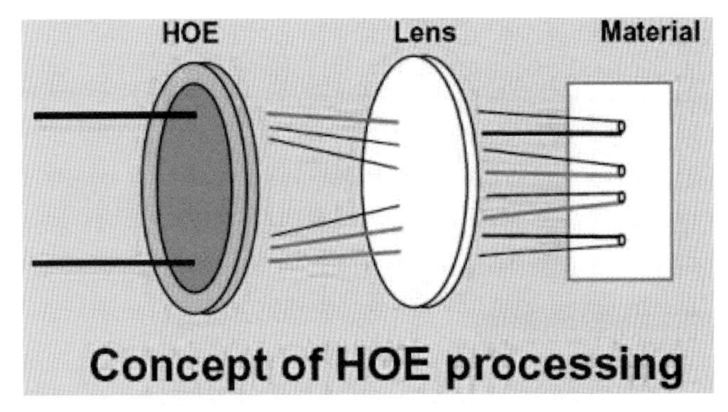

▲ 圖 4-38　河洛圖 (HOE-Holographic Optical Element) 的概念

如果能量足夠，這種概念可增加十倍以上加工速度。但較可惜的是，若採用標準矩陣加工當然可以使用標準光鏡，若要加工特定盲孔配置產品就必須使用專用光鏡。這種光鏡成本相當高交期也長，同時能否符合所有材料加工也需要驗證，這種技術有待繼續努力。圖 4-39 所示，爲典型的 HOE 加工成果範例。

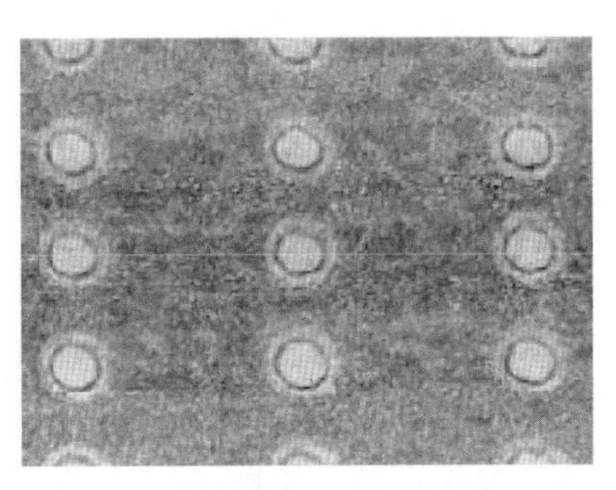

▲ 圖 4-39　典型 HOE 的盲孔加工範例

更便捷的維護與操控能力

生產設備重要的特性不僅止於作業速度，更重要的是能在維護與系統更換上耗用時間短。目前電路板雷射加工系統，使用的氣體介質主要分爲兩種設計，一種是採用封閉式氣體系統，另一種採用開放式連續供氣系統。兩者間從技術觀點觀察各有優劣，很難以絕對條件做比較。封閉式系統，其雷射產生系統的能量供應相對較穩定，且因爲系統封閉不必持續供應氣體，在正常運作下沒有維護與換氣問題。但目前這類系統爲固定廠商製作，其設計採用平行電極震盪激發，因此在高能量輸出較吃虧。相對採取開放式供氣，其雷射激發能量輸出較大，可以調整的能量空間也較大。不過持續流動的氣體可保持系統內介質新鮮度，但也需要定時更換氣瓶，這些也應該要列入操作成本計算。目前這些系統都在持續進步中，加上應用產品、規格、交易條件等的異，實在很難以單純的技術概念做應用與成本優劣判斷。

另外一些值得關注的雷射生產設備要素，則有關開機、停機、維修、換料等作業後所需的暖機與校正時間。設備稼動率與這些必要耗用時間有關，各家設備在使用與維護中都有校正必要，而更換氣體、零件等也都會耗用掉設備作業時間，這些都應該是採用設備時要列入考慮的部分。

電路板材料對雷射加工效率的影響

電路板材料在加工時的熱與光吸收率，是加工效率相當大的影響因素，當光吸收率較差時產生的負面影響不可忽略。純從加工角度看，業者無從選擇要加工的材料，必須依據客戶指定製造，但從加工成本負擔及產能規劃看，卻必須小心留意。綠色材料對耐熱與無鹵需求都會提高，無鹵材料又會因爲需要耐燃性而添加填充材料，加上特定的應用產品會要求比較低的 CTE 特性，也讓電路板材料增加了無機材料添加量。

這些材料變化都會使雷射加工變得更慢，因爲材料對雷射光吸收率似乎都較不利。圖 4-40 所示，爲不同材料間光吸收率比較。材料變動不但會影響雷射鑽孔加工速度，對盲孔孔壁形狀也會產生影響，其錐度在同樣加工能量下會降低。當雷射加工採用的方法不同，除了加工參數條件可變動外，其實加工順序變動也可讓加工成果產生變化。

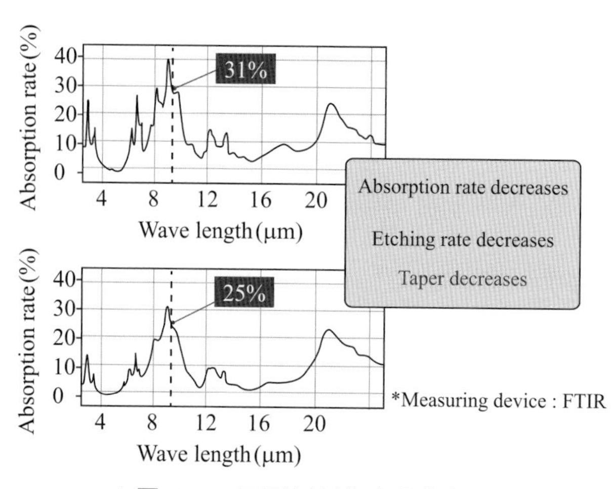

▲ 圖 4-40　不同材料的光吸收率比較

以開銅窗 (Conformal Mask) 加工法為例，因為利用銅窗開放範圍限制加工區域，在雷射機械光束尺寸穩定度要求較寬，但對於能量穩定性及單槍供應能量也有限制。當使用過度能量加工，盲孔很容易產生葫蘆孔現象，因為光束寬且材料在分解時排出通道受銅皮限制造成，因此加工出來的孔較容易產生內部擴大問題，過度嚴重還可能產生底部分離問題。因此可採用分段加工、多次加工、循環加工、低能量加工等模式作業，藉以降低盲孔爆孔發生的程度與機會。圖 4-41 所示，為整與過度孔加工的狀態比較。

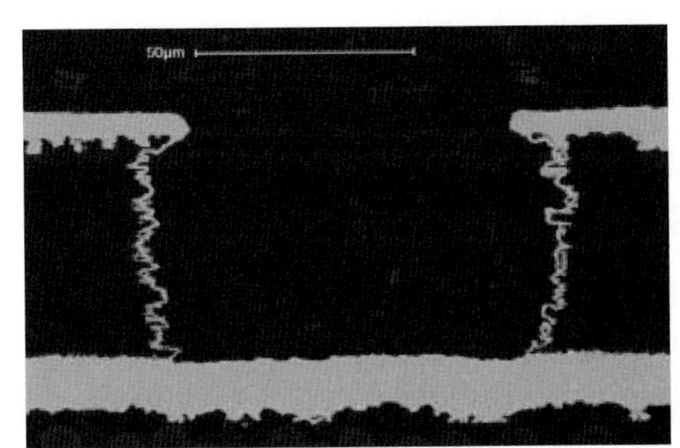

▲ 圖 4-41　正常與過度加工的孔

另外因為產品設計的變動，某些電路板在做雷射孔加工時，會面對銅皮粗化面 (Matt Side)，這時候雷射可能會因為銅皮散射而導致孔壁損傷。這時候採用較低稜線銅箔基板固然可降低品質問題，但適度調整加工條件將清理孔底能量降低，也有機會改善盲孔品質。依據多數廠商的經驗，其實在材料在開銅窗模式很難加工時，如果改採開大窗法加工會變得較簡單，但如前所述若與直接銅面加工比成本還較高。因此這些加工法的調整，純粹是以品質與技術角度討論，業者必須做全盤考慮。

有玻璃纖維材料的通盲孔加工應用

為了提高電路板結構密度，不但盲孔孔徑設計必須變小，通孔的上方還要鍍銅 (Lid Plating) 並加上盲孔對外連結。這種設計如果通孔孔徑無法做得更小，只好多做幾層盲孔想辦法加高外部金屬層連結密度，這對高密度低成本而言是瓶頸與挑戰。因此如何製作較小通孔，是後續高密度電路板必須面對的技術課題。雖然機械鑽孔已經可以量產 75um 直徑通孔，但應用還是較集中在雙面薄板。業界對小通孔製作，原來有不小的期待，但是受限於電鍍能力使用困難。雖然有廠商提供脈衝電鍍方案，但是普及率仍然不高。雷射通孔製作，則由 Ibiden 提出沙鐘孔設計，讓通孔中段有了腰身，成為目前構裝載板的重要製作技術。圖 4-42 所示，為機械與雷射通孔應用的兩個案例。

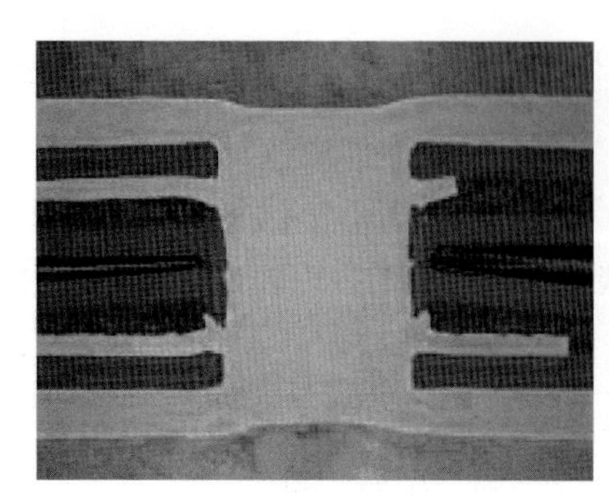
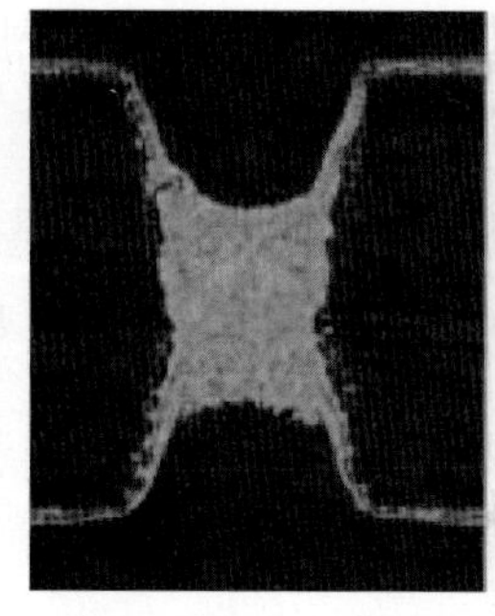
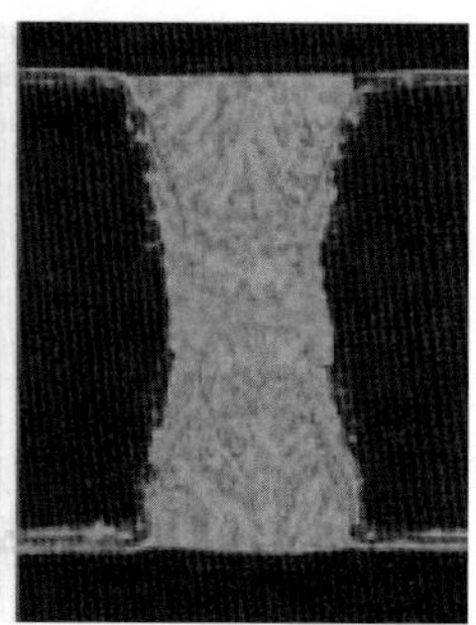

▲ 圖 4-42　機械與雷射通孔填孔比較

雷射鑽孔不是接觸式加工，不會產生機械應力問題。只要考慮纖維與樹脂在加工中分解速率平衡性，就有機會製作出距離相當接近的通孔。小孔徑近距離加工，雷射是非常有潛力的技術。且如前文所提，機械加工鑽針費用對小孔是很大的開銷，因此及早開發雷射通孔能力，是高密度電路板不可怠忽的事。

目前這類有腰身的沙鐘孔，比較麻煩的問題有兩個，其一是腰身究竟要達到怎樣的水準才好，其二是面對小孔又縱橫比大的孔很難繼續保持好的腰身，且頸部的截面積也會變得比較敏感。如果無法通過信賴度測試，這種結構就無法使用。另外如果採用不當的電路板材料加工，也容易產生雷射孔不良問題，圖 4-43 所示，爲選材不當產生的孔品質不良，如果通孔也採用這種材料一樣會發生問題。

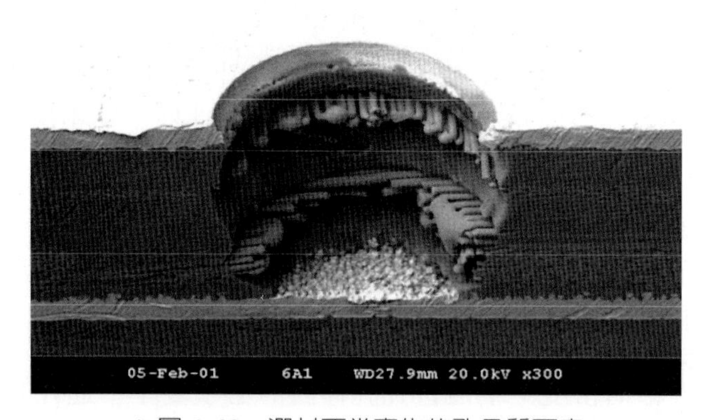

▲ 圖 4-43　選材不當產生的孔品質不良

雷射加工對材料特性十分敏感，樹脂比玻璃纖維容易破壞，因此部份材料商對這類改進也在加強。改良材料做法較典型的有兩種，其一是在樹脂中加入更多塡充物，藉以平衡樹脂與纖維間強度差異，但這種做法會讓介電質常數 (Dk) 提高，且會讓基材變脆。因此也有廠商採用不同玻璃紗結構，藉以降低加工玻璃紗的難度，這樣孔壁品質也可得到改善。圖 4-44 所示，爲幾種典型雷射加工專用玻璃纖維布。其中可看出玻璃紗的分布有扁平化現象，這應該就是可改善雷射加工性的原因。

▲ 圖 4-44　典型雷射加工專用玻璃纖維布

經過改質的基材加上雷射加工機性能改善，孔壁品質可有不錯的改善。改善前後狀況如圖 4-45 所示。

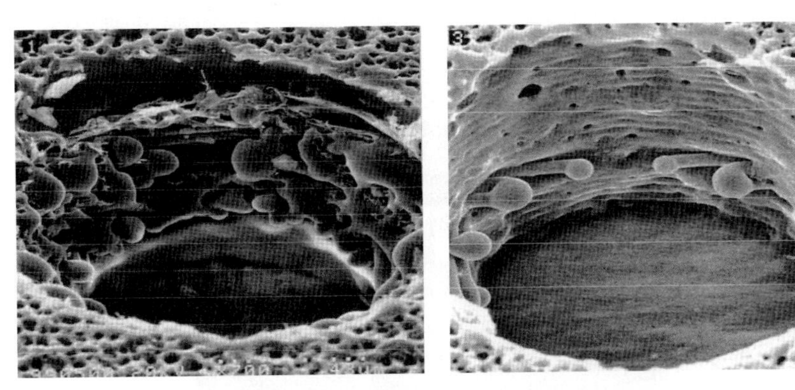

▲ 圖 4-45　改質基材雷射加工性能的改善

4-10 雷射加工的切割應用

雷射加工機在其它領域已經使用多年，重要加工應用之一是切割。在電路板雷射技術應用初期，主要以盲孔製作爲主，但其彈性生產與邊緣修整能力相當適合較薄電路板材料加工。業界較常見的應用，包括切割膠片與切割薄板材料兩個部分。切割膠片材料，目前常用的場合包括原材料發料及需特殊形狀的膠片加工兩種。對於原材料膠片，若採用 CO2 雷射做切割，可利用既有的熱特性做材料封邊，這種處理過的膠片邊緣已經被封止，比較不會讓粉屑掉落，有利於疊板降低掉屑問題提升壓板品質。這種應用仍屬於較少數廠商使用，但若設備與操作成本合理，未來廣泛應用值得期待。至於特殊外型用膠片，目前較常用 UV 雷射加工，主要因素在於避免產生過度燒焦問題。圖 4-46 所示，爲典型成型專用雷射切割設備，目前歐洲及亞洲各有供應商提供這類設備。

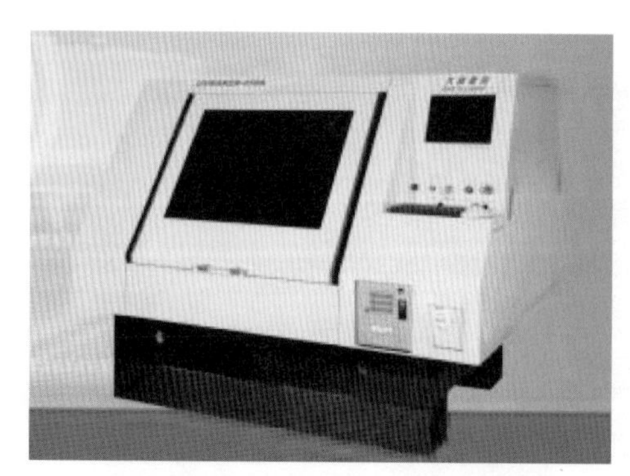

▲ 圖 4-46　典型成型專用雷射切割設備 (來源：大族數控)

目前比較常見的應用，以切割軟板貼合層膠片或軟硬板用膠片。以往這類應用較常見的作法是採用刀模切割，但不論在彈性與成本都比較不利。也有部分廠商採用銑床成型機加工，但不論在刀具消耗與切割品質也都容易有問題，目前已經有小量多樣及樣品製作廣泛使用。圖 4-47 所示，爲薄膜切割用雷射加工機。筆者用過這類設備做產品切割，其斷面效果相當好。

▲ 圖 4-47　實際用於量產的雷射切割設備 (來源：大族數控)

雷射加工成品外型切割應用

成品薄板切割應用，較常見的是軟板與軟硬板切割。由於軟板、多層軟板、軟硬板等產品都屬於較薄材料結構，若要完全用沖壓法加工則量必須要大，否則光是模具費用就相當可觀。另外加工穩定度，因爲沖壓模具有磨損與穩定度問題，若處理不慎產品品質與模具損傷都是風險。若採用雷射切割，不但可降低機械加工風險，且對於機械加工較困難的立體結構，也有加工機會存在。不過如何讓整體的加工成本降低，是這類技術應用要努力的方向。圖 4-48 所示，爲筆者比較機械沖壓與雷射切割間的品質差異。可以看到左上方切割斷面的毛邊現象相當明顯，相較之下右上方的斷面就乾淨整齊多了。另外面對切割道需要通過金屬的產品，可看到左下方斷面表面處理的金屬呈現龜裂狀，而雷射切割的斷面則完全沒有變形龜裂問題。應對小型產品的切割，還有材料利用率及操作便利的優勢。圖

4-49 所示，爲筆者投入的產品製作成果。成品尺寸僅有 9X9mm 左右的尺寸，一樣可以順利切割生產。

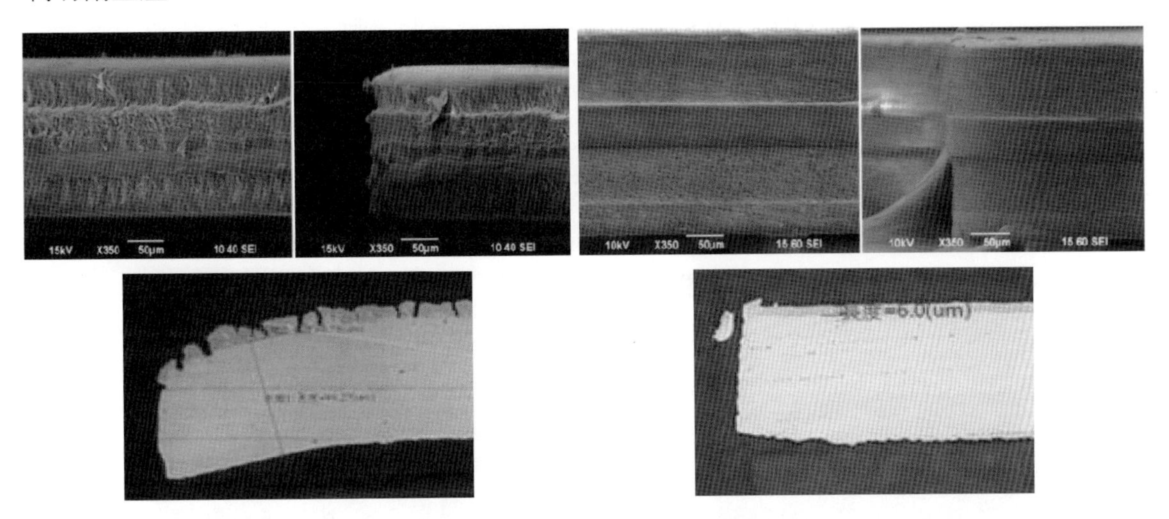

▲ 圖 4-48　CO_2 雷射切割成品

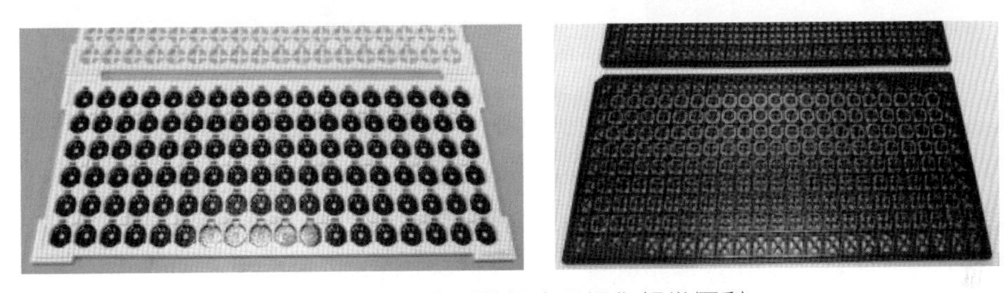

▲ 圖 4-49　小型薄板產品操作相當便利

過去雷射加工較少見皮秒雷射，筆者也曾嘗試採用准分子雷射做加工，但不論單價與運作成本都高得嚇人。面對薄板尺寸不穩定及困難操作，開始尋找不同方案。在板邊需要不落塵的需求下，找到這個逐漸成熟的技術。皮秒雷射特性，是利用脈衝迅速不累積熱量的特徵，在切割過程降低熱影響使切割品質大幅提昇。圖 4-50 所示，爲皮秒雷射的特性與切割比對。

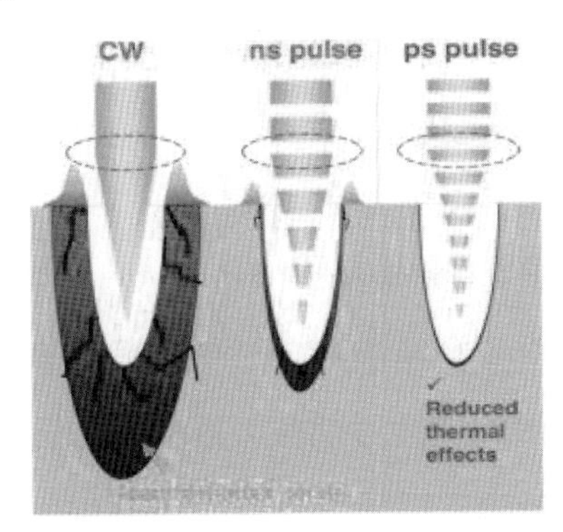

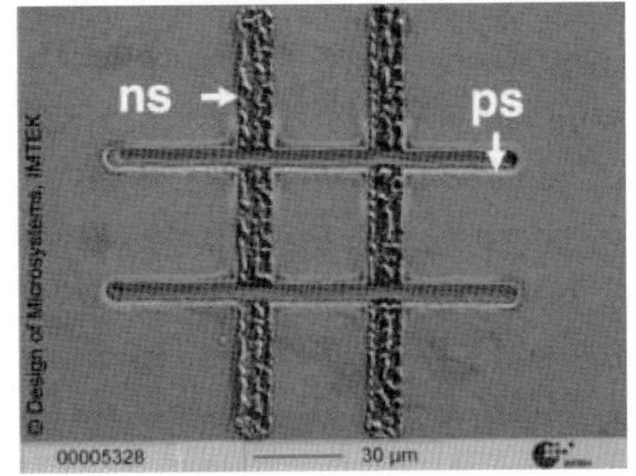

▲ 圖 4-50　皮秒與奈秒雷射加工比較及皮秒原理簡述

4-11 雷射線路製作應用

有兩種基本方法可製作埋入線路，第一種方法包含幾個變數，包括在介電質上產生溝槽與孔，可定義出線路與孔的尺寸。溝槽與孔可以靠壓印或雷射切割產生。另一個想法，則是以線路電鍍將線路製作在一片導電層上，再反壓到介電質內。目前壓入的方法已經進入量產，但僅能製作一層高解析度線路是其缺點。至於製作溝槽產生線路的技術，又有兩種應用存在。圖 4-51 所示，為雷射內埋線路製作的狀態。目前廠商宣稱的製作方法類似前述內容的河洛圖法，透過訂做的鏡片做投射加工，現有宣稱的技術水準可以達到 7μm 解析度。

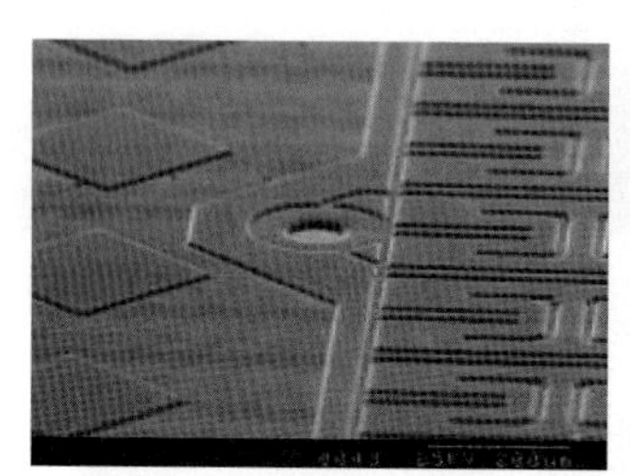
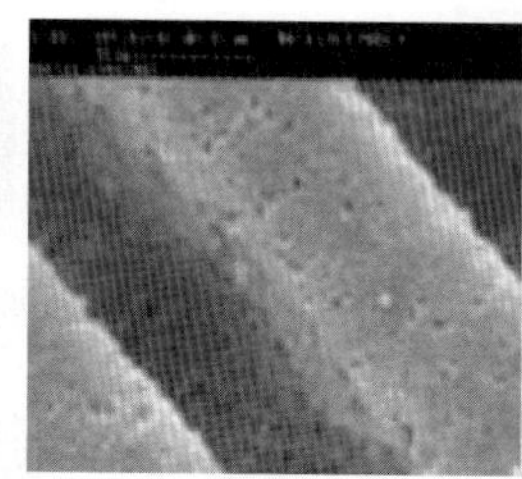
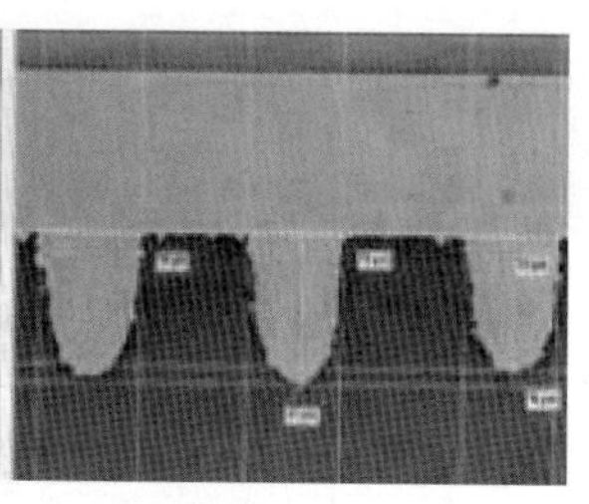

▲ 圖 4-51　雷射切割產生溝槽後電鍍填充的內埋線路

另一個內埋線路技術，則是立體線路製作技術，已經有多年的生產歷史，不過應用方面比較特性。這類技術也有兩種作法，其一是利用灌模射出互連零件 (MID-Molded Interconnect Device)，之後再做一次外部活性材料灌模 (Two-Shot Molding) 將線路做出來，之後以化學銅在活性區長出線路，即成為成品。圖 4-52 所示，為這類產品的範例。

▲ 圖 4-52　MID 技術典型產品範例

使用雷射的作法，則是採用活性材料灌模，之後以雷射把預定要成長金屬的部分做掃描，之後以化學銅成長銅金屬，完成線路製作。這類技術目前較大應用，是製作立體天線及汽車面板類產品，到目前為止仍以這類立體線路應用為主。

4-12 雷射盲孔加工品質

對於雷射盲孔加工品質，可分爲兩個部分討論，其一是在雷射加工之後，其二是在電鍍處理後。電路板盲孔加工，除了對孔形有要求外，最常討論到的問題是雷射孔底殘膠問題，而這被電鍍業者稱爲孔底異物。

首先我們來討論盲孔孔形問題，一般業者對這個問題有許多不同設定標準，某些廠商只要求電鍍完成沒有破孔導通順暢即可，但也有部分廠商對錐度、平整度、孔徑、眞圓度、玻璃纖維突出量都有要求。這方面筆者實在很難提出正確標準，只能給予建議性結構作爲參考。圖 4-53 所示，爲一個加工相當良好的雷射孔。

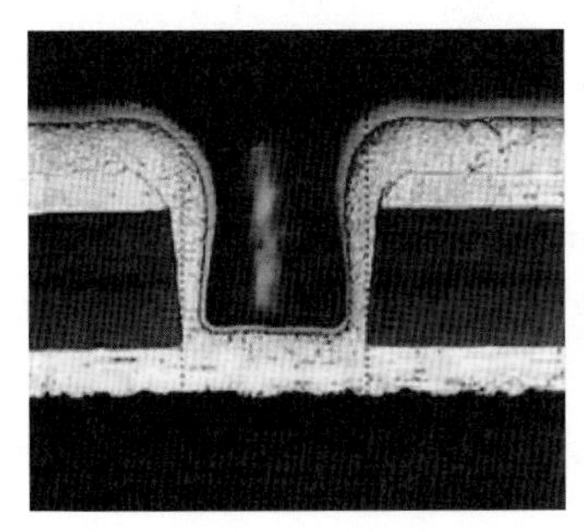

▲ 圖 4-53　加工良好的雷射孔

圖中盲孔不論其孔壁品質及錐度都相當良好，在孔底表現也沒有發生滲入與剝離問題，這種等級的孔是業者最期待產出的孔。但是這種孔是相當理想化的孔，對於有纖維材料在內的盲孔就沒有如此的單純。圖 4-54 所示，爲典型不理想加工孔形，這種孔形不但外型不理想，且會有信賴度風險。

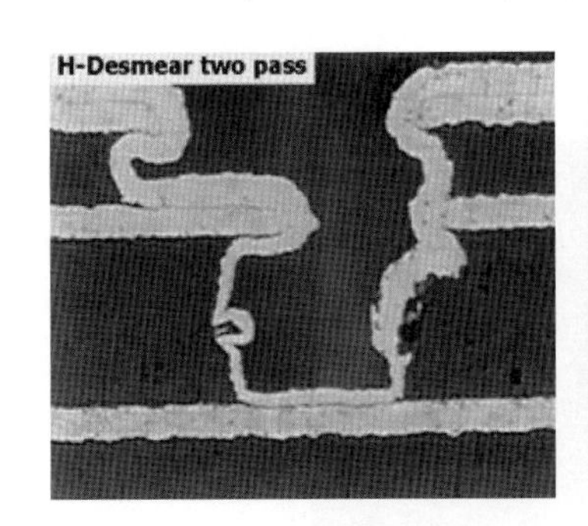

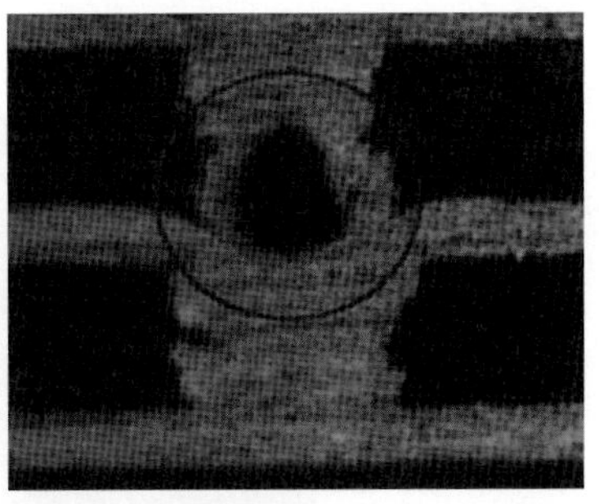

▲ 圖 4-54　不理想的盲孔加工孔形

多數雷射盲孔品質都介於這兩種品質水準間，其品質水準必須要清楚界定，否則容易在設備、加工、代工業者間產生爭議。如：孔邊長角就相當困擾業者，範例如圖 4-55 所示。

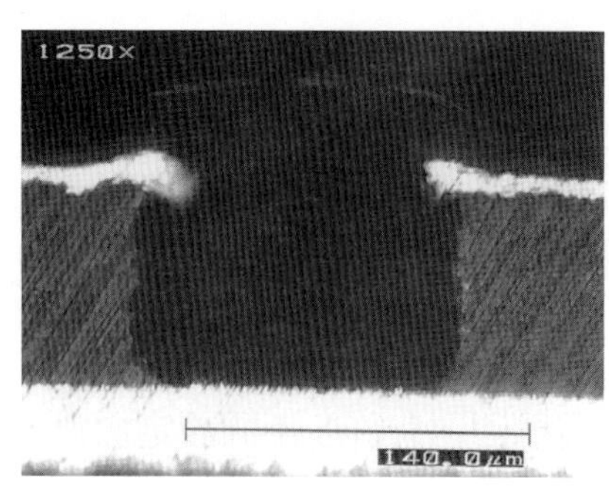

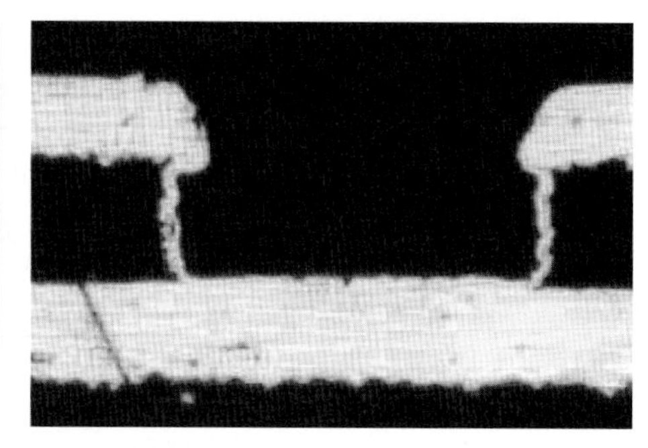

▲圖 4-55　孔邊長角的盲孔

這種長角問題的爭議常來自對電鍍的影響，某些廠商認為這種輕微長角問題不會影響電鍍，但當產品電鍍不理想的時候卻又認定雷射加工一定有問題。依據筆者的經驗，其實這種問題應該在雷射加工完畢後就做分析，因為化學銅處理有微蝕在內會影響判斷基準。一般電路板廠都有其電鍍製程能力限制，長角長度如何是可接受的必須仔細評估，這如果採用開大窗法加工就比較不會有問題。圖面上的長角狀況其實相當輕微，但如何降低爭議卻不能因為輕微就不發生，從這個觀點就可理解，其實雷射盲孔加工若不將電鍍製程考慮在內一定會出問題。

製程中的品質管控

依據 IEEE 的研究，CO_2 雷射要完全移除銅金屬上所有的樹脂材料有困難，因為孔底部材料在相當薄的時候雷射光會直接穿越，產生的熱也會被底部銅散失掉，這種狀況就可以理解其實 CO_2 雷射盲孔加工無法完全清除殘膠。但問題是如果有殘膠，盲孔的導通必然會出問題，那麼要如何控制殘膠量呢？搭配盲孔的孔形控制又該如何管控呢？目前業者較普遍用的方法是以輪廓儀或 AOI 做盲孔品質監控，典型作法包括利用輪廓儀做孔深度與形狀測量，其監控方式如圖 4-56 所示。

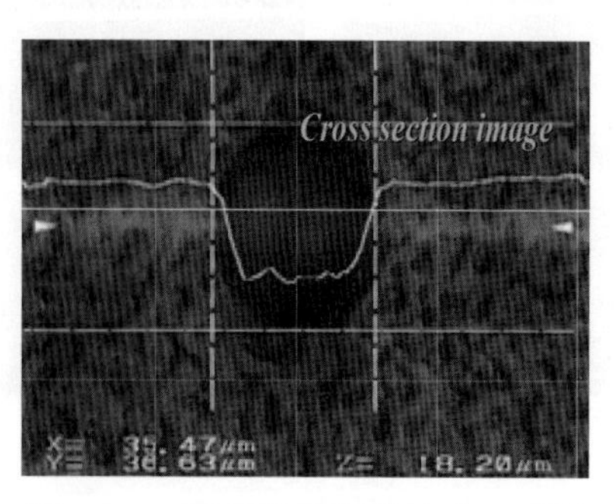

▲圖 4-56　輪廓儀產出的盲孔品質狀況

一般會在測量時設定基本要件，將孔徑、孔深度等列入管制標準，如果測量斷面出現差異就必須做製程調整。這個測量法的取樣量相對比較小，同時對孔底部樹脂狀況及孔壁狀況都沒辦法良好管控，對業者只能當作數據參考。至於利用 AOI 做行盲孔狀況監控，比較可以監控大量盲孔品質，但對於孔底殘膠厚度狀況仍然幫助有限。圖 4-57 所示，爲 AOI 盲孔檢測比對方法。

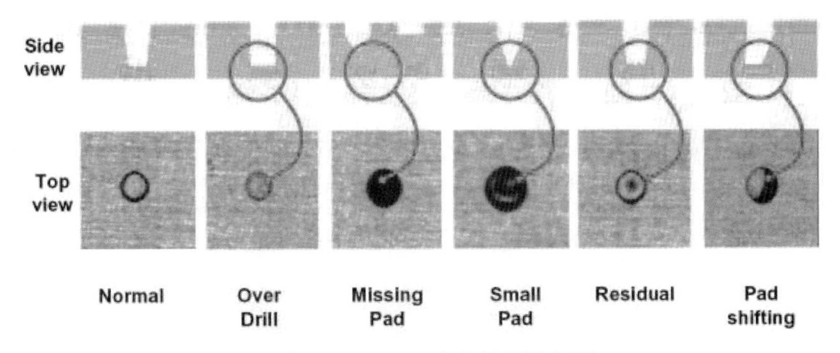

▲ 圖 4-57　AOI 盲孔檢測比對法

兩種方法不論是哪一種，都沒有辦法監控盲孔孔形與膠殘留量，只能針對比較嚴重的品質問題提出警告。AOI 是其中較能實際管控品質的方法，但如何讓盲孔雷射加工品質穩定，還是要從加工程序本身著手，加工品質的好壞則必然要搭配電鍍製程考慮。

最終產品的盲孔品質

如果是雷射盲孔底部殘留異物，代表的是製作者提供的雷射能量未達到清除樹脂的能量需求，這包含能量不足與受到遮蔽在內。而它可能發生的因素，包括打偏、漏打、能量衰減、樹脂厚度過高、異物遮蔽等等不同因素。當然如果殘留量很小，也可能代表的是除膠渣製程去除不全，不過這也是兩製程間最容易發生爭議的地方，必須搭配處理才能穩定生產。目前業界有相當比例產品是依賴代工生產，如果代工與生產廠沒有良好搭配更容易出現問題。圖 4-58 所示，爲典型孔底殘留產生的品質問題。

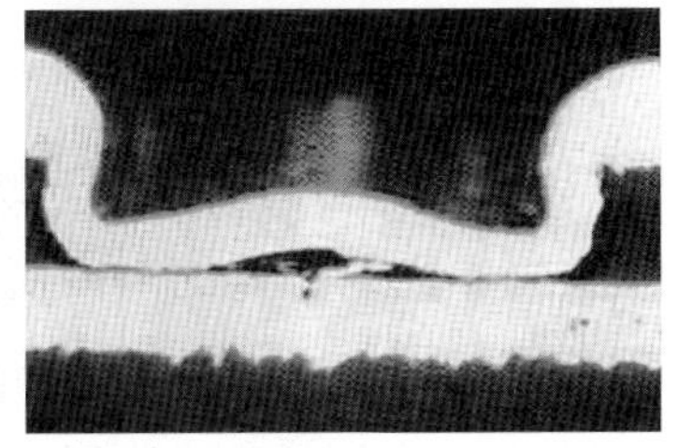

▲ 圖 4-58　孔底殘留產生的品質缺點

這類問題產生的典型後遺症，最常見的就是導通不良或孔底分離。雷射加工的第一槍加工就已經將大部分樹脂去除，後續加工都只是將孔形修飾到期待狀況。如果恰好遇見樹脂較薄的區域，又用較高能量加工多槍，這種現象很容易傷及孔底銅與下一層樹脂結合結構。但如果能量不足則會讓盲孔邊緣留下過多殘膠，如果後續除膠渣能力不足，就容易產生殘膠問題。一般人常將殘膠歸罪給雷射加工，實際上小量殘留樹脂處理是製程的必要工作，部分廠商甚至會使用電漿除膠做清孔。至於孔底缺陷，適度研討化學銅或其他製程可能問題，會比只注意雷射加工會有用得多。

另一個較典型的問題是所謂的“葫蘆孔”，這個問題一般較容易出現在所謂“Condformal Mask”加工模式，也就是用銅窗遮蔽孔範圍，之後做雷射光束比遮蔽窗略大的加工。這種方法因爲雷射能量被銅皮所限制沒有發散管道，因此容易在孔內部產生所謂爆孔現象，因而造成葫蘆型的孔型，不利於後續電鍍製程。圖 4-59 所示爲典型葫蘆孔現象。

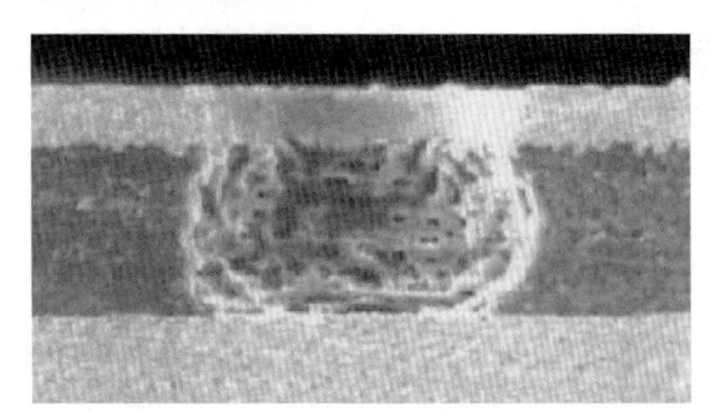

▲ 圖 4-59　雷射的葫蘆孔現象

這種現象可經由能量調節及加工輪替模式改善，但在實務操作方面則必須注意材料變化及結構變化，否則容易發生孔型變異問題。由於堆疊孔結構普及，許多電路板爲了要提升連接密度而大量採用這種設計。面對這類產品做雷射加工，較值得注意的是埋孔位置的平整度問題。圖 4-60 所示，爲典型盲孔埋孔堆疊設計的雷射加工範例。

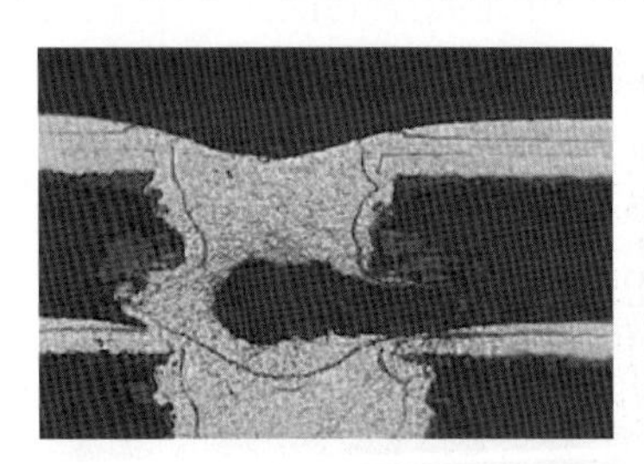

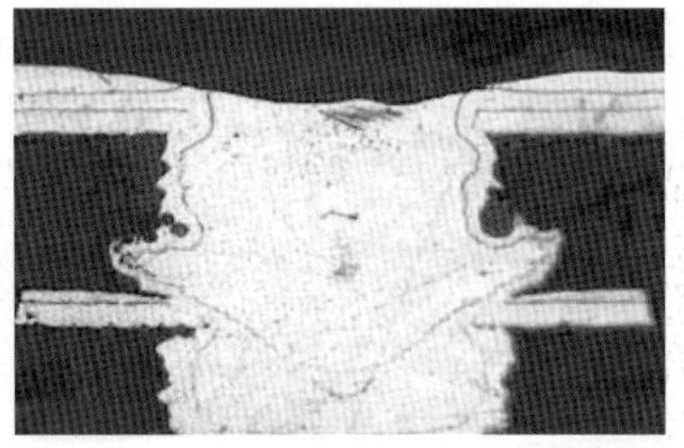

▲ 圖 4-60　堆疊設計的盲孔雷射加工

填孔電鍍管控較不容易，偶爾會發生填孔不完整的問題。這時候如果做雷射盲孔加工，在光束觸及埋孔表面時，會產生折光現象，這時候折射光會損傷孔壁造成邊緣粗糙，對後續電鍍製程產生相當大困擾。其折射模式如圖 4-61 所示。

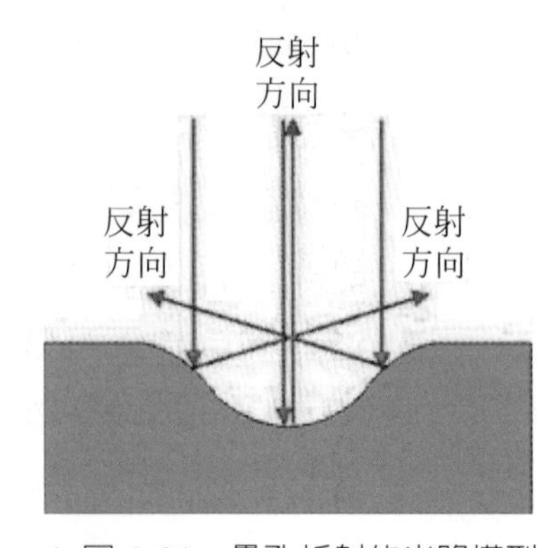

▲ 圖 4-61　疊孔折射的光路模型

還有一個較常出現在雷射盲孔加工的品質問題，就是孔位偏移造成底部襯墊漏接缺點。這個缺點必須依據採用何種加工方法產生，來判定可能的原始原因。圖 4-62 所示，為典型開銅窗加工法產生的漏接問題。內層核心板線路底片與增層後開銅窗底片，兩者都會有漲縮潛在可能，這些變異是產生這類問題的第一種可能。核心板本身漲縮與預期水準產生差異，高溫壓合後出現漲縮超出允許範圍是另一個可能。蝕刻所開銅窗大小與位置產生偏差是第三種可能，這包括開窗對位基準不良問題在內。當然我們沒辦法排除雷射設備偏差可能性，但是這部分依據筆者的經驗其實比例相當低。

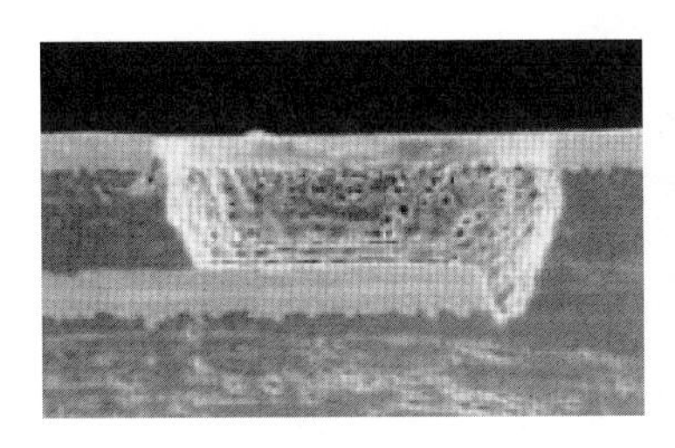
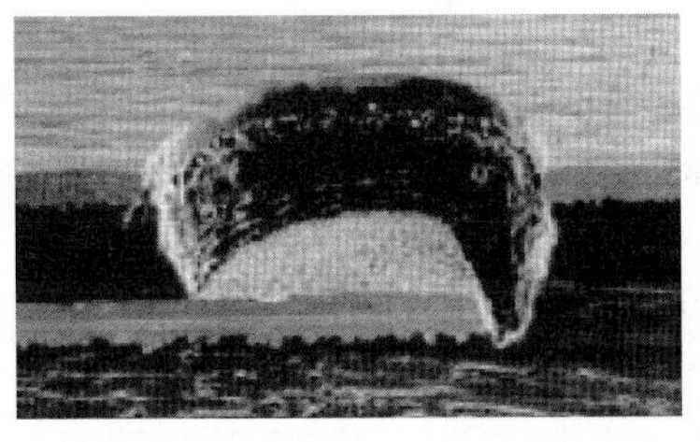
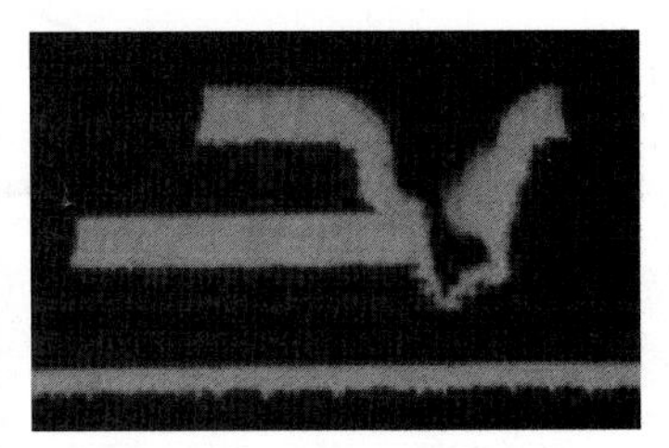

▲ 圖 4-62 開銅窗加工法所產生的漏接

至於其它的加工方法，如果是採用直接對內層線路加工法，則比較可能的問題會出在壓合漲縮，與曝光製程關係應該不大。對於規格較嚴的產品，部分廠商會採用分割加工法做雷射加工，可以降低漲縮影響。這些年 ldi 設備逐漸普及，有些人迷信以為有了這種設備就可以高枕無憂，不會出現這類對偏的問題。其實電路板生產大量採用工具系統，如果不去熟悉這些系統，設備或許沒有問題，但是搭配性的問題卻會出現。例如：第一次採用 ldi 自動補償系統與分割作業後，以後的所有製程都需要做分割與補償處理，否則一樣會出現對偏的問題。這些作業方式，不是單一製程可以處理的，必須對整體系統做調整才能有效。

4-13 雷射小孔技術的發展

雷射加工技術的發展，仍然在朝向更小更快的方向發展。在更快加工速度方面已如前文所述，但在更小孔加工又會朝何處去呢？有許多人都將期待放在 UV 雷射加工能力提升，但這種期待似乎不切實際，尤其是在有玻璃纖維的材料加工方面更是如此。依據雷射應用理論看，要讓加工能力朝更小範圍推進，就必須要符合基本物理關係，其關係如圖 4-63 所示。

依據這種關係推論，如果要讓同樣的雷射光產生較小光斑，就必須將聚光鏡焦距縮小、雷射光束直徑放大才有機會。依據這個假設，則雷射系統折光鏡也必須放大才能符合這種趨勢，這就是為何打小孔時加工速度會減慢的原因，因為此時光鏡大靈活度相對就較差。

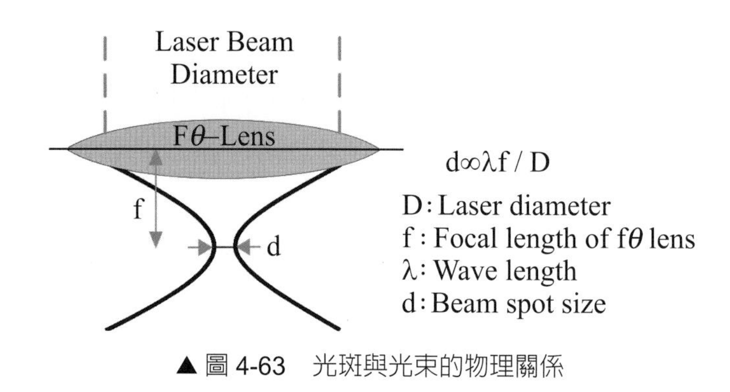

▲ 圖 4-63　光斑與光束的物理關係

4-14 小結

雷射鑽孔機與傳統鑽孔機最大的不同，在於雷射鑽孔是利用雷射能量將材料移除，而不是用鑽針將材料切碎後移除，因此採用非接觸式的加工法，其可加工速度及精度都略高。雷射鑽孔加工的有利點，是不必使用鑽針，加工孔徑可又小又快。但因為只能單片操作，可加工的材料會比較受到限制。未來電路板製作密度愈來愈高，雷射鑽孔應用範圍及數量應該會繼續成長。

依據筆者觀察，皮秒雷射雖然現階段用在切割表現良好，在鑽孔方面仍在開發中，但是測試的經驗告訴我，其孔壁的品質與表面噴濺的狀態都表現突出。雖然目前速度上與傳統 CO_2 雷射還有相當大的距離，但它應該是可以期待的未來技術。圖 4-64 所示，為筆者測試 30μm 小孔加工的斷面結果，除了孔底有輕微的損傷外，並沒有太大的問題。

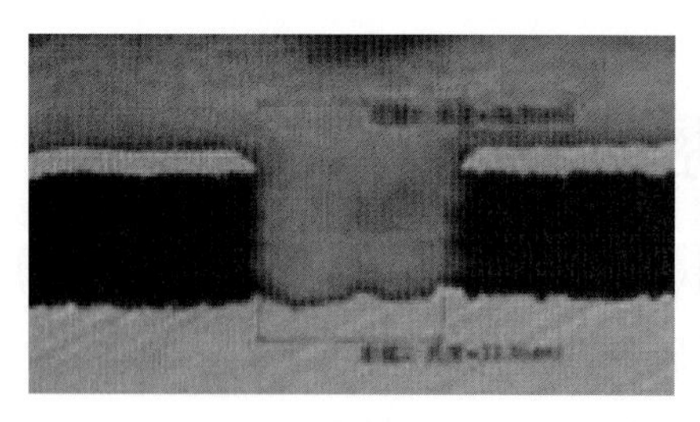

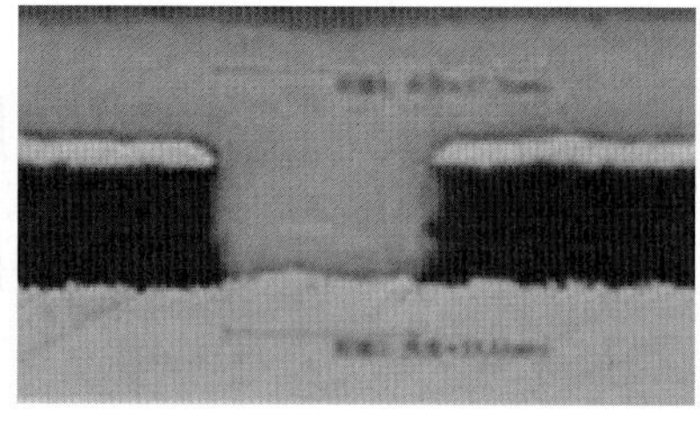

▲ 圖 4-64　皮秒繞圈加工的小孔能力測試

CHAPTER 5

研磨與刷磨製程

5-1 概述

清潔的表面、無毛邊的孔、平整的孔壁，是良好電路板品質基本特性。所有這些因素，都會影響最終電路板表現與整體品質，也會對後續製程是否順利運作產生直接影響。如果電路板面沒有做適當處理，與結合力有關的品質問題就可能發生。不過如果表面處理均勻並在第一次就有效完成，整體產出量與品質就會提升。研磨與刷磨處理普遍用在各個電路板製程中，用來做板面清潔、整理板面、工具處理等。它們在製作銅皮用來清潔電鍍鼓，也用在清潔熱壓合製程後的鋼板。它們用來清除鑽孔後除毛邊研磨，也用來刷磨電鍍後電路板或清潔蝕刻後板面，偶爾也用來處理原材料分割後板邊粗糙邊緣。

砂帶研磨在電路板應用，主要著重在全面銅整平與削薄之用。至於輪式刷磨加工應用，則包含去毛頭、粗化、平整化、清潔等。所使用的刷輪類別及條件，隨使用目的及機械設計而有不同配置，做法上也有相當大差異。用在電路板製作用的研磨產品，包括硬毛刷、除毛頭輪刷、研磨砂帶、噴流砂粒、發泡刷輪、積層刷輪等。研磨材料則使用氧化鋁粉、不同粒度碳化矽顆粒、細顆粒噴砂 (火山灰或沸石) 粉末。每種研磨材料都有其應用優勢，但也在特定應用上表現出缺點。生產製程隨廠商而變化，且電路板結構也非常不同，某家廠商使用的良好研磨材料，未必可用在另一家廠商身上。業者若能瞭解各種研磨材料優劣勢，就可決定使用何種研磨材料最適合特定產品，而適當利用研磨材也可提升整體產量效率與電路板品質。

5-2 研磨用於銅箔生產

製作銅箔的廠商在銅箔剝離電鍍鼓後，必須將殘留在電鍍鼓上的殘銅去除，而積層刷輪是最可做出均勻電鍍鼓清理的研磨產品。大直徑的積層刷輪是以 250 ～ 300 片的碟狀刷磨面擠壓在一起，將這些材料都固定在鋼軸上形成的一個刷輪。這些刷片是由充滿氧化鋁粉的尼龍不織布製作，採用＃ 320 研磨材可負擔較重研磨清潔負荷，當然也可用＃ 600、＃ 800、＃ 1000 的碳化矽研磨材來做細緻清潔研磨。積層刷輪可用在濕或乾製程，這可以依據製造者需求而定。銅箔生產刷磨應用屬於原料生產領域，製程控制的好壞對銅皮品質影響相當大，某些廠商就曾因爲工具研磨不良而產生重複性凹陷缺點造成大量索賠損失。圖 5-1 所示，爲銅皮製作採用的巨大電鍍鼓，其表面維護需要靠定時的研磨。

▲ 圖 5-1　製造銅皮用的電鍍鼓

5-3 砂帶研磨機的作業

砂帶研磨設備是以驅動輪伸張帶動圈狀砂帶進行工件表面的微量切削工作。圖 5-2 所示，爲典型砂帶研磨機開放觀察的狀況。

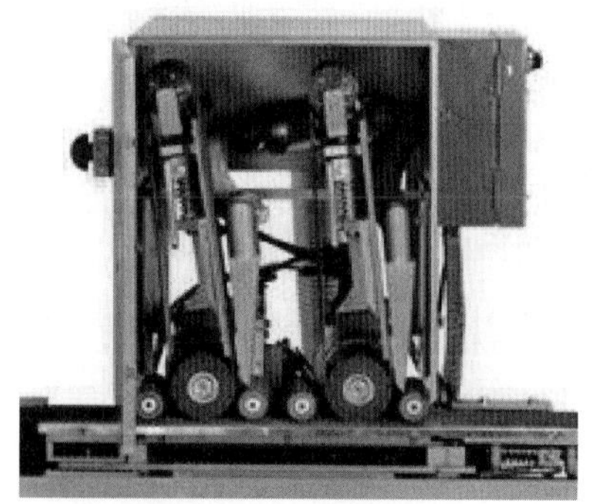

▲ 圖 5-2　典型砂帶研磨機與內部配置

砂帶研磨的切削量控制參數，是以所用的砂帶粗度 (砥石號數)、刷壓、砂帶線速度、行進速度等控制，但可控制的內容主要還是必須看機械設計特性而定。多數砂帶研磨機在線速度都採用固定設計，刷壓則是以驅動承載台面的高低爲主要控制方式，這種研磨法單次切削量較低。砂帶研磨材料粗細描述，是以研磨顆粒粒度爲指標，也是一般研磨材的標準描述法。單位則是以 Mesh 計量，常用粗度如：#400、#600、#800、#1000、#1200 等，號碼愈低代表粗度愈高切削力也愈強。

砂帶能承載的研磨材料數量有限，這種切削法會因研磨材料消耗讓切削量快速變化。所以需要較大切削量，最好用多組研磨機做低壓刷磨，最好是先粗後細組合，這有利於均勻工件加工。不過多數生產工廠，都受限於生產場地昂貴，又希望用較少設備量產，在小空間與少設備下經濟生產，不會採用低壓多台組合，但這會直接影響穩定性及磨材消耗。

研磨材料最怕的就是工件研磨出來的殘屑沾黏，這種研磨狀況會很快降低砂帶研磨力，因此研磨過程都會用大量水輔助研磨殘屑排除。同時水也有潤滑與使加工面細緻化作用，正確控制研磨作業供水狀況對砂帶研磨作業相當重要。圖 5-3 所示，爲標準砂帶研磨組，因爲機械設計限制，砂帶研磨都採用單面加工，因此這類設備會採用中間翻板連結配置加工。由於整體切削力與耗材使用率等限制，目前這類設備使用範圍會較受限制。

▲ 圖 5-3　典型砂帶研磨組

壓合鋼板研磨

砂帶研磨設備會用來清潔處理壓板用的分隔鋼板，因爲熱與壓力會讓銅皮或玻璃纖維樹脂材料沾黏在鋼板上，這些沾黏異物必須去除。目前有兩種不同製程可完成這個工作，第一種也是比較精緻的一種，是採用寬幅砂帶組合寬輪式拋光機構製作的設備。這個處理具有以下特性：

(1) 鋼板清潔迅速
(2) 可確保去除任何尺寸不穩定性
(3) 可將鋼板回復原先表面狀況

用於研磨鋼板的砂帶是＃ 320 碳化矽粉粒，並用樹脂固定在一塊防水布上作爲支撐。拋光研磨輪會用不織布迴旋的型式製作，含有＃ 280 的碳化矽研磨材。或者可以使用聚乙烯醋酸纖維材料製作，含＃ 280-320 的碳化矽研磨材料。

第二種處理方式是採用積層刷輪、除毛邊刷輪、戎毛刷輪、硬毛刷或聚乙烯醋酸纖維材料刷輪等任何一種來做處理。這些設備可去除表面殘渣，但不會產生太大鋼板板面凹陷問題。不過它們也無法去除鋼板表面重大缺陷，也沒有辦法排除尺寸不穩定影響。依據期待去除的速度及表面材料去除量，可以選用不同號數研磨材料，顆粒尺寸範圍可落在約＃ 180-320 間，材質可以是氧化鋁或碳化矽等研磨材。

一般壓合用鋼板多少都會因爲操作而受損，必須定期做較重的拋光處理，這樣才能維持壓合鋼板長期品質。也因爲這種原因，鋼板必須要在處理後做厚度檢查，多數壓合鋼板在到達 1.0mm 左右厚度就必需汰舊換新，不過這種標準也會隨廠商而有差異。

5-4 鑽針研磨作業

保持鑽針銳利度是機械鑽孔必要條件，若鑽針尖端鈍化，很容易讓鑽孔品質劣化，並在孔邊產生嚴重的大毛頭。如果尖端以鑽石研磨輪做研磨，鑽孔作業就可產生潔淨孔壁品質。圖 5-4 所示，爲兩種鑽針品質加工出來的通孔品質比較，左邊的孔壁品質相當粗糙，但右邊的品質就相對較好。

▲圖 5-4　鑽針品質對鑽孔加工孔壁品質的影響比較

使用銳利鑽針，是排除後續電路板製作問題的簡單方法。首先透過使用鋒利鑽針，可讓鑽孔加工孔毛邊降到最低。由於有更小毛邊，除毛邊作業就可更迅速完成，且可使用較細緻研磨顆粒，可讓研磨對電路板面的傷害降到最低。其次銳利鑽針切割較快也較清潔，最重要的部分則是加工時產生的熱度會最低。較低的發熱量，是鑽孔能切割快速清潔的關鍵因素。經由將熱從切割程序中排出，樹脂膠渣就可去除並留下低膠渣清潔孔壁，同時也可讓孔壁更有利於電鍍製程。

最佳鑽孔法是讓鑽尖保持銳利，並儘可能鑽出最多高品質清潔孔，且鑽針應該在過度鈍化前做更換，並重新研磨使用。許多鑽針製造商都曾對鑽針研磨機與研磨輪做評估，他們發現最佳研磨鑽針的方式，是使用經過校正調節的雙鑽石砥石輪研磨，這在多數狀況下可處理出最佳外型與最尖銳鑽針。採用這種配置，其中一個研磨輪可做出第一刀角，而第二個研磨輪則可做出第二刀角 (離退角 -Relief Angle)。一旦鑽針研磨完成，就可重新投入生產做出良好機械通孔。

5-5 刷磨機作業

業者所稱的刷磨機，指的是以驅動機構做研磨輪高速轉動研磨的設備。最常見的機械設計，是上下各一支刷輪為一組的機械，而為了大量生產一般設備編組會採用四刷或八刷配置。筆者也曾聽說過十二刷配置案例，但使用比例應該相當低。圖 5-5 所示，為典型成對刷磨機單元。

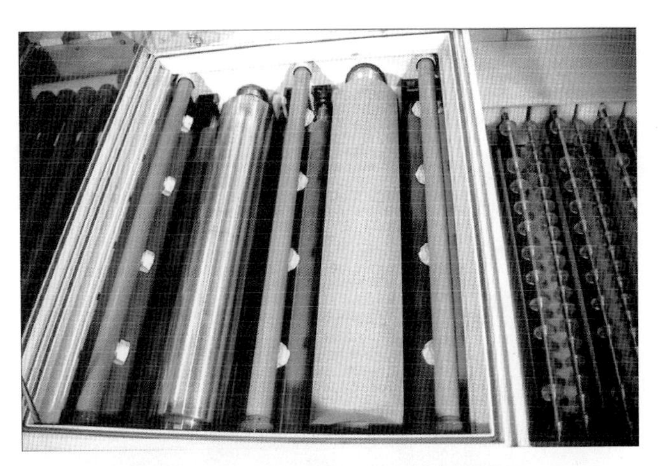

▲ 圖 5-5　上下刷搭配的刷磨機單元

如同砂帶研磨機的操作概念，刷磨機作業也是採用漸進式操作，刷輪粗度採取逐步變細有利於品質。另外因為機械設計可上下刷一起作業，多數不需要特別翻板或旋轉，作業性相對良好。由於刷磨輪有多種不同製作法，用途與品質也有不小差異，因此探討有點複雜，筆者將嘗試在後續內容逐項討論。

鑽孔除毛邊刷磨

電路板生產中進行鑽孔或沖孔，會在孔口斷裂處產生缺口或捲曲，這種東西被稱爲毛邊 (Burr)，這些毛邊必須去除以防後續品質問題。鑽孔毛邊大小直接與通孔的品質相關，如果採用了尖端良好的鑽針加工，應該只會有微小毛邊產生 (一般應該在約 2mil 以內)。如果鑽針已經鈍化，則毛邊會變得更多並增加高度 (有可能會到達 10mil 或者更大)，同時可能需要更重整平作業去除。用於除毛邊刷磨材料會依據鑽孔表現而有不同，主要是依據毛邊結構決定。有不同特性的研磨產品可用在除毛邊，硬毛刷、迴旋纏繞刷輪、片狀震盪刷磨布等都是可用材料。

硬毛刷是利用存在於尼龍硬毛上突出的氧化鋁顆粒研磨，這樣可以產生快速且強力的切削。硬毛刷可去除毛邊，同時產生極爲清潔的孔邊，此外也會形成期待孔徑，這類硬毛刷很適合用來去除較重的毛邊 (比 5mil 更大的毛邊)。這類毛刷一般可取得的刷輪粗度有 ＃ 180、＃ 240、＃ 320、＃ 500 碳化矽顆粒，可在有水狀況下靠媒介冷卻刷磨，業者對比薄的電路板則採用震盪研磨作業。這種設備作用類似刷輪，只是相對運動所依靠的是動力是震盪機構供應而已。

作業者在使用硬毛刷做除毛邊時需要些技巧，當電路板在傳送機構上運動並做刷磨時，可能刷壓會相當輕 (5 ～ 10psi)，如果刷壓調整不當會因爲刷磨過度而損傷銅面。傳統手動刷壓調節作業，如圖 5-6 所示。目前比較自動的設備，都已經可以動態調整刷壓，依據偵測器回饋的訊號自動調整。

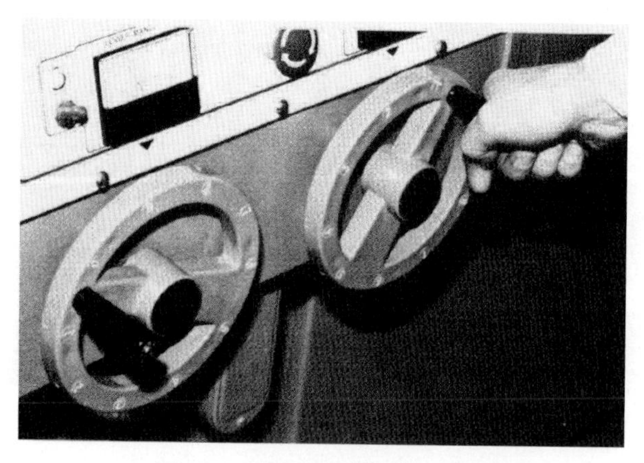

▲ 圖 5-6　傳統手動刷壓調節作業

刷磨處理不當較容易發生的現象有過與不及兩種，毛邊如果清除不乾淨很容易產生電鍍製程轉角結瘤現象，如果刷磨過度則可能又會產生孔內銅結問題。圖 5-7 所示，爲典型毛邊處理缺點。

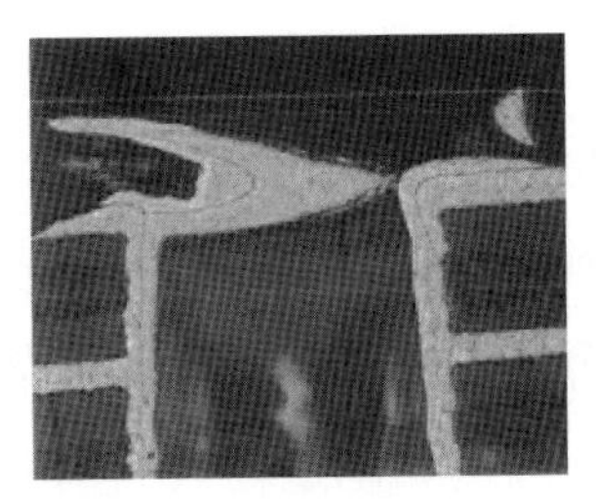
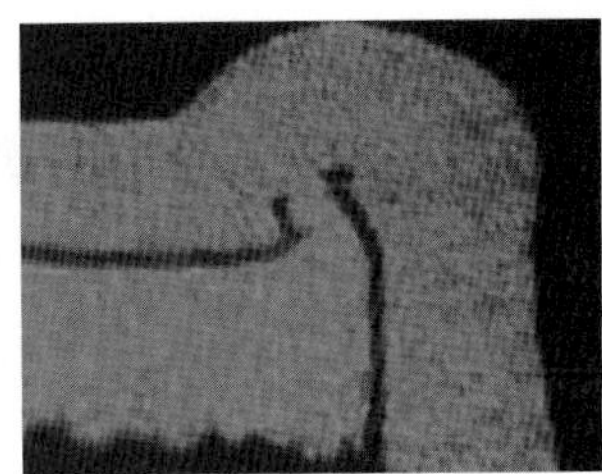

▲ 圖 5-7　毛邊與刷磨不良缺點

目前業者主要的鑽孔毛頭研磨處理，較普遍用的還是以毛刷研磨爲主，圖 5-8 所示，爲兩種不同研磨材質的刷輪範例。

▲ 圖 5-8　典型積層刷與毛刷

機械鑽孔毛頭處理，有多種刷輪都可採用，但其中還是以毛刷使用率較高。其主要原因是採用積層刷較容易產生捲狀殘屑，這容易堵塞通孔產生品質困擾。雖然目前多數設計良好的刷磨設備，都裝置了高壓水洗與超音波震盪輔助機構，不過爲了降低通孔堵塞風險，業者還是不輕易嘗試使用積層刷輪。至於使用其它刷磨材料加工，也有或多或少的作業或品質問題，相形之下毛刷成本經濟使用便捷，讓業者樂於選擇。圖 5-9 所示，爲各式刷輪的範例。

▲ 圖 5-9　各式研磨用刷輪

適當除毛頭刷磨處理，可讓通孔邊緣平整化，但過度處理則可能會讓通孔面發生凹陷 (Dish Down)，而凹陷過度會讓通孔信賴度降低不利於電路板品質表現。圖 5-10 所示，爲典型去毛頭刷磨前後效果比較。當刷輪耗損後刷毛會變得較短，這會使刷輪密度提高變硬並失去彈性。所有這些因素都會使刷輪剛性變高，連帶使刷輪的切削性變高、貼附性變差。當刷子磨損過度嚴重，可能會因爲切削量變大而損傷銅面，同時會讓製程不穩定性也變高。

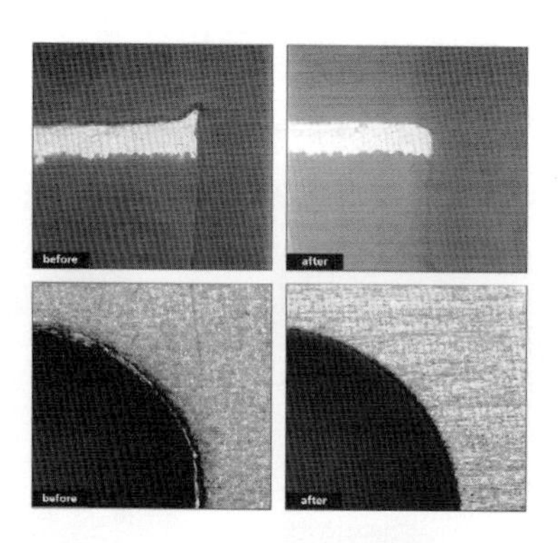

▲ 圖 5-10 典型的去毛頭刷磨效果

刷子壓力與狀況必須做監控，否則就算用最先進的設備也無法保證可得到穩定處理面。刷子使用壽命必須律定，以免產生嚴重報廢問題。太大刷壓會產生過熱，也可能引起尼龍膠渣沾黏問題。尼龍刷可能會因爲過熱融化，融化的尼龍會污染板面造成困擾。尼龍膠渣的問題可以靠調整刷壓與噴水到板面產生水冷效果排除，這方面業者可以做自我調整適應生產需求。依據某些專家建議，採用纏繞式刷輪，可讓操作者有較好的作業寬容度。圖 5-11 所示，爲纏繞式刷輪製作法。

▲ 圖 5-11 纏繞式刷輪製作法

這類刷輪以高密度不織布尼龍纏繞在軸心上，其間充滿了細緻氧化鋁材料，即使採用略高的刷壓也不會產生過度嚴重切削。不過刷輪壓力最好保持在 10psi 較恰當，水冷狀況也要監控以免產生尼龍膠渣問題。不織布尼龍刷在使用生命週期中，其研磨材料暴露量比較均勻，也可以產生較均勻的研磨。有關金屬毛邊因刷輪不穩導致折入通孔區的問題，也可因此得到適當緩解。此外當這類除毛邊刷輪逐漸磨損，也仍然可具有一定彈性平衡不規則形狀表面。這類刷磨處理，一般業者建議使用在中小形狀毛邊 (大約爲 4mil)。如果毛邊太高或太厚，可能就無法順利將毛邊清除乾淨。一般採用的刷輪研磨材料號數，較常見的是＃ 180 氧化鋁材料。

片狀震盪刷磨布也可用來清除毛邊，這類刷磨材料可提供相當緩和的刷磨效果，不會產生對銅面的損傷。這種研磨產品不是用來處理重度毛邊電路板，它們較適合用在小毛邊產品 (低於 2mil 以下)，同時也較適合用在較薄電路板材料上。業者可依據自我需求採用不同等級的研磨材，主要應該注意的是要選用切削量恰當且對電路板尺寸影響小的刷材。

電路板銅面的刷磨、粗化與清潔處理

不論電路板用化學鍍孔或電鍍孔，都會使用銅金屬材料做爲金屬化方法，因此需要在進入製程前將板面適當處理，以便做電路板通孔與板面電鍍。前述各式刷磨法或噴砂處理，都可用來做這類表面前處理。如果使用切削量較大毛刷，則作業人員最好要有較多作業經驗，同時建議使用的研磨材料顆粒形式，也要略微細緻會較好，一般較常用的研磨材料爲號數＃ 320、＃ 500、＃ 600 等的碳化矽粉末。如果採用積層式多用途清潔刷輪，則可用在廣泛清潔製程用途。因爲研磨材料分佈相當均勻，因此刷磨穩定度及處理表面狀況都會較好。

如同硬毛刷一樣，它們可能在潮濕和乾燥狀況下使用。在有水環境下，如果採用＃ 320 氧化鋁積層刷輪，會產生較重切削清潔效果，如果採用＃ 600 碳化矽研磨材，則會產生較輕的切削與清潔效果，後者比較適合用在薄電路板產品。另外在做板面清潔處理時，毛刷或積層刷都可同時用來去除氧化並產生表面粗度，讓感光膜能與銅面有較強結合力。穩定表面刷痕可讓感光材料穩定均勻沾黏板面，同時也適合做電鍍。

部分的電路板業者會使用刷輪去除板面殘餘感光，要做這類處理時可採用＃ 320 氧化鋁材料執行此製程。電路板刷輪應用重點，是以各種影像轉移光學膜塗裝前處理爲主。它們之所以會採用這種前處理，成本因素當然是重要考量。由於刷輪作業單位成本較低，採用這種處理可在成本低的狀況下獲得好的粗化表面，因此在電路板前處理，刷磨應用相當廣泛。

以工作壽命而言，似乎毛刷式研磨輪有較長使用壽命，且單價也是各種刷輪中較低廉的。但在實際應用，這類刷輪較適合表面粗化及清潔，如果要大量切削材料就有困難。因此傳統影像轉移的前處理粗化與清潔，較會將這類刷輪作爲首選。如：外層線路、止焊漆前處理都以使用這類刷輪爲主。也有業者直接稱這類刷輪爲尼龍刷，其實這應該與實際狀況有差異。因爲多數人稱的尼龍刷，所指的應該是沒有切削力的純粹清潔用刷。若是具有研磨能力的毛刷，廠商應該會在刷輪上做研磨顆粒轉植，否則就不能稱爲研磨工具。這種研磨處理的最大問題是刷痕有一定方向性，相較於其它的處理如：噴砂、微蝕等，其均勻性與結合力增進程度是有落差的。圖 5-12 所示，爲刷磨與噴砂表面差異比較。

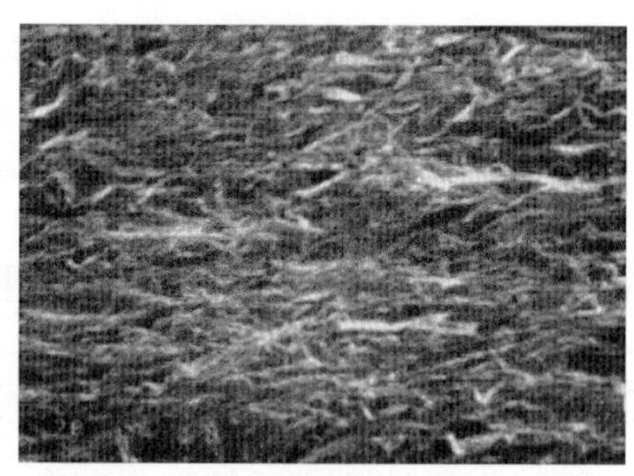

▲ 圖 5-12　刷磨與噴砂處理的表面差異比較

從圖面狀況可知，刷磨方向性會使銅面處理結合力相對比較不穩定，因此對一些規格要求較高的電路板，即便是作業成本較高還是選擇用非刷磨形表面前處理。

高密度電路板填孔樹脂與線路刷磨處理

由於構裝載板及高密度電路板應用需求，塞孔樹脂研磨、線路表面細緻化等需求也應運而生。因應這種多變的產品需求，當然設備商會強化機械穩定性、操控性、加工效率。刷輪材料製作，也有多種不同選擇項目可供使用。就目前刷輪型式作簡單的了解，我們可看到各式各樣的研磨刷輪在市面販售，而用於高密度電路板樹脂刷磨的刷輪則以陶瓷刷、不織布刷、發泡刷等爲主，各種各樣的材料、製作方式、研磨砥石粗細等變化，可讓業者有很多組合變化選擇。要提昇製程研磨能力，最直接的就是加高研磨材料密度，這方面最直接的就是採用較緻密的研磨顆粒支撐材料，而不織布成爲其中一種不錯選擇。圖 5-13 所示爲典型不織布輪型式。

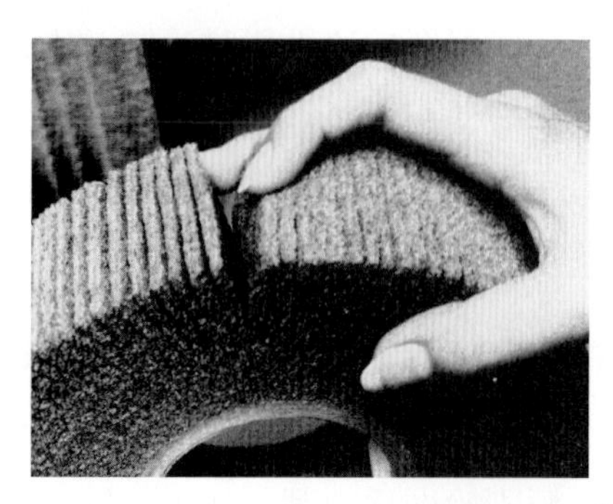

▲ 圖 5-13　典型的不織布刷輪

對於電路板表面需要有全面性研磨作業的製程，尤其是切削量需求較高的製程，不織布就是可考慮的恰當選擇。因爲毛刷是以線接觸作業模式設計，而不織布刷輪則是以面接觸設計，這樣不織布刷輪的切削量當然就可多出非常多。其實刷輪材質、設計、製造方法不同，對實際產品良率影響十分明顯。如果需要刷磨的切削量大而不使用恰當高密度研磨材料，對於實際產品品質與功能勢必會產生不良影響。這類考慮並不以使用壽命與單價爲主要考量，而應該同時注意電路板品質的需求。

經過刷輪業者精心改良，目前發泡式及陶瓷刷輪也在電路板應用領域嶄露頭角，這也應該做適度探討。因此首先應該要理解的是，在何種製程需要何種水準刷磨，如此才能較容易進行適切刷輪選擇。圖 5-14 所示，爲典型的陶瓷刷輪。

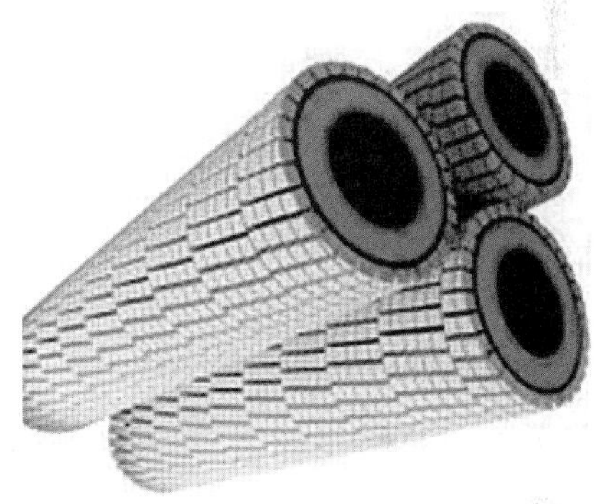

▲ 圖 5-14　典型高切削量陶瓷刷輪

5-6 填孔刷磨的討論

有關電路板填孔刷磨實際作業概念，筆者依據經驗提出以下程序方法討論，供業者參考。目前許多高密度電路板產品會要求做通孔填孔作業，尤其是需要在孔上堆疊孔的電路板結構更是如此。而這些經過填孔的電路板都需要做表面平整化，因此有樹脂填孔刷磨製程出現。對於些只要填孔保持通孔不暢通的作法，我們並不會在此做討論。在 HDI 成爲電路板重要生產技術之際，填孔刷磨是電路板業者必需具有的基本技術之一，以下是生產作業時筆者建議的作業方法與操作注意事項。

1. 印刷面次化：

因爲多數油墨填孔技術會由單邊向另外一邊施壓印刷，利用壓力差將油墨由單邊向另一邊推擠。爲了要保證填充完整性，作業必然會讓填充量凸出板面一個距離。控制電路板面次與填充凸出量，尤其是在印刷後烘烤過程如何保持凸出方向一致性，這對後續製程順利進行相當重要。

印刷時作業必然會控制印刷面次，但烘烤有些人爲了要讓兩面看起來較薄，沒有單邊特別凸出現象，將較突出的一面放在上方做烘烤，這可讓突出面向較不突出面垂流。但這樣處理可能反而不利於刷磨順利執行，這在後續內容會作說明。筆者建議的作法還是應該保持原有面次向上做烘烤，凸出部分直接向下讓油墨單邊凸出而不是隨機或兩面都凸出。

2. 分段烘烤的問題：

一般填孔油墨在完全聚合後硬度都不低，如果要在油墨完全烘烤完畢後再做刷磨，則不但耗時費力且負擔沈重，可能必需用重刷壓或多次刷磨，這種作業只會讓板面品質更不穩定。因此有人考慮控制烘烤程度，以兩段烘烤、一段微蝕消銅、兩段刷磨的方式做油墨填孔生產。這方面的影響檢討如下：

- 若油墨印刷凸出不多品質要求也不嚴，可用一次刷磨生產
- 若油墨最終硬度太高，又想要調整面銅厚度，考慮兩次刷磨是不錯的選擇。因爲可降低刷磨刷壓、提升板面平整性、可消銅降低厚度有助於細線製作。但需要兩次作業，仍是較不被業者期待的作法。

3. 刷壓調整、刷輪材質與面次的問題：

一般多刷輪結構的刷磨設備配置，多採用四刷或八刷模式，可用通過一次或兩次來完成整個刷磨。至於刷輪材質，目前較常用的是發泡刷、陶瓷刷兩種，積層刷則採用者較少。多數廠商爲了刷磨效率與成本考量，會採取一支或兩支陶瓷刷混用，其後續刷輪則採用逐漸細緻的發泡刷生產。刷壓部分，各家作業並不一致，有些公司從頭到尾的刷壓都採用一致作法，但也有部分公司採取逐漸加壓作業。

4. 噴水控制及殘屑排除：

目前多數刷磨設備都會搭配恰當噴水設計，這樣可以達到潤滑與冷卻作用。但如果保養不當，設備噴嘴容易堵塞或噴流方向不當影響品質。另外研磨材料會從刷輪上掉落，工程師應注意如何排除這些掉落物的影響，如果殘渣掉落到板面再度被刷輪碾過，會產生嚴重刷傷問題。考慮這類問題，業者在採用刷輪時也要注意，如果所選刷輪產生的殘屑很容易成捲，則會有較大殘留風險，若發生捲屑受刷輪加壓抹過，就會產生業者所稱的雲狀斑 (一種片狀亮面，嚴重者會產生漏底材刷磨缺點)，這是一種典型刷傷現象。

基於以上這些討論，筆者建議填孔刷磨作法，應該要從樹脂印刷面開始考慮。印刷烘烤，筆者建議要能保持電路板單面凸出狀態，同時第一支刷輪也建議採用陶瓷刷 (第一對可能會更好)。這種考慮的主要因素，是因應刷磨設備本身的結構而作。因爲刷磨設備的機構多數是固定的，基本方式都是採用背輪支撐刷磨輪研磨的模式進行。這種狀況，如果兩面都不平整，會讓刷磨作業產生隨機性受力不均，如圖 5-15 所示。

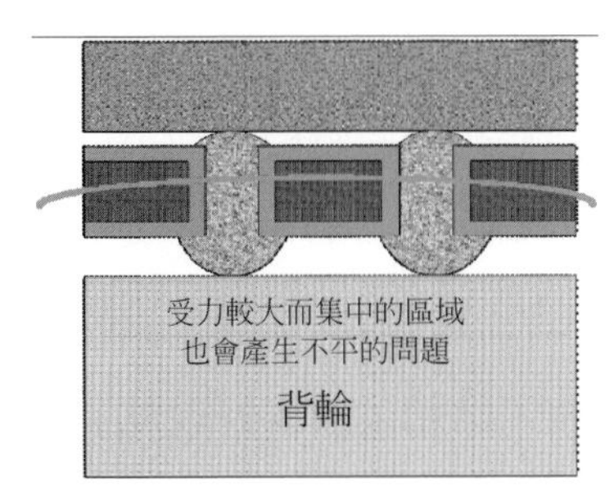

▲ 圖 5-15　電路板兩面不平整會讓刷磨產生隨機性受力不均

當受力不均發生，板面銅很容易受到傷害，產生 Dish down 問題。筆者才會建議凸出面要保持在單面，並在刷磨時優先將凸出面作第一刷磨面，這樣可先將大量凸出樹脂削減，也才有機會降低不平整的反作用力影響，進而逐步達成平整化目的。同時因為電路板凸出有面次化，第一個背輪支撐的面會較平整，這樣就不會產生嚴重壓力不均問題。目前較知名的刷磨機廠商，其背輪設計多採用陶瓷塗裝製作，但其第一支背輪卻常用軟性材料作表面處理，目的就是希望降低板面不平整產生的影響。第一支或第一對刷輪採用陶瓷刷，主要目的是為了快速剷平凸出表面，這方面業者可自行考慮產品需求與必要性。

但之後的刷輪筆者還是建議採用發泡刷輪，因為電路板終究不是處在完全平整的狀態，如果繼續用陶瓷刷就會得不到緩衝貼附的特性，這對電路板表面的樹脂切削均勻性不利。另外陶瓷刷的消耗快單價也高，如果能適度搭配發泡刷，不論對品質或成本都有好處。在刷壓方面，應該採用先輕後重，當然刷輪粗度也應該採用先粗後細配置。完全採用同種刷壓或全線陶瓷刷輪都不是筆者建議的作法。刷磨設備內部機構，應該採用可排除飛濺毛屑設計，這樣可免除電路板受到回沾刷傷。

分次刷磨，如果第一次刷磨後就做消銅與第二次刷磨，緊接著才做油墨完全聚合，這種處理樹脂中心會產生輕重不一的凹陷，因為樹脂烘烤聚合必然會有收縮。因此如果能採用先刷磨接著做全聚合與削銅，最後才做第二段刷磨處理，這時因為油墨已完全聚合不會再大量凹陷，經過刷磨的平面就較平整。圖 5-16 所示，為良好填孔與刷磨處理的埋孔。

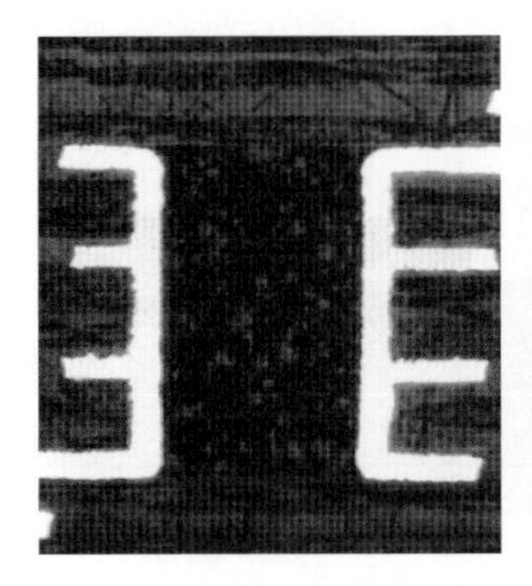

▲ 圖 5-16　良好填孔與刷磨處理的埋孔

除了一般 HDI 的產品外，目前高層電路板也有刷磨應用，筆者建議業者也可遵循這些想法思考，進行製程與設備調整及修正，這樣較有機會將板面油墨清理乾淨並得到恰當刷磨平整度。

金手指電鍍

如果金手指要在鍍鎳金前做輕量拋光，可用不織布研磨材料處理，這樣可將任何氧化或殘留物清除，而可確保鎳金與銅金屬能適當結合強度。因爲金手指功能對電路板介面卡產品相當關鍵，表面狀態應該要均勻且沒有任何隨機性異常狀況。這個製程可嘗試採用 # 600 研磨材處理，這類刷輪可提供較緩和的拋除能力，同時可讓最終金屬處理結合力穩定。這類刷磨材料設計是爲低度切削而做，同時不會去除過多材料或損傷電路板，對於電鍍前處理相當適合。

5-7 何謂好的刷磨？

在討論刷輪研磨時，多數人直接討論的是刷輪粗細程度 Mesh，但這不是刷磨品質唯一決定因素。好的刷磨必須具備良好穩定性、持續性、單價低、容易作業等特性。所謂穩定性就是一片電路板經過研磨後表面非常的均勻平整，而持續性就是研磨後片與片間表面均勻性必須變異小。

從量產工廠角度看，一支刷輪從安裝到消耗完畢，讓電路板表面的平整狀態沒有異常變化十分重要，只有選擇這種穩定持續性良好的製程才能算好刷磨。至於材料單價及作業性，因爲刷輪研磨載體是較厚重的布材或發泡材，因此使用時間較長不需要時常更換，在整體作業成本方面會比砂帶研磨略有優勢。但在刷輪與刷輪間的差異，就必須因應用不同做不同比較。刷輪操作的方便性，如果刷磨量需求高則採用刷輪作業也有利於作業簡化，因爲這種方式可減少研磨材料更換頻率與時間。

爲了保持刷磨穩定性及持續性，維持刷輪本身表面狀態十分重要，這又與刷輪設計製造形成的物理性質有關。至於使用後所產生的外型變化要如何以操作參數調節，也應該要做適度瞭解。一般不織布式刷輪因爲本身具有彈性，所以較適合用於電路板製造。業者依據其製作方式不同，而有所謂放射、積層、捲曲式刷輪，在切削密度較高的應用，又以放射與積層式刷輪使用較多。圖 5-17 所示，爲兩種刷輪製作法略圖。

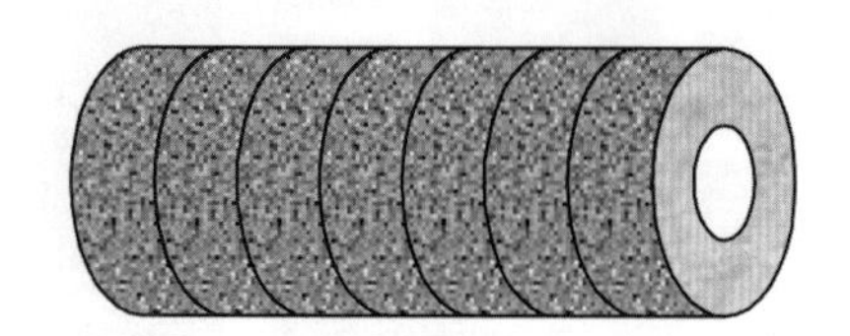

▲ 圖 5-17　放射與積層刷輪

放射型刷輪不織布密度會因爲刷輪摩耗而產生變化，愈小的刷輪直徑材料密度愈高。又由於此類型刷輪是以接著劑固定成形，接近中心就較容易缺乏柔軟性而容易有跳動危險，使用時只能用外圈較柔軟部分，這樣的使用壽命相對較短，要完全消弭這種現象有一定困難。基層式刷輪設計較不會因爲消耗導致不織布間距離、密度產生變化。但這種設計在基層間還是會有研磨材缺少、研磨密度不足的可能性，而要改善這種問題發泡式積層材料或整體發泡法就較有機會改善。善用這些刷輪特性與理解加工持續性的重要，可讓工程師更知道要如何執行刷磨作業。

5-8 刷輪表面的變化

刷輪的主用途是要整平基板表面，既然刷磨過程中基板表面會起變化，刷輪表面當然也會有變化。經過長時間使用，刷輪會因爲表面磨耗而有細小絨毛覆蓋其上，這些小絨毛不具有研磨力，卻會阻擋研磨材料研磨功能。作業者都希望小絨毛會隨刷磨過程與研磨材一起脫落，但實際作業時脫落狀況不會均勻。因此若要期待不織布刷輪有穩定持續品質，尤其是在大負荷刷磨作業會有困難。因此適度改變支撐不織布的材質或直接用發泡材料做刷輪，才是維持穩定持續刷磨品質的第一步。

除了刷輪表面絨毛產生外，另一個刷輪操作最容易發生的問題就是所謂的“狗骨頭”現象，意思是指刷輪兩端消耗較少而中間消耗較多所形成的刷輪形狀 (其產生的刷痕也會有類似形狀)。要改善這種現象有兩個部分應該討論：

其一是延後狗骨頭發生的時間，這方面較簡單的方法是在載入電路板時可採用所謂的“亂列”法，這可以平均消耗刷輪左右邊研磨材料，讓狗骨頭現象延後發生。其二則是在現象發生時採取適當整刷作業，可利用整刷板做刷輪平整化，這樣可將劣化刷輪作適當形狀回復。對於刷輪的刷磨品質控制，刷磨機作業指標是以所謂刷痕試驗來驗證。其作業方式就是將測試板傳送到刷輪位置，但在傳動過程中並不做刷磨。當測試板到達要測試位置時則停止傳動，此時做刷輪瞬間快轉後就停止刷磨，將電路板傳送到下一支刷輪重複測試。

筆者建議一片測試板只做一對刷輪測試，以免混淆刷輪表現狀況。適當刷壓加上良好刷輪表面，應該可獲得良好刷磨面。一般對刷痕測試表現，如圖 5-18 所示的狀態。不同狀態不但提醒作業者刷輪的消耗狀況，同時也代表著刷輪安裝或設備狀況好壞。

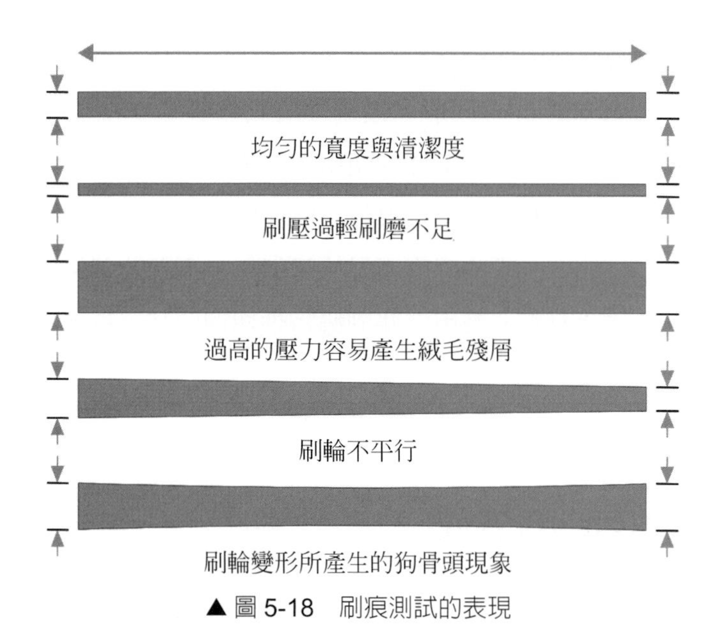

▲ 圖 5-18　刷痕測試的表現

5-9 刷磨的品質研討

電路板刷磨的品質究竟要達到什麼樣的水準才叫好，其實業界會有相當不同的看法，但大家應該會有一個共同不變的規則，就是刷磨處理狀況要能符合廠內後續製程作業需求。各家業者的不同刷磨製程配置想法都有差異，如：某些使用者會在刷磨後加入微蝕製程，這種做法對刷磨表面氧化物去除率就可以要求寬鬆一點。由此觀之，刷磨本身也不是獨立的議題，仍然必須搭配其前後使用的處理做研討。因此我們在此討論的刷磨議題，必需界定研討範圍是限定在刷磨本身，至於與其他做法搭配就必須使用者個別做研討。

一般人將研磨面光滑平整作爲刷磨指標，這種期待似乎與實際理想刷磨目標有落差。其實光滑不是刷磨本意，尤其是如果電路板有氧化物殘留，光滑不但無助於製程進行，氧化物去除不全更可能造成結合不良等問題。刷磨較恰當的目測指標，應該以水破實驗 (Water Break Test) 爲指標。一般水破實驗標準，是將刷磨或其它前處理完成的電路板浸泡到水中，之後當電路板平放靜置觀察水膜破裂時間，能持續的時間愈長愈好，一般業者作業標準會設定在 45 秒以上。當然學理上有人希望用 Ra、Rz 等物理指標作參考依據，但這種作法到目前爲止還比較適合用於研究，對現場生產管制幫助不大。需要瞭解較細的解釋可參考筆者拙作“電路板影像轉移技術應用”。

如前文所述，如果刷輪本身產生細微絨毛，容易在電路板面產生摩擦卻未研磨的現象，這種作業很容易產生光滑表面。如果加上某些設備維護變異而造成噴水不良，則電路板表面還可能因刷輪膠材融熔產生表面輕微燒焦。由此觀之，表面光滑實在不能作爲刷磨品質指標 (線路拋光處理不在此限)，同時要獲得良好刷磨面，恰當刷磨噴水也十分重要。

另外一個刷磨常討論的議題是刮痕 (Scratch) 缺點，這類缺點在日常刷磨中應該常看到。觀看刷磨後基板表面，用肉眼即可鮮明確認研磨的痕跡。通常一般刷磨深度約 3-5um，但異常刮痕則有深至約 15um 的可能性。探討這種問題，首先應該注意的就是刷輪滾軸有無震動，因爲若有轉軸過度震動，則不論安裝何種刷輪都會有某種程度的異常刮痕。除此之外，業者也應該關心另一個刷輪特質，就是刷輪柔軟度會有減低滾軸震動影響的好處，這方面如果使用有彈性的發泡刷輪，會有較佳的表現，可以減少衝擊力量。刷輪粗細是用 Mesh(＃) 表現，其參考的研磨材平均粗度如表 5-1 所示。研磨材平均尺寸規格依據 CAMI(USA) 規格訂定，但因爲顆粒管理都是以粒徑分布表達，因此研磨材也是用平均粒徑表示。其實從巨觀眼光看，＃ 600、＃ 320 與＃ 1000 的粒徑都相近，但以研磨技術看，則還必須考慮加工件的材質，如：鋼鐵、木工、銅材等材質特性不同，就應該要適當變動研磨材料。

▼ 表 5-1　刷輪研磨材粗度參考值

刷輪粒度值	平均徑 (um)
320	57.2
600	28.5
1000	16.2

電路板的基本金屬材質是銅，所以刷磨是在加工非常柔軟的金屬，應該不需要粗顆粒研磨粒子。若刷輪製作時採用的研磨粒含有較粗顆粒，就可能產生較深刮痕。表 5-2 所示爲一般常見刷輪用的研磨材特性。

▼ 表 5-2　研磨材 (顆粒) 的特性

	酸化鋁 (Aluminum Oxide)	碳化矽素 (Silicon Carbide)
化學商品分類	無機粉末	Fine Ceramics
別名	鋁	碳化矽素
化學式	Al_2O_3	SiC
結晶	無色六方晶系	青黑色三角柱
比重	3.99	3.25
硬度	9.0	9.5
形狀略圖		

除了粗粒刮痕外，在刷磨機機構方面會在刷輪對稱位置提供支撐結構，就是所謂背輪(Back Up Roller)。如果有硬物不當殘屑掉落在背輪上，而造成傳送過程刮傷，這也是不當刮傷來源之一。刷磨是一種工件與刷輪同時磨耗的作業，作業中會有刷輪殘渣產生的必然現象，理想殘屑應該是小而輕的。但如果是不織布材料，在刷磨時又產生捲狀毛絨物質，若不能快速被供給水帶走，也會產生機械擠壓所產生的異常刮痕。

因此各家磨輪產品殘屑產生狀況與細緻度，也應該是選擇刷輪的考慮要件之一。如果在刷磨通孔類產品時殘屑會堵塞通孔，這也會發生產品的品質問題，這方面除了要加強設備的清洗能力外，殘屑的生成狀態與處理能力也應該是重要設備指標。

5-10 噴砂 (浮石 (Pumice)、氧化鋁、石英砂) 粗化處理

浮石 (Pumice)

因爲翻譯及業者使用習慣，本段所用的名詞常容易產生混淆。依據採用不同研磨材料及製程，不同切削參數必須控制，而不同表面現象也會產生。這些處理製程主要的模式，是採用鬆散顆粒懸浮在液體中，與鑲嵌在刷輪上的磨材做比對。浮石 (Pumice) 這個名詞常被當作切削材料代稱，尤其在英文類資料中特別明顯。浮石是一種矽複合物，具有多種組成與結構，主要看原始礦源而定。最常用來製作的材料，是由義大利拿坡里島海岸取得。浮石原料挖掘後加熱重結晶，產生較硬的顆粒，不同地區有不同的礦源，但處理方式大致相類似，一般平均顆粒尺寸約爲 60um 直徑。偶爾這些製品會與抗氧化劑混用，產出銅面就會光鮮亮麗。

浮石是先以手動操作旋轉研磨，用於電路板銅面處理，雖然有效但費工耗時又得不到大面積平整表面，因此必須發展自動化處理方法。自動化設備採用懸浮液噴流做行板片處理，電路板則以傳動系統推進。早期用於含浮石作業的機械，多數會因爲浮石磨損等因素而產生滲漏及噴壓不足問題，而管路與噴嘴磨損及零件消耗使設備快速崩解。目前這類問題因爲設計及製作材料改變而改善，多數設備用陶瓷噴嘴及軸封製作設備。至於高壓水洗(10-20 bar)，對殘顆粒去除十分重要。一般的液體內顆粒含量會保持在 15% 固含量左右，顆粒大小約 60μm。使用中浮石會有崩解變細現象，因此會使切削清理能力降低，必須添加新的顆粒。

這些懸浮液體可用量筒測量其固含量，一般做法是將液體靜置約半小時以上，之後做體積推估。如果顆粒含量偏低，人工添加浮石顆粒可將含量提高回應有水準。懸浮顆粒量

及尺寸控制一般都是間接的，會靠經驗定義出固定排放時間，在操作中不作調整。在操作一定期間 (如：一班) 或一定量 (如：1500 片) 後，液體就會直接重配更換。浮石的顆粒會逐漸產生水解，與水產生作用生成氫氧化鈉或氫氧化鉀，使得水質逐漸產生鹼性反應 pH 值增高。依據噴砂顆粒壽命狀況，多數材質對這類反應可忽略，但是如果這種反應呈現明顯變化，則適度用硫酸將 pH 值調整到 5 至 7 是建議作法。

浮石噴砂機與刷磨機在設計及對銅面影響是不同的，電路板經過含量約 15% 噴砂液體時，一般是由底部噴嘴噴流到板面，一次處理一面的方式進行。這種設備沒有刷輪在其中，因此並沒有大量切削銅的能力，噴砂顆粒只有類似鐵鎚敲擊作用而已。因此銅面污物最好在噴砂前就去除，以免污物存留在銅凹陷底部或邊緣。多數噴砂機製作者會建議使用較軟質噴砂顆粒，以免過度傷害磨損機械。在噴砂處理後需要用大量高壓水洗，以確認去除砂粒及雜物，同時適度控制含砂量、顆粒尺寸及分佈等也都是必須注意的事項。

氧化鋁

類似於浮石噴砂系統，也有人用氧化鋁粉作處理介質。義大利機械公司提供了改良式噴砂系統同時也做了研究，發現測試結果採用刷輪式以氧化鋁爲研磨材設計，銅面處理效果比浮石噴砂好。同時也發現數據呈現，噴砂對薄板產生的扭曲影響比刷磨還大，這方面相信對傳統浮石噴砂系統有參考價值。氧化鋁顆粒崩裂速度比浮石慢，在固含量測試也可以用類似方法做，其測試速度與時間會較快。氧化鋁使用壽命比傳統浮石要長得多，因此減少了停機保養時間及廢棄物排放量，但要注意的是顆粒會逐漸變成圓角外型。圖 5-19 所示，爲使用前後外型比較。

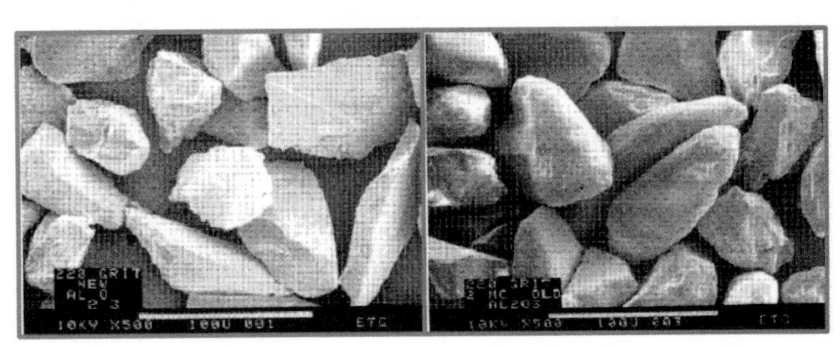

新鮮的顆粒　　*使用兩個月後的顆粒*

▲ 圖 5-19　氧化鋁顆粒使用前後的比較

圓弧化的結果使銅面處理狀態改變，會影響乾膜結合力，因此氧化鋁更換頻率控制十分重要。部分業者以氧化鋁外型、使用時間與銅面粗度變化，以乾膜剝離爲粗度不足接著性不良指標做研究。由實驗證實在產能約 30 萬平方英呎的噴砂線，以每週取樣做所得結果，一個月測試產生的乾膜剝離情況與新配槽沒太大差異，但作業兩個月後的氧化鋁懸浮液就開始發現乾膜剝離逐漸增加。由表面粗度 Ra 值可發現，其實同一片經過處理的板面粗度會隨粗度計掃描方向有差異，使用一週、兩週、一個月後粗度也有統計差異。最重要的是在操作約兩個月，剝離數字明顯上升，這個現象可呈現出品質變化差異，也可作爲氧化鋁操作更換的指標。表 5-3 所示，爲氧化鋁噴砂處理的效果變化追蹤結果。

▼ 表 5-3　氧化鋁噴砂處理的效果變化追蹤結果

氧化鋁的使用時間	平均剝離量 (um)	平均 Ra (低水準)	平均 Ra(高水準)
新配置	5		
一週	< 5	0.132	0.214
一個月	< 5	0.144	0.200
兩個月	10	0.093	0.187

石英

這類材質較少使用，研究發現石英顆粒尺寸小於目前氧化鋁或浮石就可以獲得類似表面。這種小顆粒石英，不容易在孔中造成殘留。

5-11 小結

均勻穩定的板面是順利生產的關鍵，業者應該要採用較佳品質的研磨材以符合嚴格產品標準，這樣才能讓製程穩定且研磨材壽命也較長。爲了讓電路板研磨產出能最佳化，業者應該做表面處理性能測試，讓特定應用能選用到最佳研磨材。研磨材料應該要能產生清潔的孔，且可去除氧化而不會產生板面損傷。研磨材顆粒尺寸、研磨狀況、傳動速度、刷輪速度、設備刷壓等，這些變數都可依據製造需求調整。

另一個重要因素是，刷子或刷輪表面狀況對電路板表面的影響。只要製程用刷輪仍然安裝在設備上，電路板業者就該實際做刷輪狀況檢查並監控參數設定。這種概念應該成爲常態，設備商與耗材商也應該要具有同樣概念。電路板製造趨勢不斷朝向輕薄、細線走，設備與耗材廠商會針對這些清潔用研磨材料發展不斷努力。積層刷輪可產生細緻表面，也因爲採用較細緻研磨材而不會損傷細線路。

噴砂處理並沒有使用尼龍硬毛刷或不織布，這種清潔研磨處理可產生最佳表面狀況同時可用在細線與薄板產品。這些砂粒被噴灑到板面，而刷子則作爲載體功能。儘管這種製程相當髒亂，但它可適當將表面處理到適當狀態不會損傷電路板與線路。

成型及外型處理

6-1 前言

電路板製作是以最終產品單片或多片排版，之後在生產板外框留下邊料及必要輔助標記做量產，完成時必須將不需要的部分去除，同時做些後續組裝所需要的外觀及功能性處理。因此成型加工與外型處理，成爲電路板製造完成前的修整工序。電路板成型處理，最常用的方式就是沖壓與切割兩種。沖壓法較屬於薄板加工屬性，主要以沖模做切板。如果加工量夠大，且板邊略粗切割品質也可接受，用沖壓成型處理是不錯的選擇，所產出的成品尺寸穩定操作成本也低。但是因爲目前多數高階產品都對外型平整度要求較高，且多層板產品也因爲怕沖壓應力造成信賴度問題，都採用銑床 (Router) 做成型處理。

另一個考慮點則是產品需求量，目前電子產品生命週期都相當短，而沖壓模具製作時間長，不利於及時生產需求。至於製作成本高，則必須要大量生產數量分攤才划算，這些都是用沖壓技術成型的顧忌。在外型加工方面，則主要以修邊、導角、研磨、開折斷槽等爲主。因爲多層板及許多電子產品，爲求外觀平整度而捨棄了沖壓成型法。對泛用於電器產品的紙基材電路板成型，在本章也會作簡單陳述，細節的外型處理則會在下一章討論。至於一些構裝載板用的鋸床成型設備，因爲非一般性電路板製程而不列入。

6-2 沖型製程

沖型處理廣泛用於工業薄板加工，包括金屬薄板材料彎曲、變形、下料等用途，此處主要以電路板的下料切割外型爲主述對象做探討。

沖壓模具設計特性概述

要穿透電路板紙基材、FR-2、FR-3 等基材，沖床與適當輔助模具是可達成的，但模具設計若沒有注意將沖頭從材料中拉出所需的力道，就可能讓電路板沖型工作不順利。圖 6-1 所示，爲沖模與材料的關係。

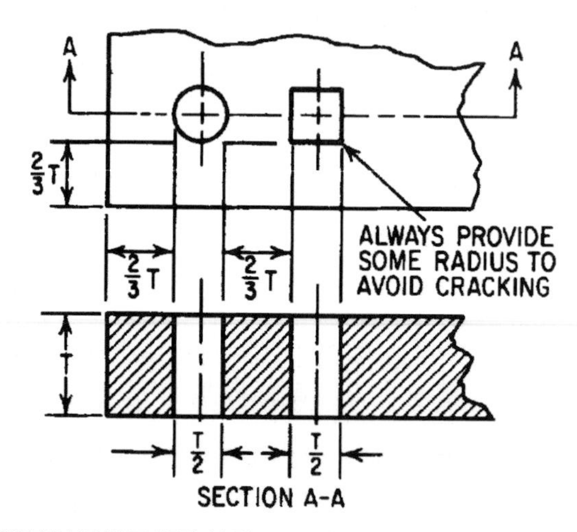

▲ 圖 6-1 加工紙基材用模具開孔的孔間尺寸、位置相互關係及與板邊尺寸關係 (允許最小尺寸，以基材厚度 T 的倍數表達)

由於這個理由，模具設計者應該要將加入夠多脫料彈簧，提供模具脫除材料壓力要列入考慮，當模具沒有充裕空間加入足夠彈簧，則可以另外採用油壓式設計來退料，這樣才能產出好的成品。彈簧應該要安裝完好，讓加工材料可均勻順利脫出。如果電路板材料沒有平順退出，則電路板上沖出的孔或洞周遭就會產生斷裂痕跡。模具退模機制若是在沖頭穿過材料瞬間就開始做脫料，這種方式製作出來的孔會有最好品質。

如果小尺寸沖孔發生過度斷裂問題，應該確認是發生在穿透時候還是退出時。如果定位扣件發生斷裂，則有相當大機會判定是因爲退料產生的問題。要改善這種問題，可在小於 1.5 英吋以下沖頭上用研磨法製作出一個小錐度，錐度距離不要超過要沖壓加工材料厚度。如果研磨沒有超出這些限制，對沖孔品質與尺寸應該不會有明顯影響。

沖頭斷裂有另外兩個主要因素是：對位或設計不良，對位不良的部分應該可經由近接檢查發現，至於設計不良常意味著用在產品需求工作的沖頭太小。

沖壓產生的紙基材收縮

當紙基材要做沖孔，要記得這些材料是具有彈性的，在沖壓後材料會有回彈現象，這會使實際沖壓出來的孔略小於沖頭設計尺寸，尺寸的差異會因為厚度不同而不同。表 6-1 呈現的是沖頭應該要調大的程度，遵循這些參考數值可讓產品沖孔後能進入公差值範圍內。列出的值並不適用於玻璃纖維環氧樹脂基材，因為這類材料壓縮量約只有紙基材三分之一而已。

▼ 表 6-1　紙基材沖孔直徑的收縮量

材料厚度 (In)	室溫下收縮量 (In)	高於 32℃以上收縮量 (In)
1/64	0.001	0.002
1/32	0.002	0.003
3/64	0.003	0.005
1/16	0.004	0.007
1/16	0.004	0.007
3/32	0.006	0.010
1/8	0.010	0.013

沖孔加工的公差

如果需要控制沖孔精準公差，沖頭與母模間配合度需要相當接近，用於沖壓紙基材的母模孔尺寸只能比沖頭放大約 0.002 ～ 0.004 in，可參考圖 6-2 與表 6-2 的資料。

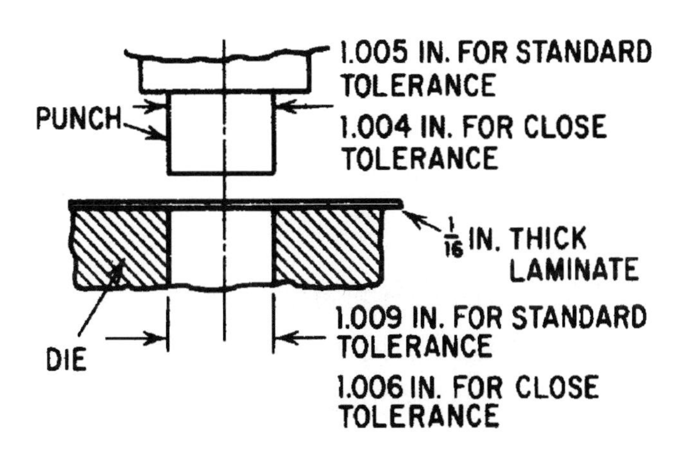

▲ 圖 6-2　沖頭與母模的正確設計尺寸範例 (來源：Printed Circuit Handbook Ver. 6)

▼ 表 6-2 紙基材沖孔或下料的公差 (來源：Printed Circuit Handbook Ver. 6)

材料厚度 In	基材	孔徑公差 In	孔與溝槽間的間距公差 (32°C)				下料整體尺寸公差
			接近 2 In	2 ～ 3In	3 ～ 4In	4 ～ 5In	
1/16 以內	紙基材	0.0015	0.003	0.004	0.005	0.006	0.003
1/16 ～ 2/32	紙基材	0.003	0.005	0.006	0.007	0.008	0.005
3/32 ～ 1/8	紙基材	0.005	0.006	0.007	0.008	0.009	0.008

玻璃纖維樹脂基材約需要一半公差，而模具架構則將沖頭與母模的間隙設計成約 0.010 In，這類應用主要是用在檢查標準允許孔壁品質略粗的產品上。間隙較寬鬆的模具比精密模具便宜，寬鬆沖頭 - 母模間隙與精密配合模具比較，前者相對較容易導致斷裂及具有較低機械剪切力。這會使沖出來的孔呈現漏斗狀，使零件插入較爲容易，在沖壓作業應該要一直保持銅面向上。不要將沖孔製程用在雙面製作線路的產品，可能會發生襯墊拉起現象。

孔位與尺寸控制

如果電路板孔位配置設計，是在接近板邊或相鄰孔、溝槽距離接近電路板材料厚度，就有可能發生沖孔破裂問題，實務上應該要儘量避免這種設計。但當孔間距離眞的需要較小時，只好嘗試採用最好的模具設計克服。使用設計較緊密的模具與脫料機構，同時讓脫料機構的壓力機制在沖頭開始進入材料前儘量壓緊材料。如果孔間距離太小，即使用很好的模具，其間材料還是可能會斷裂。如果孔間斷裂被認定爲問題所在，可嘗試調整製程在銅面還沒經過蝕刻前就做沖孔，保留下來的銅面可幫助降低斷裂發生率。多數環氧樹脂玻璃纖維基材是可用沖孔處理的，但孔壁品質可能無法滿足電鍍通孔所需要品質，因此不會用在電鍍孔處理而只會用在成型應用。

沖壓加工可讓紙基材升溫

如果將紙基材升溫到超過 32℃以上，可讓沖孔製程問題少許多。但不要將材料升到過高溫度，過高溫度會讓不容易產生碎片的材料無法成爲分離殘渣排出，過熱的材料經常會堵塞模具孔而產生不良品。在模具開孔位置做輕微錐度處理可降低堵塞機會，但最直接的方法還是在適當溫度下做沖型。環氧樹脂玻璃纖維基板，不會在沖孔或下料時做加熱。

沖床負荷能力

沖床尺寸與負荷能力，應該依據生產基板每次沖壓的負荷量決定，銅箔基板的供應商會提供使用材料的相關材料剪力強度資料。通常紙基材的剪力強度約爲 12,000 lb/in^2，而環氧樹脂玻璃纖維材料的剪力強度則約爲 20,000 lb/in^2。整個需要沖壓的材料周長乘以材料厚度，就等於沖壓模具剪力所要剪切的區域。採用沖床尺寸與負荷能力可用公制或英制表達，只要將單位換算一下就可用來設計模具。歐美遵循英制單位的國家，其技術資料有相當比例仍採用英制。例如：一組模具要沖壓約五十個通孔，每個孔直徑爲 0.1 英吋，要加工的材料厚度爲 0.062 英吋，則要用剪力沖壓的材料以平方英吋表達其計算如下：

$$50 \times 0.100\ \text{in} \times 3.1416 \times 0.062\ \text{in} = 0.974\ \text{in}^2$$

如果是紙基材並有 12,000 lb/in^2 的剪力強度，則需要約 11,688 磅或者約 6 公噸壓力，這是驅動模具沖頭通過基材的基本需求力量。如前文所述，如果模具上裝有脫料用彈簧，沖床也需要克服這些彈簧的彈力，這個力量應該最少要與剪力強度相當。因此，一台 12 公噸的沖床是可以考慮使用的最小規格，而採用 15 或 20 公噸沖床則是較安全的考慮。

6-3 成型處理

多數多層板製造商，目前都採用輪廓切型做成品分割處理，下料模具有高製作成本、製作費時、設計彈性小等特性，這些都限制了沖模必須要用在非常大量或特定需求產品上。至於剪切或鋸切都局限於矩形的產品輪廓，且一般都無法符合電路板應用所需精準度，因此除特定領域使用量不大。

在現代電路板產業，對客戶快速反應與合理價格是相當重要的競爭力，因此全球產業切割製程都走向銑床切割法做服務，特別是採用多軸電腦數位控制設計的設備。這類機械目前已經有相當多成熟設備商可供應。這類設備不只可用於最終電路板外型處理，也在多層板壓板製程後切外型應用，不同的是精度要求有差異。

6-4 銑刀的特性與類型

銑刀主要用途是以機械切削產生外型，與一般切斷刀具不同。由於設備進步與電腦科技輔助，目前對於立體零件也可用銑床做加工，因此也有人稱呼它是 3D 加工機。這類機械所用外型產生刀具，稱爲銑刀。傳統銑刀概分爲臥式銑刀與立式銑刀兩種，臥式銑刀主要是以開直槽與控制深度邊槽爲主用途，至於立式銑刀則以製作複雜外型爲主要用途。目前電路板成型用的銑刀，主要型式是立式銑刀。

銑刀特性描述

銑刀幾何形狀會隨用途不同而有各種設計，使用者必須依據各種刀具設計效用與功能性做適當選擇。首先我們就銑刀種類、製造方法、各部名稱、功能及檢驗方法作簡單的認識。

銑刀的種類

(1) 鑽石目型銑刀 (俗稱鳳梨刀)

是目前電路板外型切割最常用的銑刀種類，具有鑽石形切刃，重視切屑排出性，用以延長刀具壽命。刀前端會隨需要有不同設計，多數會有燕尾設計以便下刀時能切割材料穿透電路板。

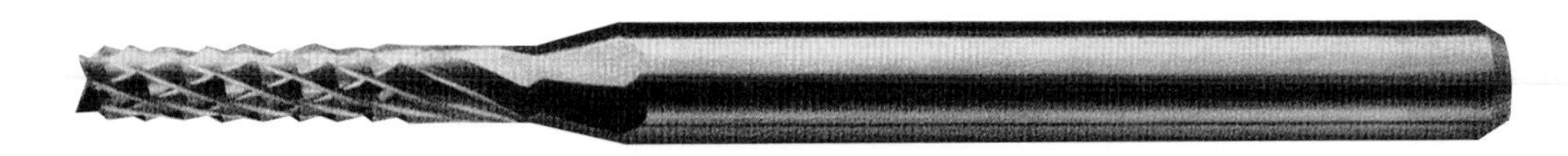

▲ 圖 6-3 鳳梨刀外型

(2) 附有斷屑槽螺旋刃銑刀

大多數爲右螺旋刀刃，具有螺旋狀切刃溝與斷屑細刃斷屑槽，是有渦旋溝槽形狀而具有良好排屑性的銑刀，特別適用於紙基板及 CEM-3。成型除了要做電路板外型外，對於零件組裝所需要形狀，也必須有加工能力，其中尤其是特殊容易起毛的材料，更必須要有側面刀刃才能切割平整。如：部分廠商使用如 Thermount 的不織布材料，這是不容易用一般鳳梨刀切割的材料，此時就有必要選擇不同刀具。

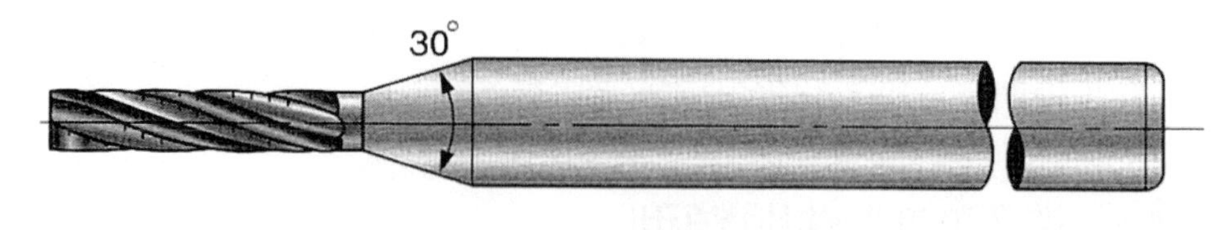

▲ 圖 6-4 附斷屑槽螺旋銑刀

(3) 二刃型細長刀刃 (Slitting) 銑刀

較適用於 PCB 端子部的切槽加工，在產品要求高精度時不錯的刀型，有右螺旋及左螺旋兩種，可依加工機械種類及精度要求程度選用。

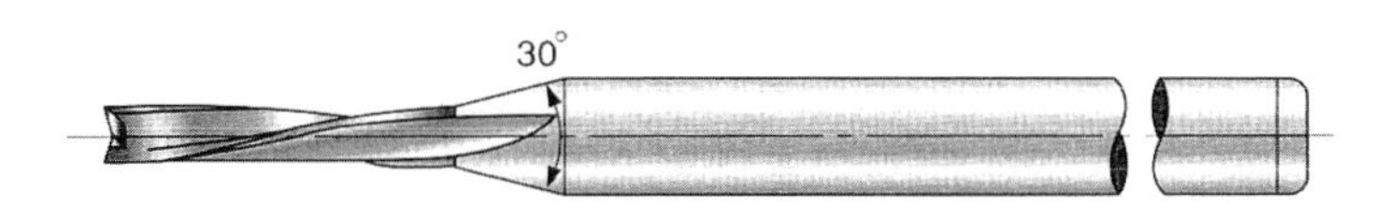

▲ 圖 6-5　二刃型細長刀刃銑刀

(4) 有斷屑槽的 3 片直形刃銑刀

3 片直形刃銑刀，在切刃開有斷屑槽，能讓切屑屑變得比較細，一般應用於環氧玻璃基材、銅、鋁等及其他非金屬基底的基材外形加工。圖 6-6 爲斷屑槽的 3 片直形刃銑刀。

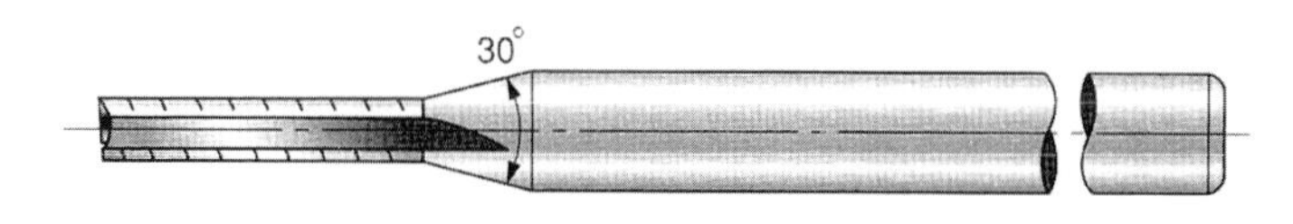

▲ 圖 6-6　斷屑槽的 3 片直形刃銑刀

(5) 單刃型銑刀

右螺旋的渦旋單刃銑刀，具有大容屑槽，適合鐵氟龍板、撓性板等柔性材料銑切加工。圖 6-7 所示爲單刃型銑刀。這類刀具也被用在膠片壓合前的切型，可在不開刀模狀況下製作樣品。

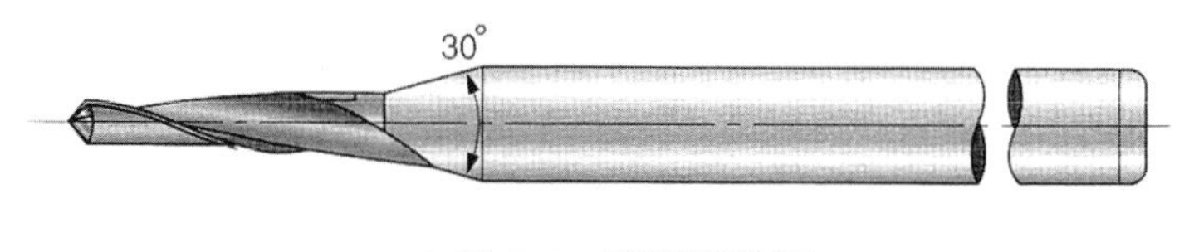

▲ 圖 6-7　單刃型銑刀

右螺旋刃及左螺旋刃切削作用的不同

右螺旋刃的右渦旋拉力，能把切屑沿溝往上排出，會將板子向上拉，通常應用在 CNC 成型機。這種加工模式對封閉式開槽加工較有利，因爲排屑沒有問題，但必須是加工機本身有壓力腳設計才可執行，否則會有切割區變形危險。至於左螺旋刃則是把切屑上往下壓，切屑由下方排出並會將板子往下壓，這種模式對切邊及開放空間應用較適合，同時沒有板面拉起問題。

銑刀的尖端形狀

魚尾型 (FT 型)

最常用的成型銑刀，有類似魚尾形尖端，通常稱爲魚尾型銑刀，用於一般成型加工使用。因爲下刀時能將材料切割推擠，因此在啓始切削沒有問題，可以直接做由上而下的切削工作。圖 6-8 所示，爲 FT 尾型的銑刀。

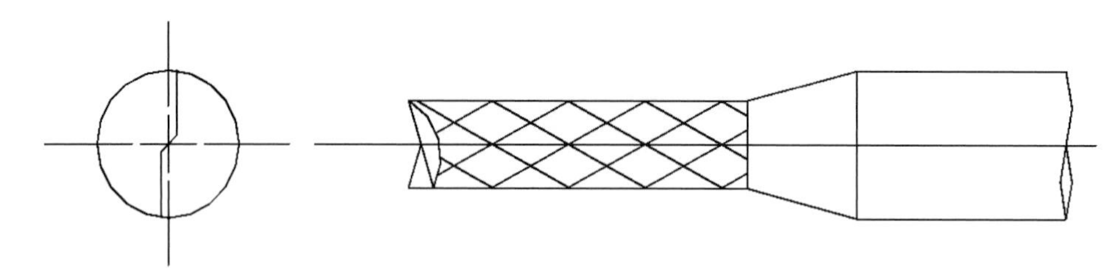

▲圖 6-8　FT 尾型的銑刀

鑽頭鑽尖型 (DP 型)

DP 型的設計在推力方向能有減低切削阻抗的作用，多數用於需要同時有鑽孔功能的場合，但是因爲尖端形狀與一般鑽尖形狀稍有不同，在作鑽孔時，Z 軸方向進刀速度要作參數調整。圖 6-9 所示，爲 DP 尾型的銑刀。

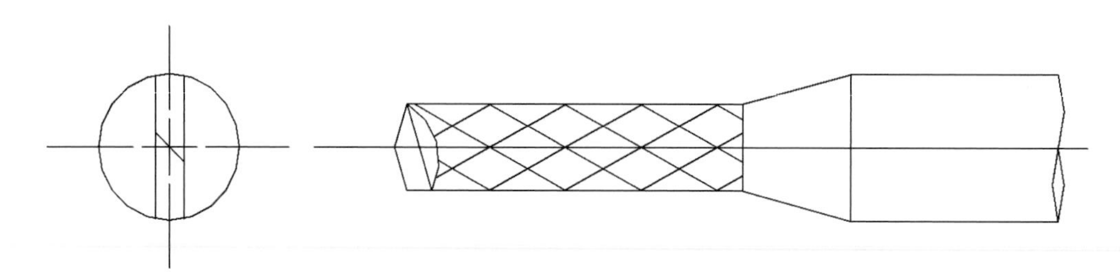

▲圖 6-9　DP 尾型的銑刀

平頭型 (SE 型)

SE 型尖端是平頭形狀，所以不能在 PC 板上做鑽孔，只能做側面切銑加工。對一些需要外型修整的電路板，這類切刀可適度應用，某些斜邊工作也有部分製造商此類刀具加工。圖 6-10 所示，爲 SE 尾型銑刀。

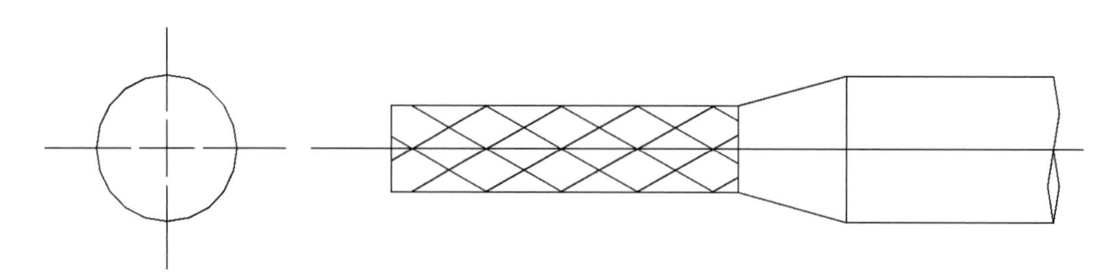

▲圖 6-10　SE 尾型的銑刀

一般銑刀製造程序與鑽針製作有類似工序，但在結構形狀的加工卻有不同考慮，另外由於用途多元化，研磨方式及量產都比較沒有標準化做法。各個製造商對自己的銑刀，除了使用材料大都是超硬碳化鎢材料外，其他加工方式就較有自己的變化。一般使用者若要選用產品，評估的基礎多數只能使用壽命及切割品質比較，這類驗法則比較不容易像鑽針有許多可取得參考規則。

6-5 銑刀各部名稱及功能說明

銑刀切削機構與鑽針不同，鑽針的主要受力方向是以 Z 軸及其切削扭矩爲主，推力會對稱分佈在軸心兩側。但銑刀所受的力除了垂直於 Z 軸切削扭矩及推力外，銑刀行進方向的彎曲阻力也是重要作用力。因爲銑刀承受的力來自多個方向，會受到銑刀轉速、行進方向、下刀速度、行進速度等因素左右而很難預測。

銑刀所承受的切削阻抗

一般銑刀加工承受力狀況示意如後圖：

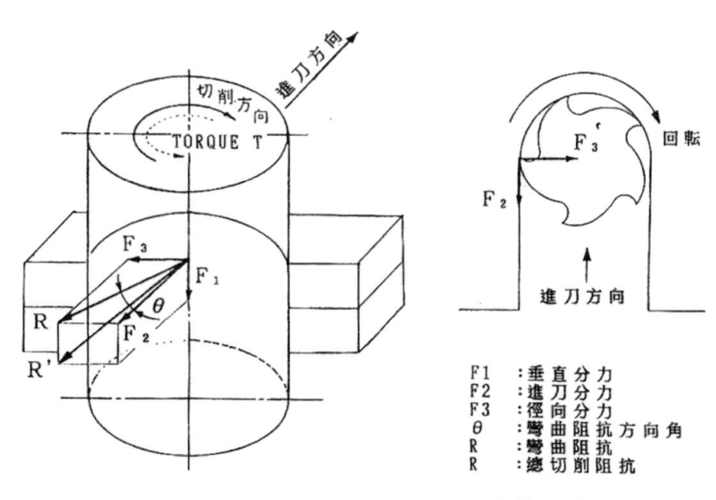

▲ 圖 6-11　一般銑刀的加工承受力狀況圖

切削扭矩：T

銑刀的切削阻抗，是作用在刀具回轉時的反方向，這種螺旋力切削作用稱爲扭矩(T-Torque)，刀徑愈大扭矩愈大。因此當不同直徑銑刀要做成型加工，其參數都必須作適度調整。

垂直分力：F1

一般右刃右螺旋銑刀施力方向是沿著 Z 軸方向作用，從板子表面參考點看，板子有往上舉起的力量。因此如果沒有固定壓板機構，電路板會因爲上舉力影響，使電路板上翹而讓成型尺寸精度變動，螺旋角愈大這個力就愈大影響也愈大。

進刀分力：F2

進刀分力 (F2) 就是與切削電路板產生的阻力，因爲機械旋轉採同一個方向，因此當銑刀向前行進阻力指向操作者方向，當銑刀向操作者方向行進時，阻力向操作者相反方向作用。

徑向分力：F3

徑向分力 (F3)，是在垂直於切削方向產生的作用，就是在垂直於工件表面方向上產生的作用。它是直接影響銑刀彎曲度的力，因此會影響加工面的表面粗度與尺寸精度。

典型銑刀各部的功能說明：

螺旋角：

外周切刃的垂直切削力可以分爲軸向分力及徑向分力。軸向分力能使切削向上或向下排出，徑向分力則在徑向產生推力負荷以對抗切削時的徑向阻力。當電路板厚度較薄時，若採用切屑向上排出的切刀，容易造成電路板本體變形，當產生上下震動就容易做出不平整切面，因此在切割薄板時螺旋角的影響，必須列入操作參數考量。圖 6-12 所示，爲旋轉角受力示意圖。

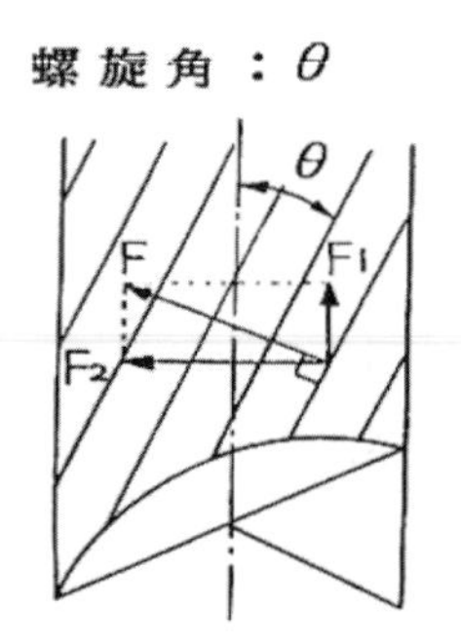

▲ 圖 6-12　旋轉角受力示意圖

溝深度：

溝深度決定容屑槽大小，大溝深度有較好排屑性，但就如鑽針一樣，排屑溝槽太深就代表中心材料殘留厚度愈薄，這種設計會影響銑刀強度及使用壽命。對直徑較大的切刀，剛性問題比較輕微，但如果是小直徑用於開槽切刀，這類問題就比較明顯，必須適度減低切削負荷，否則會影響切削準確度或是切刀斷裂。圖 6-13 所示，爲溝深度對銑切的影響。

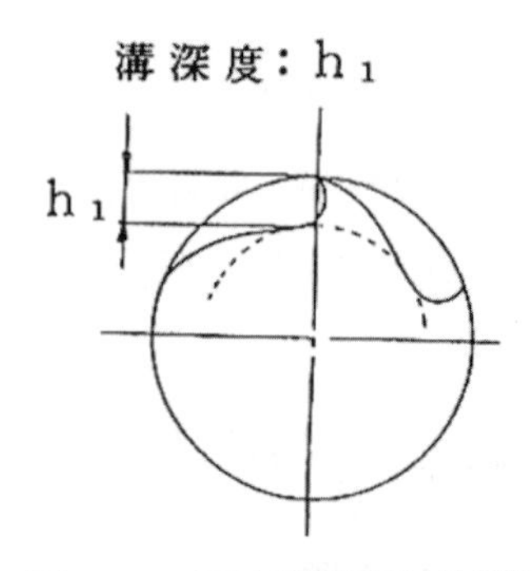

▲ 圖 6-13　深度對銑切的影響圖

斷屑槽角：

銑刀切刃切屑排出力量很大，易將電路板往上舉，不利於切削精度維持。爲了減少這個因素影響，而將刀型設計以斷屑槽外型製作，減小這個上舉力。這種刀刃設計對薄板切削較有利，可改善因上舉震動產生的切面問題。圖 6-14 所示，爲斷屑槽功能示意。

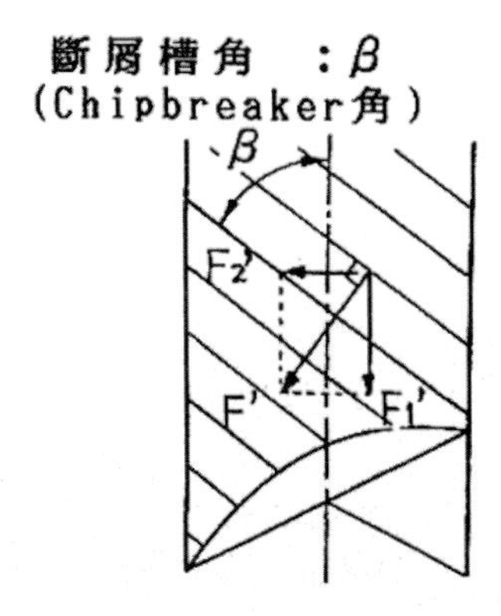

▲ 圖 6-14　斷屑槽的功能示意圖

斷屑槽深度：

斷屑槽深度能調整軸向分力大小，太深會減低刀具折損壽命，斷屑槽寬度能幫助減低外周切刃的切削抵抗，使切屑細粒化。但如果斷屑槽寬度太寬，使前刃與後刃隔太開，會使切削面產生橫紋。圖 6-15　所示爲斷屑槽深度的影響示意圖。

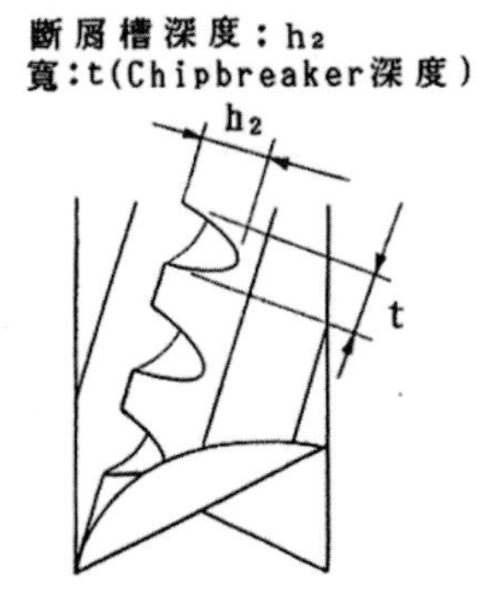

▲ 圖 6-15　斷屑槽深度的影響示意

刃長：

銑刀刃長，只要切削深度夠長就好，如果太長，則負載力一定時所承受的力矩 (Moment) 較大，對加工精度與耐折損壽命較有負面影響。這個概念與鑽針長度概念類似，當刀刃變長會因爲 Run Out 力使偏心量變大，因此只要保持足夠切割長度就夠了，這靠套環可做適度調整，但因爲銑刀屬於側向加工，實際較細刃長部分長度影響會比鑽針更大。

較細銑刀都會縮短長度，同時可加工厚度也會大幅降低，下刀深度最好洽爲穿透狀態不要過深，以免增加切割負荷。

前角：

前角大小對銑刀切削性有很大影響，前角大切削性好但刃部容易產生缺口，前角小缺口產生機會相對減低，但切削性就會變差。產生缺口的主因是前角大比較會磨損，當前角變小就較不會磨損。圖 6-16 所示，為前角的功能示意。

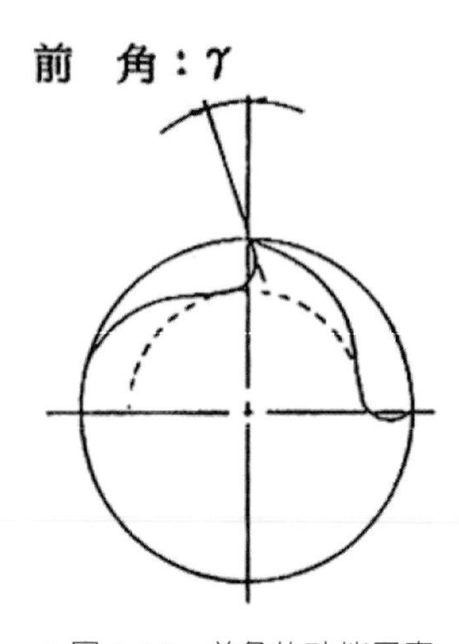

▲圖 6-16　前角的功能示意

外周後角：

外周後角大小，關係到切刃跟切削面間的接觸面積大小，後角大比較會缺損，後角小比較不會缺損但磨耗面較大。關於磨耗，外周後角大，其磨耗面較小而刃徑變化較大。外周後角小，其磨耗面較大而刃徑變化較小。圖 6-17 所示，為外周後角的功能示意。

外 周 後 角：αf

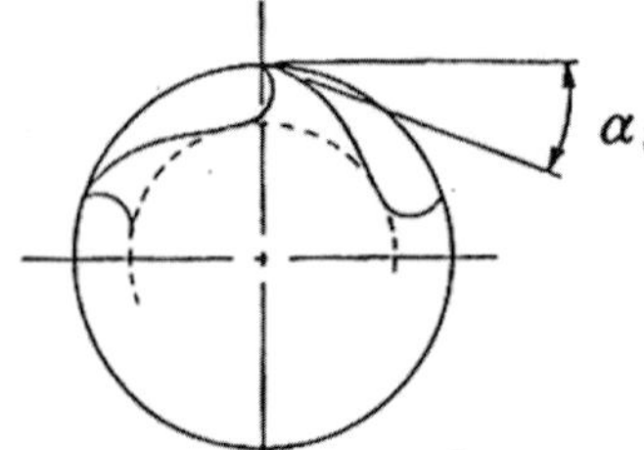

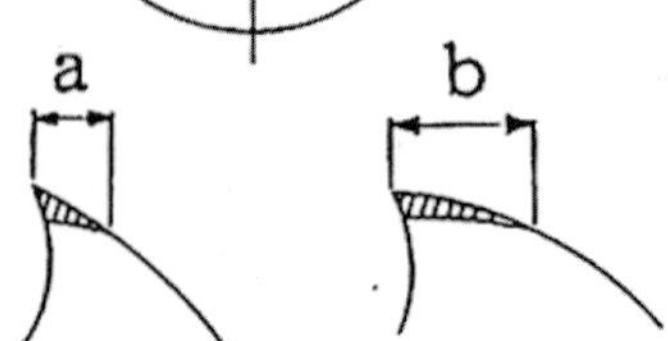

▲圖 6-17　外周後角的功能示意

6-6 銑刀的品管

銑刀外觀檢查與測量

直徑：

將銑刀置於 V 型置刀架上以顯微鏡做量測，將量測線對準最凸出的刀刃邊緣，之後將切刀旋轉 180° 並做量測線推移直到對準同一個刀刃，兩者間行進距離就是切刀外徑。量測位置參考方式，如圖 6-18 所示。

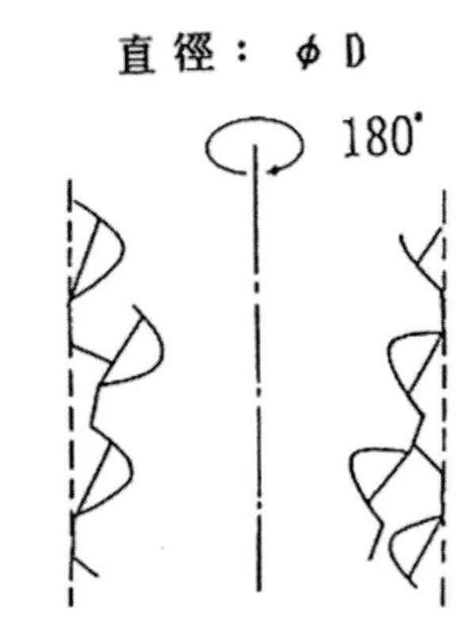

▲ 圖 6-18　銑刀直徑的量測方式

切刀全長與有效刃長：

可用工具顯微鏡做量測，有效刃長應該計算到尾端交叉點，頂端點則以切刃中心線與旋轉角交差點爲終點，這是比較合理的量測法。

螺旋角與斷屑槽角：

螺旋角 θ 爲中心線與切刃切線間夾角，斷屑槽角 β 則爲斷屑槽側邊連線與中心線間夾角，量測時必須注意分別左旋刃與右旋刃的差異。圖 6-19 所示爲螺旋角量測示意圖。

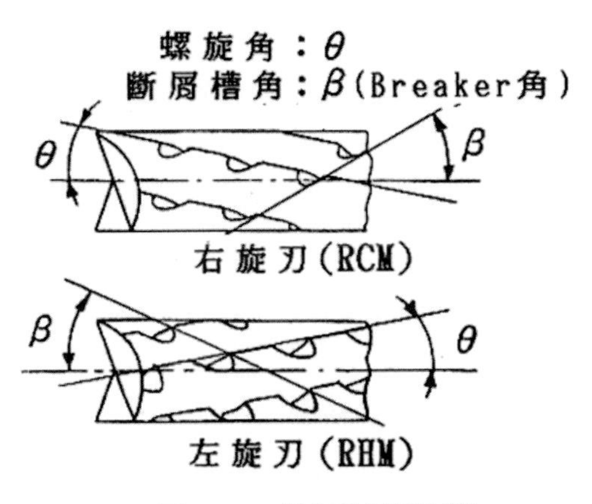

▲ 圖 6-19　螺旋角量測示意

魚尾角：(FT 型)

工具顯微鏡的量測線調整到與魚尾角切面重合，量取 α 角度，此 α 角的 2 倍即為魚尾角的角度。圖 6-20 所示為螺旋角量測試意圖。

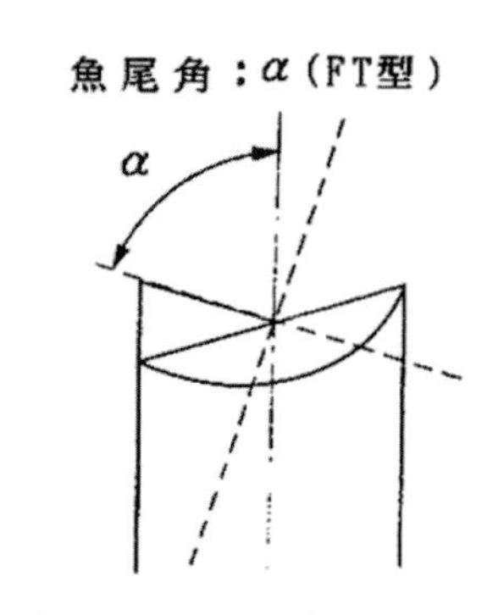

▲ 圖 6-20　魚尾角量測示意圖

銑刀的持取與操作

碳化鎢超硬合金是不耐衝擊脆性的，所以它的外周刃部，前端魚尾部等處在取攜時要特別保護，否則造成缺口會影響切削性，使切削性能減低、折損、排屑不好或產生焦黑等問題。尤其容易產生切刃沾膠問題，這會大大影響切削品質與切刀壽命。要避免相互間碰觸或他物碰觸，否則易造成刀刃損傷。多數銑刀目前都是以扁盒或方盒做包裝，持取最好不要一次取多支，容易發生碰撞，目前有自動化取鑽針設備可考慮引用於銑刀操作。銑刀在量測全長或直徑時，可用接觸式測量，但操作要格外小心。如果經濟允許，使用非接觸式量測會更理想。銑刀的刃數有奇數與偶數不同設計，偶數刃銑刀可用測微器或游標尺等測定器來測定，其讀值與實際值很接近，奇數刃銑刀則因對角線非對稱，用一般測微器或游標尺等測定器無法量出正確數值。

上環

銑刀上環深度若太長或太短，對銑刀切削品質會有很大影響，深度太短則底層板子會銑不到，深度太深則會影響排屑，排屑不良甚至會引燒焦或折斷。因此要得到高效率、高精度上環深度，可考慮用專用上環機及深度測量器，以符合穩定上環需求。

6-7 銑刀的材料 - 超硬合金

銑刀材料主要要求的性能是耐磨及耐折斷；PCB 是由銅皮、玻璃纖維、樹脂等材料複合而成，而銑刀切割電路板又是用乾式切割，因此必然會產生大量摩擦熱，因此要採用超硬耐溫合金製作，使其在高溫環境下仍能維持應有特性，這是材料選用與研發重要課題。這類合金概念，與鑽針材料概念大致類似，其中較重要的因子還是鈷含量控制與結晶粒度控制，這屬於冶金學領域，在鑽針材料使用已經有概略描述，在此不再重覆。

6-8 CNC 切型的應用

數位控制銑刀切型已經不僅是切割電路板輪廓，它還可用在多樣化外型作業。不僅在板廠內可製作產品，對後續構裝、零件組裝、焊接後的處理、特定測試也都用得上。對已經完成組裝作產品，作業應該要儘量避免手工操作，整個模組利用治具處理是較好的選擇。對特殊或不規則形狀產品，不論大小都可用類似托盤法作業。圖 6-21 所示，爲連片切割、多片切割、模組切割的範例。

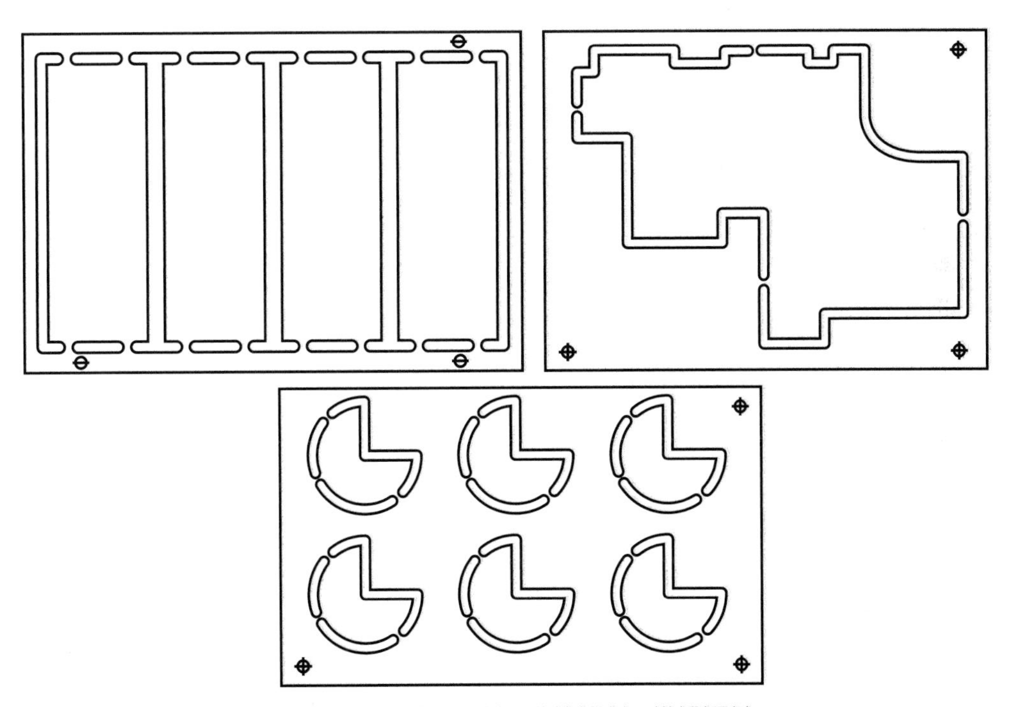

▲圖 6-21　連片切割、多片切割、模組切割

在圖 6-22 中，每一個單一產品都連接在框架上，以可折斷或是可移除的手指連結，它可以包含各種可允許的連片結構在板周邊出現。所有單一的電路板單元，可以用刻痕線處理讓連片容易折斷去除，這方面的作法可以大量的用在連片板的分割上。圖 XX 所示，爲連接手指或是折斷片連接到框架上的電路板結構。圖中呈現各種折斷結構的狀況，同時也呈現了刻痕線以方便去除連接片。

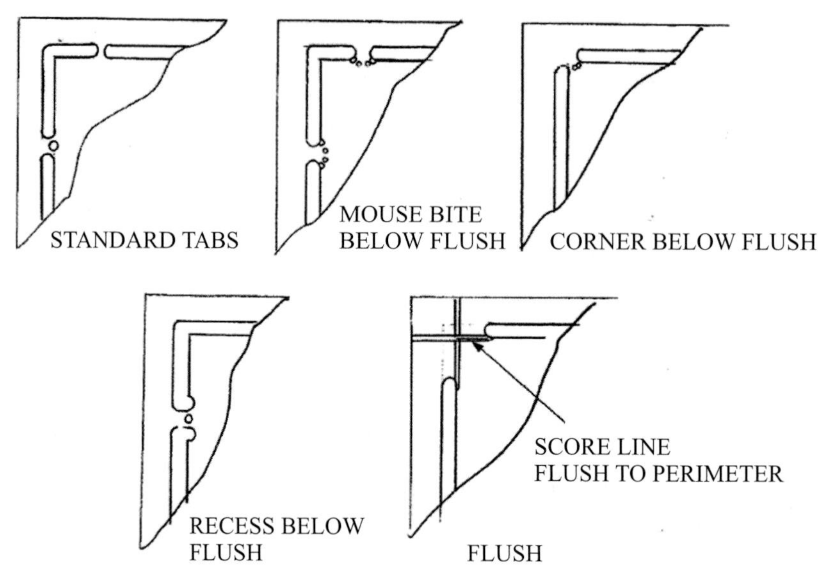

▲ 圖 6-22　產品單元以手指或是折斷片連接到框架上

除了多片板的切型應用，CNC 銑床也可以滿足各種電路板外型變化的製作需求，包括：

1. 板內局部區域的切除
2. 開槽
3. 深度控制製作凹槽
4. 電鍍用板邊狀態處理

使用 CNC 設計銑床，只要在發料生產前能做適度計畫，就可改善產品製造性與提升材料利用率，也有助於節約組裝與焊接成本。

電腦數位控制 (CNC) 作業

CNC 銑床設備有能力可精確、大量、經濟處理電路板，但需要能快速建構切割程式與設定才會有完整能力發揮。這種能力組合，可讓生產兼顧到大量作業與短期交貨兩者的需求。因為電路板數據檔案格式是普遍易得的，產品切割程式製作可縮短到以數分鐘計算，而安裝設定則仍約需要 10 分鐘，之後還要加上切削所有路徑及首片試作時間才算是整體耗用時間，要縮短這些時間必須設備商將人機介面簡化，同時讓具有完整訓練的人員來作業。

銑床切割包含多軸 (2 ～ 5)，作業軸轉速約為 6,000 ～ 80,000 RPM，目前已有更高轉速設備。銑刀切型路徑 (X-Y 平台運動而轉軸伸入與縮回) 是由程式控制，可允許以任何路徑行進到任何位置。將電路板固定到台面的方法，較喜歡以全板事前做工具孔之後做定位。儘管前製程可能有些參考點位置，但工具孔還是容易讓電路板位置達到應有精度。

目前對於較小而精緻的產品，為了能在組裝時做出應有精度，因此對產品公差都有較嚴謹要求。也因此加工過程必需大量使用固定插梢輔助定位，這種作業使得作業者耗費大量時間在更換料號操作，設備業者為降低時間負荷，設計出利用數位控制自動上插梢功能機，可以縮短作業時間。圖 6-23 所示，為具有自動上插梢的成型機。

▲ 圖 6-23　具有自動上插梢的成型機

6-9 銑刀成型加工的影響因素探討

一般對電路板銑切加工特性評估，會針對直接影響電路板切割品質的特性因素分項評估，圖 6-24 所示為一般電路板製作者在分析影響因子時比較會考慮的項目分析。

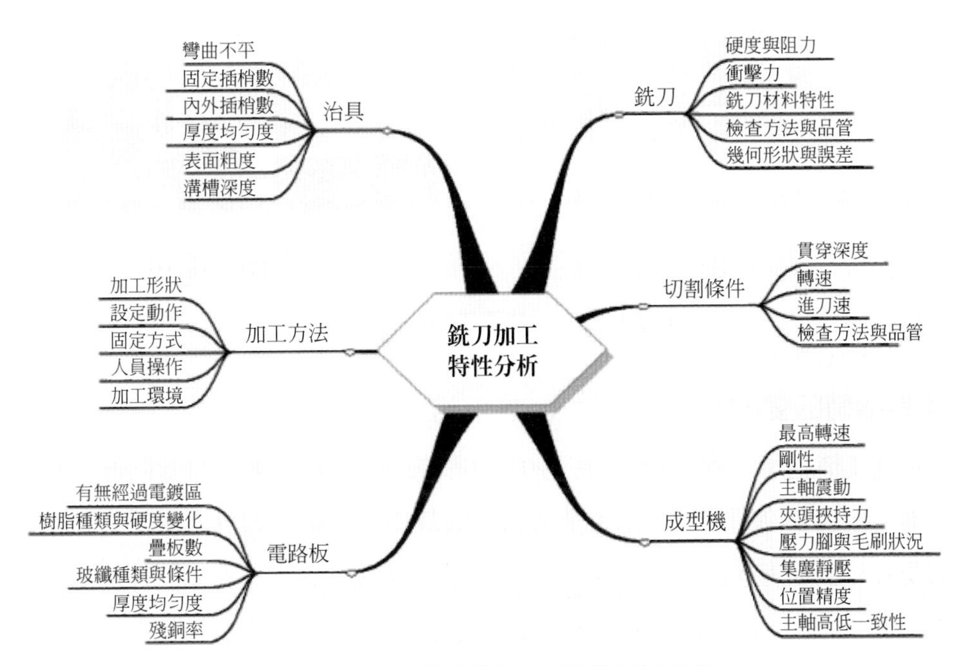

▲ 圖 6-24　一般電路板銑切技術要因分析

刃徑與電路板的重疊張數

銑刀在成型加工時，易受橫向負荷左右，對加工精度及重疊張數有很大影響。銑刀在切割過程承受彎曲和扭力矩，同一直徑銑刀，刃長 2L 與刃長 L 來比較，2L 所受應力是 L 的 2 倍。換言之，2 倍刃長銑刀的耐折損力是短刃者的一半。但在同樣直徑加工場合，最大加工效率是其有效刃長完全被使用的狀況，就是說要加工多厚基板其有效刃夠長就好，額外過長刀刃是沒必要的。保持可穿透最短刃長，是使用銑刀切割的重要原則。

上銑與下銑 (UP-CUT & DOWN CUT) 的作業模式

“上銑”加工法，銑刀切削電路板時，厚度方向是從材料內緣向外切，較能銑出滑順表面。″下銑”加工法，銑刀是從材料外緣向內切削，若切屑厚度大行程不順時，會逐漸形成連續衝擊而產生不平整表面。因此對電路板加工，選擇上銑或下銑作業模式，對板子切割加工品質有直接影響。圖 6-25 所示為上下銑的加工模式示意圖。切割電路板應該以可通過最大殘留材料的方法做較好，程式設計者必須針對這種方法做解析才能規劃出較好的切割程序。

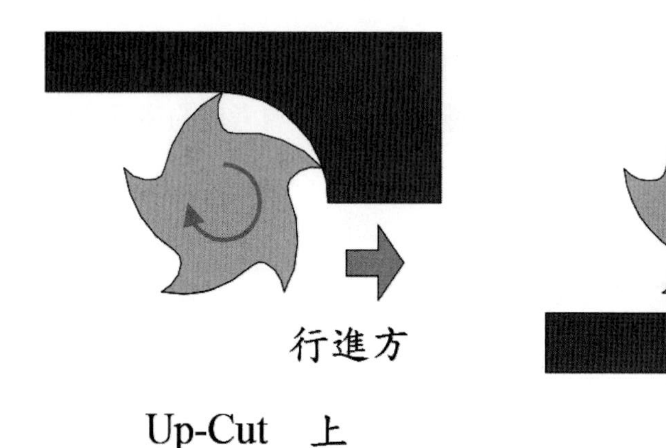

▲ 圖 6-25 上銑下銑的切割加工模式

銑切加工溝槽時的變形

銑刀在加工溝槽時，會因為銑刀行進中的形變產生偏移，要改善此狀況可降低進刀速度尋求改進，但如果進刀速度太低會造成刀刃磨耗提高，會使刀具壽命受到影響。因此要讓基板切割尺寸公差進入品質允收標準，由進刀速度試驗結果來選擇是有必要的。圖 6-26 所示為銑刀開槽溝時可能的偏斜變形狀況。銑刀加工時的尺寸精度，受切削條件影響很大，銑刀回轉數與進刀速度搭配良好，可讓加工精度進入所需要規格範圍內。

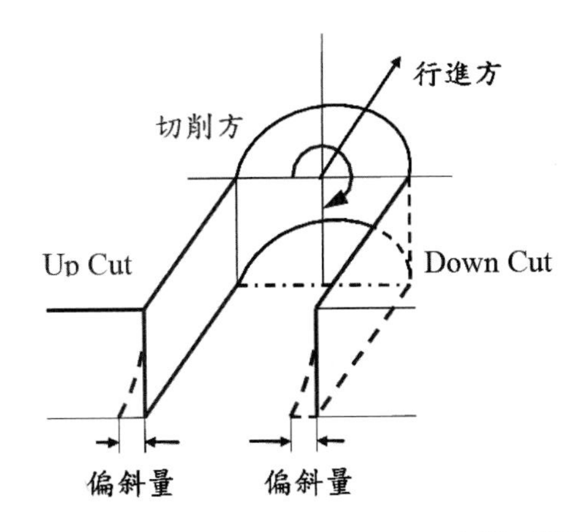

▲ 圖 6-26　銑刀開槽溝時可能的偏斜變形狀況

切刀偏移量

切刀必須遵循其中心線路徑前進，因此必須向期待的板邊緣外或內作一點偏移，這個偏移量相當於刀刃有效半徑。是基本的切刀半徑，同時它會隨切刀刀刃型式而變，這部分是在規劃切型時必須列入考慮的重要因素。因為切刀在作業中會產生偏斜，因此必須決定基本切刀半徑增加的補償量，這些工作應該在製作大量程式數據前就確認。圖 6-27 所示，爲切刀需要補償值變動的示意圖。

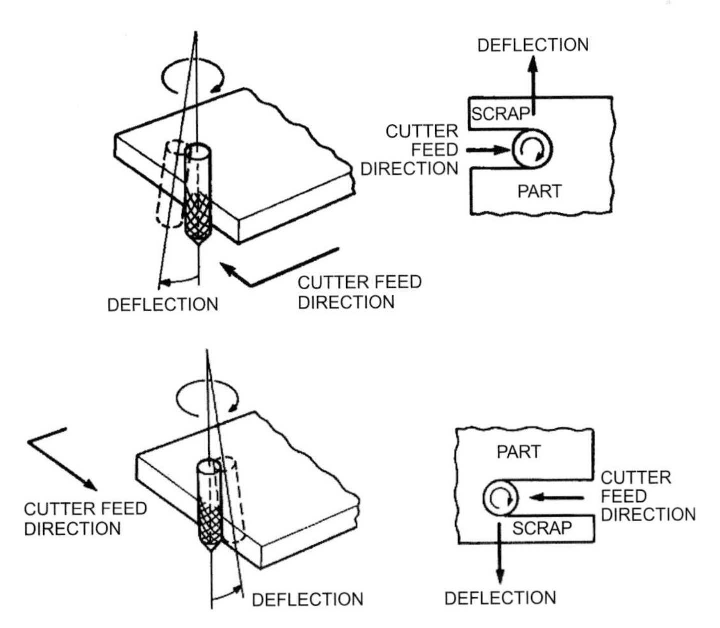

▲ 圖 6-27　電路板的尺寸與幾何狀況對切刀撓曲的影響

上方順時針切割 (建議用在外緣切割) 會讓切刀向電路板外方偏斜。除非在數位控制程式中做補償，否則會使電路板外緣尺寸在第一次切割時尺寸較大。下方逆時針切割 (建議用在內部切割及開槽等用途) 偏斜會朝向內部廢料區。因此內部尺寸的洞會略微偏小，當然也可用程式補償。

影響偏移的變數是電路板厚度、材料類型、切割方向、進刀速度及轉軸速度。要降低這些變異，製造者應該作以下調整：

1. 做切型刀具製作者標準化，選擇穩定直徑、刀形及刀端面狀況
2. 固定軸速度 (對於樹脂玻纖基材建議使用 24,000 RPM)
3. 外圍切割採用順時針方向行進，內緣切割採用逆時針方向處理。
4. 將單趟與雙趟處理標準化
5. 對於固定材料採用固定進刀速度 (注意當使用較高進刀速時產品尺寸會略大，而採用較低進刀速度時產品尺寸會略小)
6. 在經過各種參數實驗後應該建立製程管制文件。

切割進刀方向的影響

逆時針方向的進刀會讓電路板外部轉角輕微突出，而內緣的轉角則則會略小。順時針方向進刀會讓外部轉角略圓，而或許會讓內緣轉角輕微凹陷。這些不規則問題，可以經由降低進刀速度或切割加工單元兩次來降低。

切割速度與進刀速度的搭配

影響切削速度的變數常受到基材種類及切刀進刀線速度影響，儘管切割在進刀方向可能需要用較低進刀速度，但切削轉速 24,000RPM，進刀速度到達 150 in/min 條件，應該可作為多數基材切割的有效條件。鐵氟龍、玻纖與類似材料，基材黏著材料會在相對低溫流動，需要較低的轉速 (12,000 RPM) 與較高進刀速度 (200in/min)，這樣可使熱產生量降到最低。圖 6-28 所示進刀速度建議圖表，是針對多數標準材料各種堆疊高度的切刀偏移補償量建議，使用的切刀是標準直徑 1/8 英吋凸點型切刀。

除銑刀參數條件外，對電路板固定控制也是精度要件，因為銑切加工屬於橫向加工，因此加工精度保持，相對受到刀具變形及加工件偏移影響更大。一般加工精度偏差類似於鑽孔製程，愈下方的電路板產生偏差量愈大。但如果在固定電路板過程中，採用的是插梢固定，就會發生插梢鬆緊對切割精度的影響。一般電路板切割，多數為了方便電路板安裝及卸載，都會採用配合度略為鬆弛的插梢。採用這種鬆弛配合，多數會增加切割位置精度偏差至少 0.075 mm 以上。如果在整疊電路板安放後，不採用夾具固定或膠帶固定，有時候公差還會增加。對於尺寸精度較鬆的產品，這種操作並沒有問題，但精度較高的產品就必須小心操作。

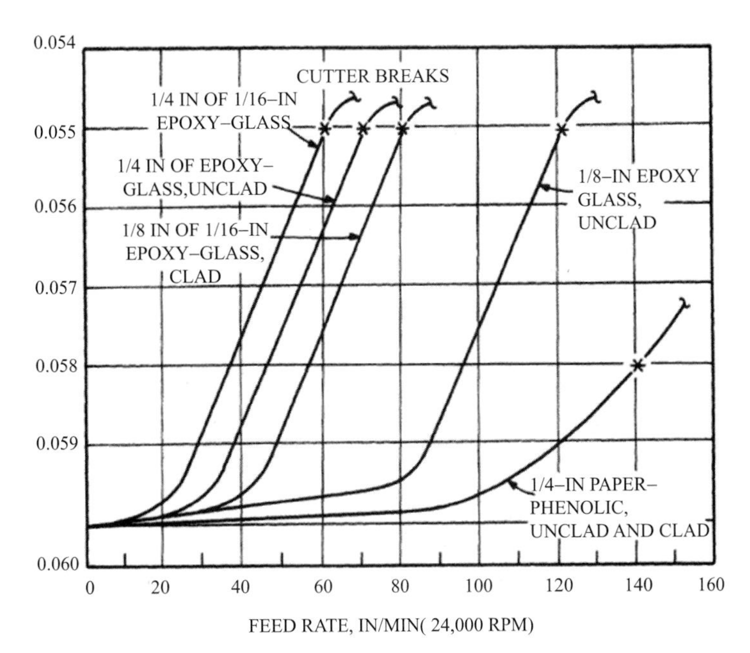

▲ 圖 6-28　1/8 英吋凸點型切刀轉速 24,000RPM 下切割特定基材厚度不同堆疊高度的進刀速度建議值 (來源：Print Circuit Handbook)

精度需求較高的產品，可降低切割片數降低偏差，但相對會損失產能，這是生產者必須平衡的。特殊產品需要深度控制，如：構裝載板類的多階板 (Multi-tier Board) 及軟硬板，都會使用類似技術做深度控制切割。此時切割只有一片，沒有堆疊片數問題，只有精度問題，此時如果用較短切刀及較高精度固定模式，就可以獲得較高精度。半導體構裝載板需求增加，小片載板在小量生產時也會用銑刀切割。一般電路板在銑刀切割時，都會有工具孔固定，防止切斷產生的尾端效應，沒有固定插梢電路板切斷尾端會產生變形偏移。這時如果使用銑刀切割，唯一辦法就是切斷前在設備上設計壓著機構，以防止小片電路板因切斷偏移造成尾端變形，這些機構各家設備商有不同做法，可以徵詢獲得恰當解決方案。圖 6-29 所示，爲典型改良式加壓切割模式設備。

▲ 圖 6-29　具有特殊壓力腳的切割設備

有了這種特殊壓力腳設計，電路板在切割外型時，就不會因爲材料強度產生變形，切割出來的尾端形狀會比較平直。圖 6-30 所示，爲有無壓力腳切割外型的差異。

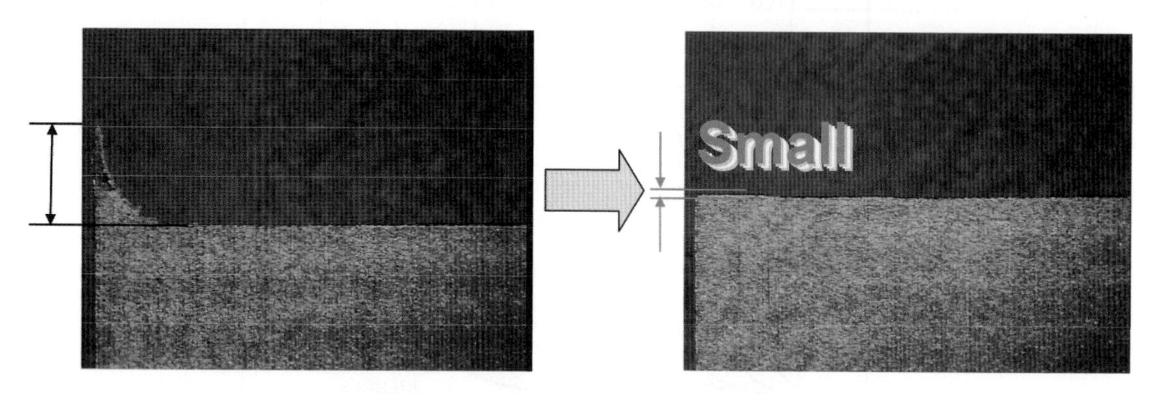

▲ 圖 6-30　為有無壓力腳切割的外型差異

某些特殊切型應用會強調必要品質特性，如：特定產品會要求切刀通過電鍍孔或邊緣電鍍產品。這類切割，其實與使用設備能力固然有關，更重要的應該是與使用切刀有關。由於一般電路板切割，都會採用鑽石凸點切刀切割。但這種切刀切割特性較偏向切割搭配研磨，側向拉扯力會較大，不利於通過通孔或金屬板邊切割。此時如果轉換成使用雙刃切刀，則切割品質可大幅提升。圖 6-31 所示，爲不同加工所呈現出來的通孔切割成果。

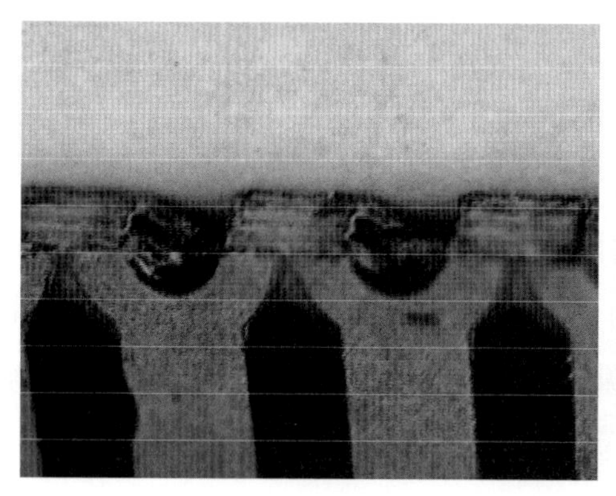
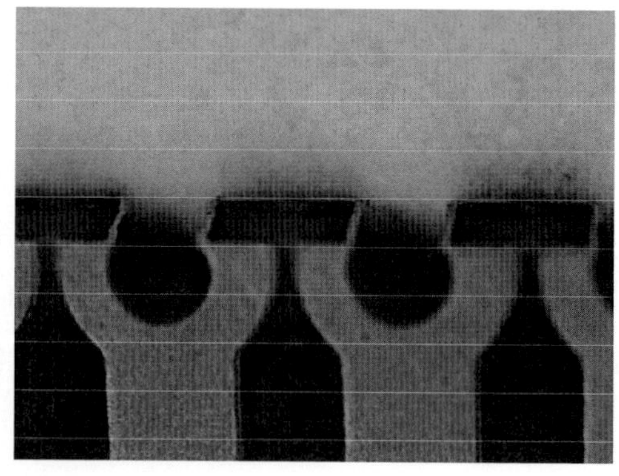

▲ 圖 6-31　不同加工方式產出的通孔切割成果

6-10 切型加工的載盤與子載板

爲了簡化工具調整並加快裝卸作業，各種輔助固定電路板到機台上的方法都可使用，這可同時兼顧正確對位且讓輪廓切割順利。某些機械設計包含交換台面設計，因此當機械在切割時可同時做電路板裝卸。某些人則使用快速替換第二組載盤設計，這樣可讓電路板交換工作在幾秒內完成。

工具載盤

工具載盤可用軸套承載設計，並將溝槽製作在每個轉軸下方的中心線上作爲活動的動線，它們應該被固定在機械台面，如圖 6-32 所示。這些載盤可以要求型機廠商設計在機械上，也可交給一般機械廠製作。搭配銑床與工具載盤定位機構，就可做電路板固定交換。

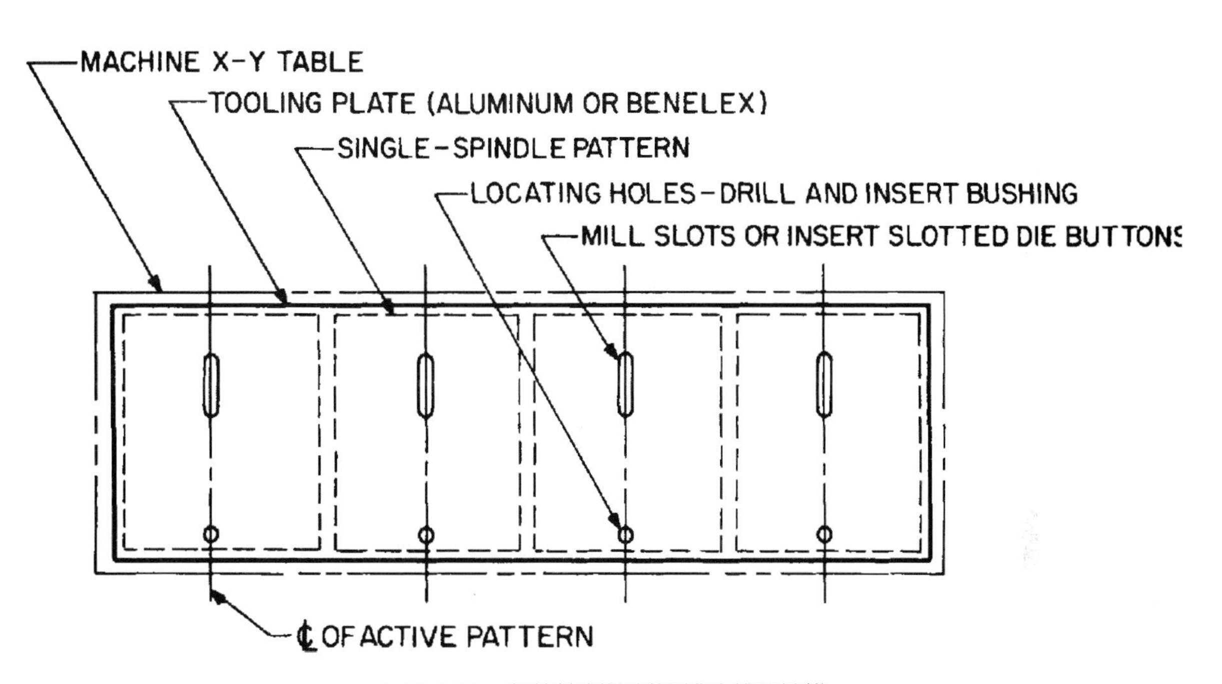

▲ 圖 6-32　數位控制切割機輔助載盤結構

子載板

子載板應該用有強化纖維的酚醛樹脂板或其它類似材料製作，子載板最好有產品需要切割的路徑圖案切在表面，這個圖案可當成眞空通道幫助碎片排除。目前多數電路板廠並不先製作溝槽，而是持續使用切割過的墊板達成同樣目的。

電路板固定插梢是安裝在子載板上的介面，可順利輕鬆的將電路板置入，鬆緊度要依據使用切割技術需求而定，如圖 6-33 所示。建議程式編輯的人在產出工具程式時，同時加入工具產出與插梢孔程式到整體程式中，這樣可提升工具孔與切割程式間的絕對搭配性。

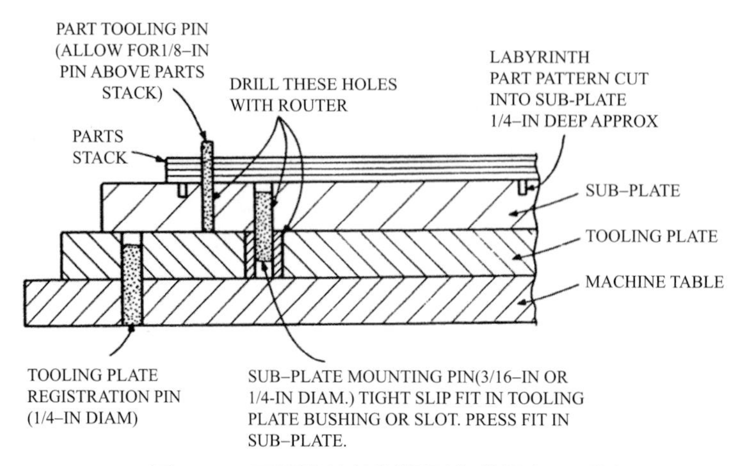

▲ 圖 6-33 圖解數位控制切型的載盤治具系統

6-11 銑刀加工的效益評估

電路板是由脆性玻璃纖維與樹脂材料、延展性佳的銅皮所壓合而成，因爲材料特性截然不同，對電路板外形加工，其影響因素就顯得較複雜難以掌握。

在切型機械 (Router) 方面

銑切加工用切型機，目前較普遍的設備是全自動 CNC 多軸機種，其廠牌、機種、式樣十分多樣化。依據精度需求不同，多數工廠會自行評估採用不同等級機型。由於最終產品切削加工尺寸精度要求日高，恰當選擇機械機種以符合加工尺寸精度需求就日趨重要。成型機位置定位控制法，主要採用閉環編碼器 (Closed Loop Encoders) 及直線尺度 (Linear Scales) 等方法控制精度。爲了能確實流暢執行控制器傳達的指令，機台座必須固定在“直線運動滑座”(Linear Motion Guides) 上。

因爲銑刀切割是 XY 方向，因此銑刀驅動軸側向承受力十分重要，這不同於一般鑽孔機設計。又因爲有時候對特殊電路板製程需求，特定孔必須在切型做所謂“二次鑽孔”，因此對這個需求要調整出適當操作參數，就是另外一個設計者與使用者要注意的課題。圖 6-34 所示爲單片電路板需要複雜形狀切割與鑽二次孔的範例。

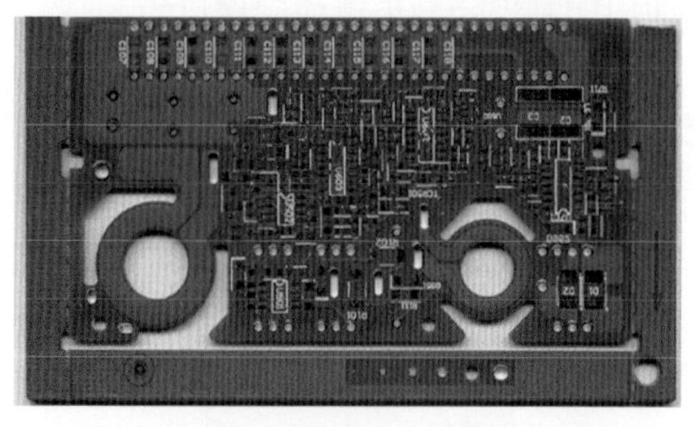

▲ 圖 6-34 電路板需要複雜形狀切割與鑽二次孔的範例

切型的子載板使用

切型用的治具多數使用厚度約 10mm 左右的尿素板，板子選用要儘量平整均一，當加工電路板與治具板間有間隙，容易使電路板的板背產生毛邊，切屑如果捲入空隙也會影響切割品質。銑切加工時電路板要固定在治具板上，板子事前須用鑽頭開孔再插入 Pin 作定位，之後在治具板上切出槽溝減少實際切割所產生的治具阻力。板子固定方式多數採用外 Pin 與內 Pin 共生，通常最常採用的固定是在整片板子四角作外部固定，之後針對每單小片獨立固定，這樣才能確保切割小片電路板時品質。固定應該注意鬆緊配合度，同時應該注意採用的壓著機構，否則容易產生脫 Pin 或鬆弛偏移問題，這方面尤其是在薄板切型時格外重要。

銑刀正向鑽入的速度

銑刀前端魚尾形設計並不特別適合大量用於 Z 軸方向的鑽入操作，但因為在銑切加工時有這種必要，所以對加工時鑽入基板的速度需做適當控制，如果太快魚尾尖端容易崩裂或缺口而造成鑽入孔的過大，但是為了減少銑刀的磨耗而提高進刀速度的例子也很常見。對於適當的鑽入速度，可以依據加工形態及參考製造商的建議條件來試驗，找出適合自己環境的最佳條件。

插梢的固定位置與加工開始位置

當我們在設定銑刀銑切割路徑時，為了確保有足夠支撐剛性，電路板板的固定 Pin 位置非常重要，如果固定位置不好使電路板沒有足夠穩固性，容易使切削面產生變形、尺寸精度異常等。加工完成切削行程後，啓始點將成為製品與捨棄外框的分離點，因此加工開始的位置必須設在有最強支撐性的位置，如果起始位置設定不好，使支撐剛性不足，切削面就容易有切紋、變形，甚至刀具折損，特別是多面切割，起始位置的選定非常重要。

主軸的振動與夾頭的夾持力

當銑刀的使用刃徑要求較小時，主軸 Run Out 就成為銑切精度與影響品質的重要因素。Run Out 過大，刀具折損、切面呈現連續切紋、尺寸不均、路徑蜿蜒等不良現象會產生，基於這些常發生的問題，主軸的 Run Out 必須儘量控制在 10μm 以內。主軸 Run Out 與夾頭磨損、例行保養有很大關係，平日維持操作時的正常集塵風壓，有助於粉塵清除及精度維持。在清理夾頭方面，多數做法是用高壓氣體清除夾頭內粉屑，夾頭日常保養管理做得好，就能使主軸 Run Out 保持在較佳狀態，這與鑽孔操作概念基本上相同。無論右旋或左旋銑刀，當切削加工時刀具的把柄與夾頭內壁間都會產生相對剪應力，夾頭夾持力必須能克服此力才能使銑切加工正常，如果夾持力不足就會產生刀具滑動鬆脫，甚至造成工件加工不良或刀具折斷。

Z 軸方向的高度控制

目前切型機的軸數以五軸及六軸最常見，各切軸的高低一致性對切割品質影響十分重要。主軸高度控制不佳會使貫穿量不足或過深，這種狀況使用同一組切割參數，就有可能產生不同切割品質。因此對各軸定期檢查與高度調整，是保養維護重點工作，必須徹底執行。圖 6-35 所示爲典型的深度控制銑切，對於高度控制的一致性有更多的要求。

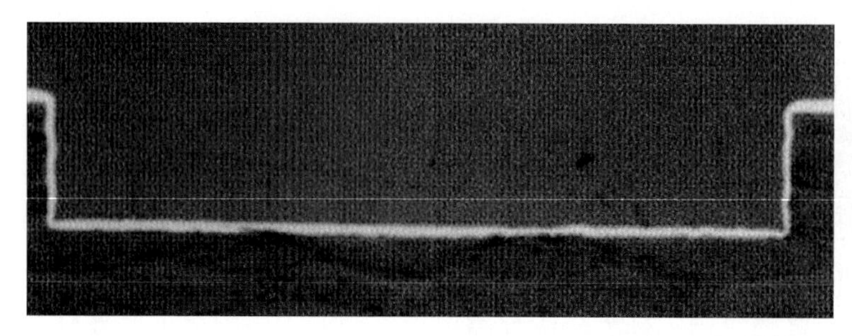

▲ 圖 6-35　典型的深度控制銑切

集塵系統的效果與影響

集塵效果好壞對成型加工以明顯影響，切屑是否能被迅速吸除，直接影響銑切效果。良好集塵不但能防止銑刀切屑燒焦，且能延長刀具壽命。另外附在壓力腳的毛刷如果磨耗受損，也會使加工吸塵的吸力減弱，直接影響集塵效果。因此定期更換毛刷，對有效集塵也十分重要。

銑刀的加工條件設定

銑刀可使用的最大切割線速度，是由刀具材質、幾何形狀及產品要求的加工品質決定。取用過大切割線速度加工，會影響加工面加工精度與刀具壽命。進刀速度是以切刃對切削切削角度及直徑變化決定，直徑在 1.6mm 以下的銑刀，因考慮到較小徑剛性強度，它的最大進刀速度就受到此剛性強度限制。

銑刀轉速 (rpm)

$$銑刀轉速\ (rpm) = \frac{切割線速度\ (m/min) \times 1000}{銑刀直徑\ (mm) \times \pi}$$

進刀速度 (mm/min) ＝銑刀轉數 (rpm)× 進刀量 (μm/rev)×1/1000

一般加工場合，大多選用切割線速度 V ～ 150 m /min 如同鑽孔機一樣，切形機也有刀徑大小相對於機械轉速搭配問題。愈小的銑刀因爲直徑關係，要達到相同切割線速度，就必須有更高轉速。但因爲切割機本身設計會採用滾珠軸承，受限於轉速問題對小尺寸銑刀操作，小徑銑刀進刀速度也必須跟著減小。

最適當的切軸轉速與進刀量

若依據理論切削條件，切型機主軸要達到較高轉速加工產品，但實際加工常會因機械轉速上限而降低條件。至於進刀量與直徑關係，直徑愈大進刀量隨之增大。對較小直徑如：1.0mm 以下刀具，因爲怕進刀量引起折損，而必須降低進刀速度。所以依據直徑大小選用最適進刀量，是切割成型的必要考慮。一般實際電路板切割，刀徑 ϕ1.5 ～ 3.175mm 時可保持進刀速度在 1,000 ～ 1,300mm/min 之間。刀具直徑在 1.5mm 左右，是進刀速度變化轉折點，在這個直徑左右的切刀，進刀速度選擇與產品狀態搭配必須注意。

6-12 整體切割品質與能力的評估

一般銑刀能力評估是以幾個主要項目爲基準，依據這些測試項目做評估時，同一型銑刀也常會因爲測試環境條件及材料種類而有差異。儘管如此，但是做適當批量評估仍然有一定代表意義。典型評估項目如下。

(1) 銑刀磨耗速度與操作參數的關係
(2) 銑刀至折損點的總切削長度 (切刀壽命)
(3) 切屑的排出性與沾黏性
(4) 毛邊產生的程度與嚴重性
(5) 切面的表面粗度與平滑性
(6) 切割加工的尺寸精度

綜合這些評估項目，可做出概括性評估結果，其一般性討論如下：

(1) 切刀磨耗狀況

切軸轉速愈高銑刀的磨耗速率隨之增大，進刀量愈大磨耗速率有趨小傾向。但若想以降低轉速提高進刀量降低磨耗，則刀刃切削負荷可能過大，這方面必需注意。

(2) 總切削距離 (刀具壽命)

每種直徑及幾何狀況的銑刀都有其最佳切削條件，如何達成最長切削壽命與刀具種類及操作條件相關性高，不容易有具體通用性結論。

(3) 切屑的排出性與沾黏性

切屑殘留，在回轉速升高進刀降低時有減低傾向，如果切軸轉速過高進刀又太慢，超過極限值就會有切屑燒焦附著問題。此時磨耗會快速增加，因而減短切刀壽命。加工機的吸塵能力及銑刀形狀也會左右板子切屑的殘留比率，某些特殊銑刀表面處理就是嚐試降低殘屑機會，這些再與電路板品質合併判斷，就是整體切屑排出與沾黏性的評估方式。

(4) 毛邊的產生性

板毛邊的發生與銑刀切削速度及磨耗有很大關係，高的進刀速度及磨耗持續進行，會減低刀具的切削力造成毛邊。其中特別是金手指電鍍區及邊緣有切到銅的部份，都較有機會發生毛邊。改善這種問題，可用螺旋向下排屑型銑刀或選用最適當切削條件加工。當然，如果面對特殊材料切割，如：有名的 Thermount 基材，因為其材料強化纖維屬於不織布材料，因此一般銑刀不容易直接平順切割，此時就必須採用特殊銑刀才能降低毛邊產生。

(5) 切面的粗度與平滑性

切面好壞是加工外觀品質重要評估項目，切面粗度受刀具銳利性、切削條件等因素影響。電路板固定的好壞或因切軸轉速過高，都會對電路板產生強牽引力，這會使切面產生連續性振動切紋 (Chattering)，對切面平整度有不良影響。

(6) 電路板的切割尺寸精度

切割加工操作條件對電路板尺寸精度有很大影響，通常進刀速度愈大板子尺寸精度愈差。切軸轉速也必須最佳化，不當轉速也會加大尺寸誤差。但低進刀速與過低轉速都會使切削力降低，這不但會造成排屑不良切屑燒焦，也會加速刀具磨損減低刀具壽命。

6-13 其他的成型技術

由於雷射技術進步及薄型材料使用逐漸多元化，部分軟板及薄型產品廠商已經開始使用非接觸式雷射成型設備做成型。這類設備雖然有許多技術的好處，尤其在皮秒雷射逐步發展後，普及性應該可以期待。

另一個曾被討論過的技術，是水刀切割技術。這個技術已經有實際應用範例，在金屬、建材切割及立體加工應用實例，但因為實際使用便利性，到目前仍然沒有實際電路板使用案例。

6-14 成型常見的品質問題

外形尺寸超出公差缺點

這類缺點較常見的問題原因如後：

- 切形操作中板子出現移位
- 板翹太嚴重
- 數位控制 (N/C) 指令不正確
- 定位孔之間隙過大
- 銑刀使用不當
- 銑刀在主軸上發生偏轉
- 進刀速率與其轉速關係配合不良

作業者可針對這些可能性進行改善。

板邊出現白斑 (Crazing) 缺點

這類問題許多來自於設計與物料問題，某些電路板設計會讓切割邊通過綠漆區域，這種設計如果可以避免則問題會較小，缺點現象如圖 6-36 所示。

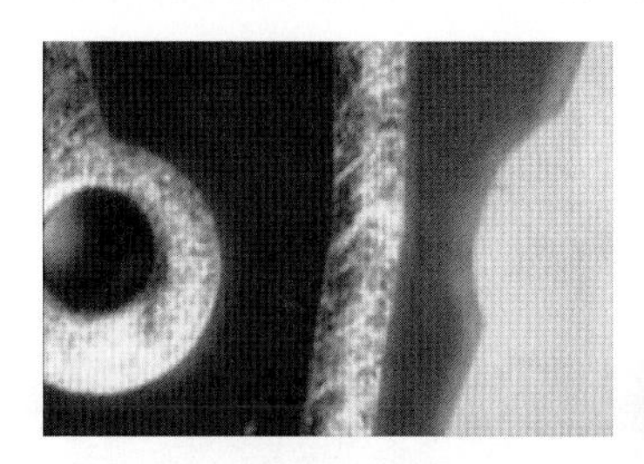
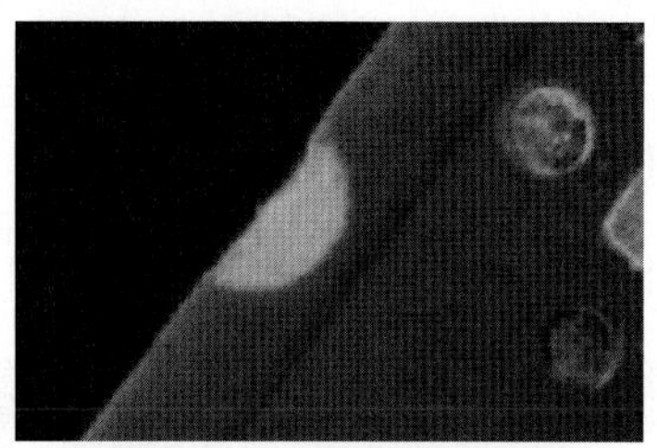

▲ 圖 6-36　典型的板邊白斑 (Crazing) 缺點

如果業者還必須面對這種設計，則必須清楚釐清製程中可能的主要原因做改善，其較典型的缺點原因如後：

- 銑刀磨損過度
- 銑刀種類選用不當
- 板材選用不當
- 進刀速率與其轉速關係配合不良

作業者可針對這些原因的可能性做改善。

切外形後板邊粗糙 (Rough Edges) 缺點

這類問題與材料特性及加工條件都有關，在材料可能變更的狀況下業者只好做加工條件改變。典型缺點狀況，如圖 6-37 所示。

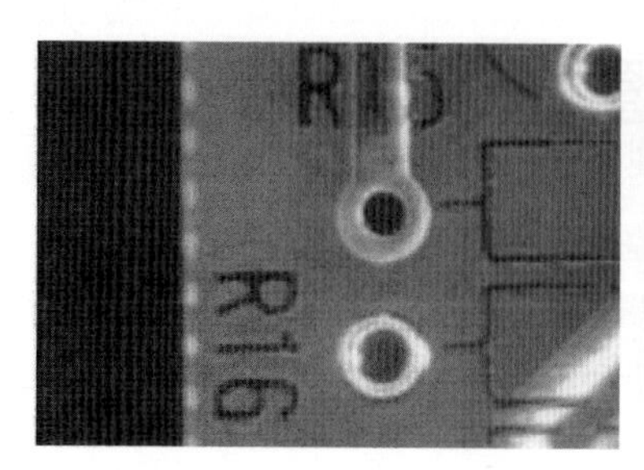
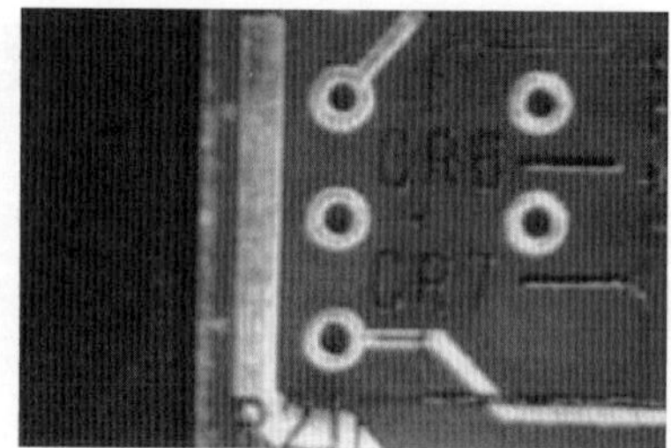

▲ 圖 6-37　典型切外形後板邊粗糙 (Rough Edges) 缺點

缺點較常見的產生原因如後：

- 銑刀磨耗
- 銑刀種類選用錯誤
- 銑刀附著過多的膠渣
- 廢料移除裝置之效率不足
- 銑刀損傷
- 蓋板及墊板材料選用不當
- 機台發生震動 (Vibration)
- 板子壓著不當

作業者可針對這些原因可能性做改善。

碎屑 (Craking Dust)

缺點較常見的產生原因如後：

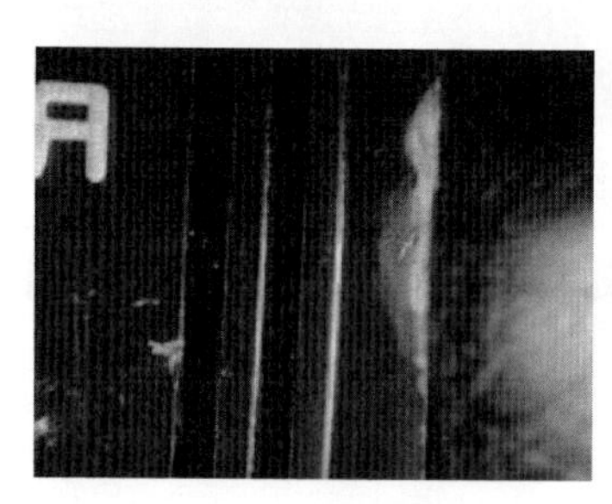
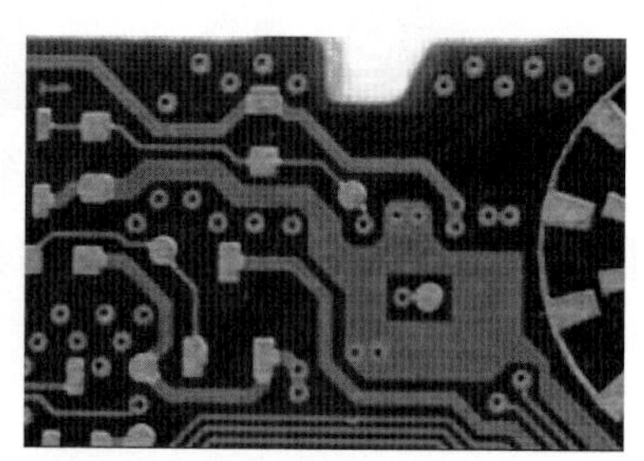

▲ 圖 6-38　碎屑 (Craking Dust)

- 銑刀轉速不當
- 所用銑刀型式不正確
- 切外形參數不當
- 壓力腳與真空管路磨損
- 觸止環 (Stop Ring) 或套環位置不恰當
- 壓力腳插入開口不當

作業者可以針對這些原因的可能性做改善。

CHAPTER 7

電路板的最終外型處理

7-1 折斷處理

小型電路板在製作時都採用多片排版製作，在成型時仍會考慮組裝方便性將電路板切割成多小片組裝尺寸，也就是一般人俗稱的連片。這種型式是為了方便組裝，但在完成組裝後還必須分割成最終產品尺寸，此時若能提供簡單的分割方法，是不錯的作業設計。一般最常被使用的兩種分割法，其一是所謂“郵票孔”法，其二就是所謂 V-Cut 半切法。

所謂的“郵票孔”指的是以連續孔連接，製作出來的折斷機制，像郵票連接孔一樣。一般這類孔不是在成型後才製作，而是在鑽孔時就先行製作了。因為本來就是為後續折斷預做準備，強度控制十分重要。許多產品設計只注意最終折斷問題，但卻忘如果設計不良可能在切型或製造程序中就先折斷，這必須在設計之初就注意。圖 7-1 所示為典型郵票折斷孔設計。如果發現強度不足，可考慮增加一至三個折斷孔，這種處理不會對折斷作業產生過度影響，但卻對製程中強度維持幫助極大。

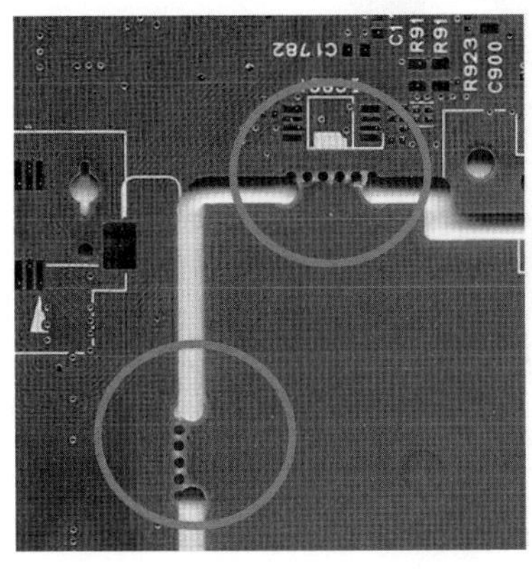

▲圖 7-1　典型的郵票折斷孔設計

V-cut 做法，也是用在電路板組裝後仍然要分割或折斷成更小單元的產品上。在電路板製造中的板形式，統稱爲 Working Panel，指的是工作尺寸板。切割時稱爲 De-panel，指的是將大片分割成組裝尺寸，也有人稱這種動作叫 Sizing。而產出組裝板則稱爲 Sub-panel，指的是次級尺寸板。如果還有更小單元在次級板上，就被稱爲 Sub-pieces，指的是小片的意思。爲了讓這些 Sub-pieces 能夠在組裝後容易直接用手工折斷分割，並與其他單元或廢棄區分離，在其界線上做出 V 型溝槽。圖 7-2 所示爲 V 型槽加工示意圖。

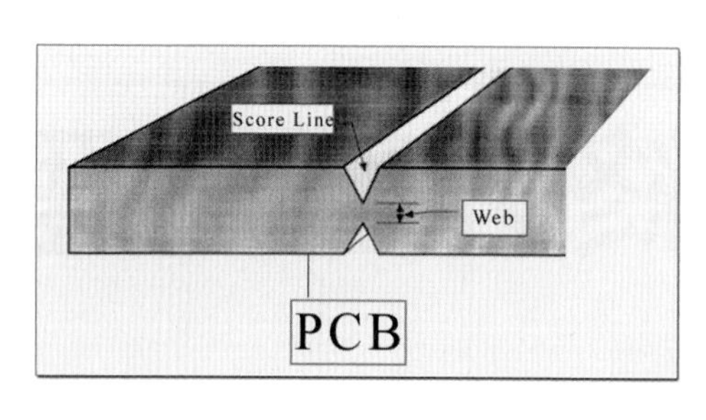

▲ 圖 7-2　V 型槽加工示意圖

一般 V-cut 不是以深度控制，而是以殘厚作爲標準，訂定的標準是以電路板不致隨機斷裂又容易在成品時折斷爲原則。如：殘厚保持 20mil 是業界常見的規格，但如果是薄板，則標準定義爲留下一半厚度也是可行的辦法。殘留厚度也與板件大小相關，因此最終規格還必須和客戶協調。市面上有檢測機附有尖銳探頭，當探頭深入構槽中，即可量出深度。兩面總深度與板厚差就是殘肉量，這種量測可輔助 V-cut 殘量控制。

V-cut 除了控制殘厚外，還對特定產品做切割角度區分。這類處理差異，主要是與電路板總厚度相關，較常見的切割刀角以 45 與 60 度角爲主，其它角度則未曾見到。角度控制主要靠選用刀具決定，圖 7-3 所示爲典型切割刀具。

▲ 圖 7-3　典型的 V-cut 切割刀具

電路板組裝完成後，可用手工輕折或使用切割機械延預切溝槽做分割，圖 7-4 所示，爲組裝完成時延 V-cut 槽切割電路板的機具。

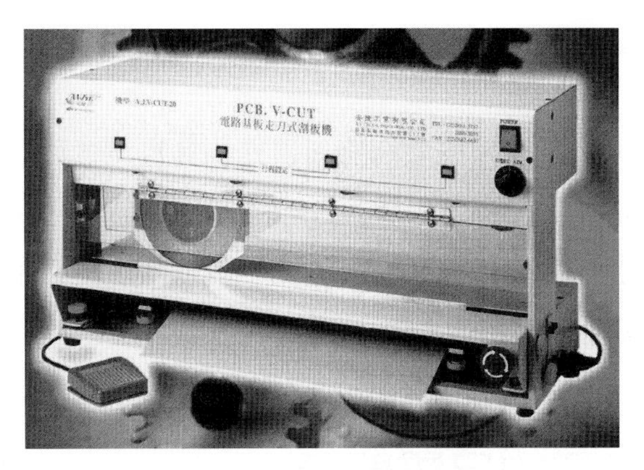

▲ 圖 7-4　V-cut 槽分割機

7-2 斜邊處理

斜邊一般會用在介面卡類產品，以方便介面卡成品安裝插拔避免損傷。如果一片生產板只有單片產品產出，多數只需要成形，並不會作更多加工。V 型修邊機及導角修邊機都是常使用的斜邊設備，但操作模式及品質會略有差異。就 V 型修邊機而言，因爲是用鉋刀做修邊，進刀過程的切割深度及切割高度，都有較大偏差量。但因爲效率高操作簡單，有部分人使用此類機械製作斜邊。導角修邊機則恰恰相反，因爲是用端面銑刀做修邊，因此斜邊高度與深度都較穩定，但操作速度慢成本也略高。圖 7-5 所示爲倒腳修邊機的範例。

▲ 圖 7-5　倒腳修邊機

多數倒角要求都是以安裝順暢性爲主要考量 , 這和主機板插槽型式有直接關係，但並沒有絕對性規則。常見倒角是以 45 及 60 度較常見，至於深度控制則各家有不同要求。但多數廠商，反而是以注重金手指的基本長度爲主要規格定義，這方面的規定仍以與客戶商定爲主要作法。

7-3 其他的外型處理

電路板的外型處理，除了典型成型與修斜邊外，其實還會因應客戶的需求作特殊外型處理。如：在切割完成後，為了能獲得整齊一致平滑產品邊框，會被要求做磨邊。某些特殊產品為了要做特殊組裝，會要求做深度控制開不貫通槽加工。不過這些特殊加工終究屬於非一般性外型加工，沒辦法以標準技術探討來涵蓋，無法作有系統討論。

7-4 外型處理的品質問題

金手指受損缺點

外型處理除了尺寸問題，較常見的都是外觀品質缺失。尺寸問題，可針對設備狀況及刀具尺寸使用等做調整，但在切割修整面的品質問題則應該分離處理。圖 7-6 所示，為典型板邊修整品質問題。

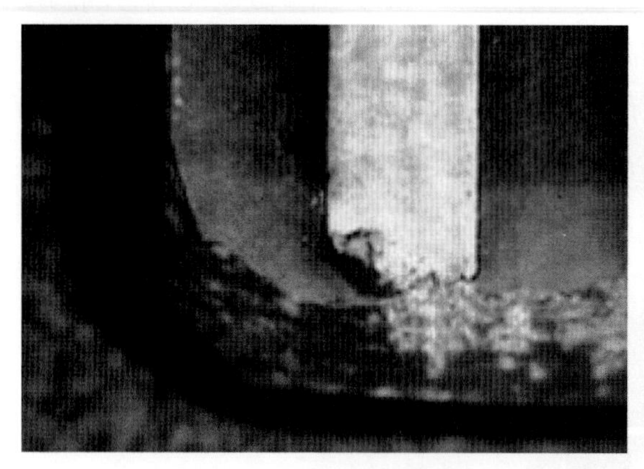

▲圖 7-6　金手指板邊修整斷裂不整齊的現象

電路板金手指斜邊處理有多種，每種都有優劣差異。如果採用的方法會使金手指殘留長度不穩定，則容易發生金手指邊緣受損問題。比較常見的問題如後：

1. 斜邊刀具不夠銳利
2. 刀具鬆脫、刀座未夾緊、電路板未夾緊
3. 使用的修邊模式不當

以上這些問題，可經由更換銳切刀、調節切割速度、調整固定機構、強化固定機制等方法改善。

V 型槽上下不齊、深度不一致

這類問題必然與刀具及設備相關，圖 7-7 所示，爲典型缺點範例。

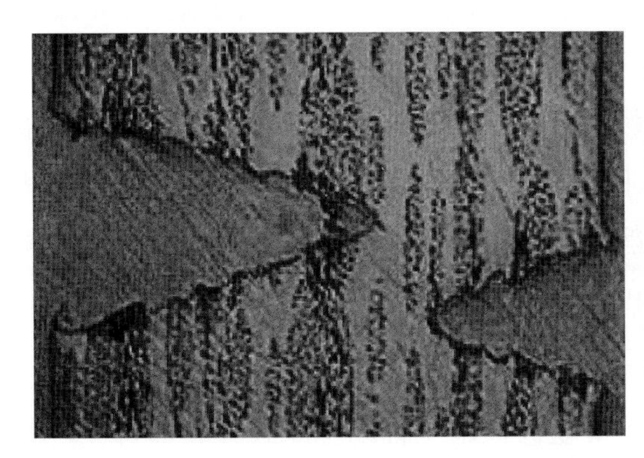

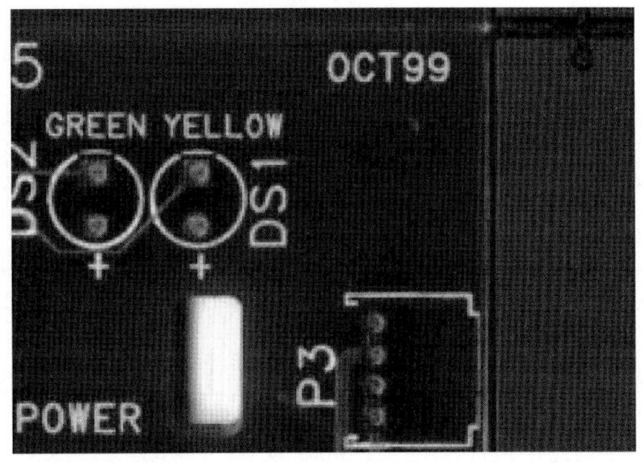

▲ 圖 7-7　V 型槽上下不齊、深度不一致

圖 7-8 所示，爲典型的 V 型開槽測量儀器。

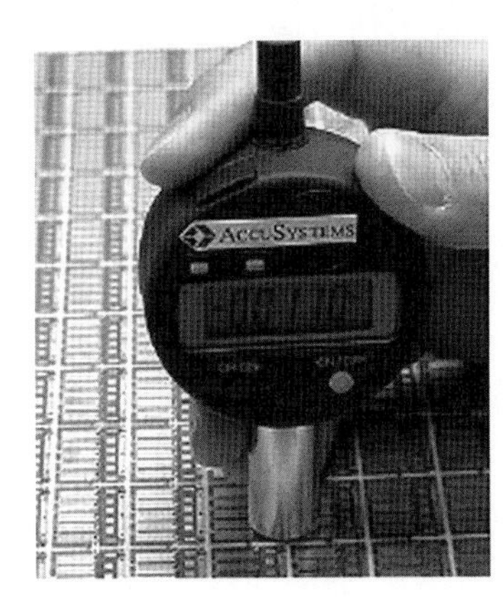

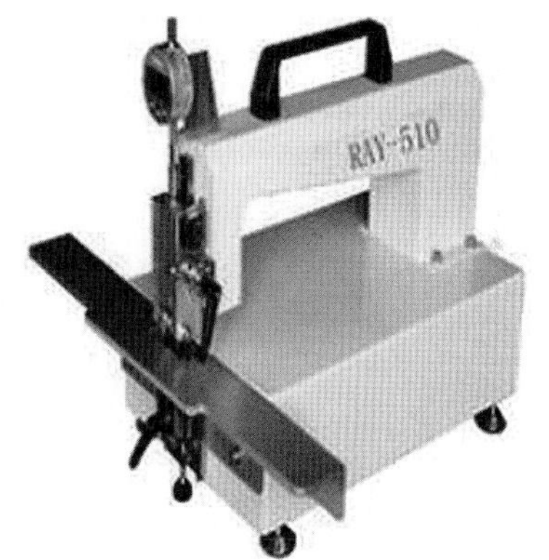

▲ 圖 7-8

這種缺點可能造成的原因如後：

1. 導引梢 (Pilot Pins) 不良
2. 導引孔 (Pilot Holes) 不良
3. 程式錯誤 (Programming Error)
4. 進行刻槽時板子出現滑動偏移
5. 量測技術不正確
6. V 型槽意外增多或漏開
7. 刀具磨耗或損傷

作業者可針對可能缺點原因做檢查與校正，應該可以克服這類缺點。

7-5 結論

電路板機械加工是電路製作程序中比較定性的工程內容，因爲機械設備多數都屬於單機操作，因此在了解過程較容易以單純議題切入。同時因爲所的製作過程，都比較能直接看到電路板具體變化，這也是機械加工技術較可直接闡述的原因。對於電路板業者，這些所謂機械加工程序也被稱爲乾製程，但這似乎又無法完全表達其直接意涵。因爲一般所謂的〞乾製程”是以不使用水溶液製作的製程爲訴求，但如：油墨印刷、滾筒塗佈等機械性操作工序，卻並不被認定爲機械加工，這些程序會被歸類爲影像轉移技術，因此最佳描述還是以〞機械加工技術〞較恰當。

科技不斷演進，不論機械本體加工技術；零組件技術；輔助生產設計等都有一日千里的進步速度。展望未來，仍有不同技術精進可以期待，尤其面對各種科技整合，技術已沒有領域別與產業別。如何面對這個無界線的科技時代，恐怕是努力精進的我們，必須自我勉勵與警惕的。緬懷過去前輩們的艱辛，使我們有便利方法做電路板生產，也策勵未來能有更精進的電路板機械加工技術造福人群。

參考文獻

1. 印刷電路板概論 - 養成篇 / 林定皓 2008 ；台灣電路板協會
2. 新式微蝕型水平棕化製程。伊希特化股份有限公司 林克文主任，PEOPLE PCB Vol.9,2001
3. 樹脂塞孔後之研磨製程 / 許國經 電路板會刊第十期；台灣電路板協會
4. 電子構裝載板技術 / 林定皓 2010 ；台灣電路板協會
5. 大型壓板 / 鄭順村 , 電路板資訊第十五期
6. 內層板粉紅圈之發生及預防 / 郭啓仁 , 電路板資訊第十五期
7. 膠流量變因之探討 / 黃榮海 , 電路板資訊第十七期
8. 革命性的新式壓合法 / 葉金旺 , 電路板資訊第六十一期
9. 鑽頭及銑刀技術 - 研討會紀實 / 白蓉生 , 電路板資訊第四期
10. 鑽小孔之專用軟質蓋板 / 黃慶華 , 電路板資訊第二十九期
11. 內層鍵結能力增加之技術探討。台灣希普勵股份有限公司 闕呂麟 副理，電路板會刊第二十三期。
12. 高性能多層板壓合前之內層銅面處理。阿托科技股份有限公司 楊勝雄 博士，電路板會刊第二十四期。
13. 電路板製程問題與改善對策 / 林定皓 2015 ；台灣電路板協會
14. Mass Lamination – An Overview / William L. Parttison , PC FAB Jun. 1981
15. Routing – Seperating Circuit Boards is Done Using Borrowed Yet Refined Technology / Thomas H. Hicks , PC FAB Mar. 1988
16. Choosing the Proper Abrasive / Joseph Williams; PC FAB Apr. 1988.
17. The Future of Small Hole Drilling / Glenn Johnson & Oliver Sparkman, PC FAB Mar. 1989
18. Application of Special Cutting Tools： Slotting / Mark Nelson , PC FAB Jul. 1989
19. The Ideal Holes Part1 / Jame P. Block, PC FAB Feb. 1989
20. The Ideal Holes Part2 / Jame P. Block, PC FAB Mar. 1989
21. The Challenge of Micro Drilling / Paul W. Friedli; PC FAB Jun. 1989
22. Autoclave Usage in The PCB Industry / DON Haskins , Circuit Manufacturing , Mar. 1990

23. Entry Material Basics for Small Hole Drilling / John Korbonski , PC FAB Feb. 1991
24. Small- Hole Technology： It Takes More Than a Drilling Machine / Jerry Murray, West Coast Editor; PC FAB Feb. 1991.
25. Prepalnning in the Drill Room / Jerry Hylander , PC FAB Jan. 1992
26. Multilayer Lamination Processes – Consideration for Their Design Selection / Doug Lamberson , PC FAB Nov. 1994
27. Troubleshooting Depanalization – Routing vs. Scoring / Jerry Murray , Mar. 1995
28. A Low Cost Solution to Low CTE Laminate / Joshph Leibowitz , Circuitree Aug. 1997
29. The Process Capability of HAL Part 1. / Jack Fellman , PC FAB May. 1999
30. Mechanical Via Hole tehcnology –Alternative technology to Laserdrilling / Joe Ruff, 2002 TPCA show Forum
31. The Study of Cushion Material in lamination Process – in Taguchi Viewpoint / Chia-Ling Lin；Wen-How Lu ; Wei Hsin Lin 2002 TPCA show Poster
32. An Innovative Laser Drillable Glass-Reiforced Prepreg for HDI Application / Galvin Chang 2002 TPCA show Forum
33. IDCT 產品簡報 / 2003.
34. How to improve your restring by 100 micron / Joe Ruff, 2003 TPCA show Forum
35. Building Strong Bonds, Michael Carano, Lee Burger, Al Kucera and Roger Bernards, Circuit Tree, July 2004
36. Drilling Engineering for PCB Application 技術手冊 / Union Tool Co.
37. Router Engineering for PCB Application 技術手冊 / Union Tool Co.
38. Tungsten Carbide Drill & Router for PCB Catalog / Union Tool Co.

國家圖書館出版品預行編目資料

電路板機械加工技術與應用 / 林定皓編著. -- 二版. -- 新北市 : 全華圖書, 2018.12

面 ; 公分

ISBN 978-986-463-993-9(平裝)

1. 印刷電路

448.62 107020739

電路板機械加工技術與應用

作者 / 林定皓

發行人 / 陳本源

執行編輯 / 呂詩雯

出版者 / 全華圖書股份有限公司

郵政帳號 / 0100836-1 號

印刷者 / 宏懋打字印刷股份有限公司

圖書編號 / 0638001

二版一刷 / 2018 年 12 月

定價 / 新台幣 390 元

ISBN / 978-986-463-993-9

全華圖書 / www.chwa.com.tw

全華網路書店 Open Tech / www.opentech.com.tw

若您對書籍內容、排版印刷有任何問題，歡迎來信指導 book@chwa.com.tw

臺北總公司(北區營業處)
地址：23671 新北市土城區忠義路 21 號
電話：(02) 2262-5666
傳真：(02) 6637-3695、6637-3696

南區營業處
地址：80769 高雄市三民區應安街 12 號
電話：(07) 381-1377
傳真：(07) 862-5562

中區營業處
地址：40256 臺中市南區樹義一巷 26 號
電話：(04) 2261-8485
傳真：(04) 3600-9806

讀者回函卡

填寫日期：　/　/

姓名：＿＿＿＿ 生日：西元＿＿年＿＿月＿＿日 性別：□男 □女

電話：（　）＿＿＿＿ 傳真：（　）＿＿＿＿ 手機：＿＿＿＿

e-mail：（必填）＿＿＿＿

註：數字零，請用 Φ 表示，數字 1 與英文 L 請另註明並書寫端正，謝謝。

通訊處：□□□□□

學歷：□博士 □碩士 □大學 □專科 □高中・職

職業：□工程師 □教師 □學生 □軍・公 □其他

學校／公司：＿＿＿＿ 科系／部門：＿＿＿＿

・需求書類：

□ A. 電子 □ B. 電機 □ C. 計算機工程 □ D. 資訊 □ E. 機械 □ F. 汽車 □ I. 工管 □ J. 土木

□ K. 化工 □ L. 設計 □ M. 商管 □ N. 日文 □ O. 美容 □ P. 休閒 □ Q. 餐飲 □ B. 其他

・本次購買圖書為：＿＿＿＿ 書號：＿＿＿＿

・您對本書的評價：

封面設計：□非常滿意 □滿意 □尚可 □需改善，請說明＿＿＿＿

內容表達：□非常滿意 □滿意 □尚可 □需改善，請說明＿＿＿＿

版面編排：□非常滿意 □滿意 □尚可 □需改善，請說明＿＿＿＿

印刷品質：□非常滿意 □滿意 □尚可 □需改善，請說明＿＿＿＿

書籍定價：□非常滿意 □滿意 □尚可 □需改善，請說明＿＿＿＿

整體評價：請說明＿＿＿＿

・您在何處購買本書？

□書局 □網路書店 □書展 □團購 □其他＿＿＿＿

・您購買本書的原因？（可複選）

□個人需要 □幫公司採購 □親友推薦 □老師指定之課本 □其他＿＿＿＿

・您希望全華以何種方式提供出版訊息及特惠活動？

□電子報 □ DM □廣告（媒體名稱＿＿＿＿）

・您是否上過全華網路書店？（www.opentech.com.tw）

□是 □否 您的建議＿＿＿＿

・您希望全華出版那方面書籍？＿＿＿＿

・您希望全華加強那些服務？＿＿＿＿

～感謝您提供寶貴意見，全華將秉持服務的熱忱，出版更多好書，以饗讀者。

全華網路書店 http://www.opentech.com.tw　　客服信箱 service@chwa.com.tw

2011.03 修訂

親愛的讀者：

感謝您對全華圖書的支持與愛護，雖然我們很慎重的處理每一本書，但恐仍有疏漏之處，若您發現本書有任何錯誤，請填寫於勘誤表內寄回，我們將於再版時修正，您的批評與指教是我們進步的原動力，謝謝！

全華圖書　敬上

勘　誤　表

書　號		書　名		作　者	
頁　數	行　數	錯誤或不當之詞句		建議修改之詞句	

我有話要說：（其它之批評與建議，如封面、編排、內容、印刷品質等・・・）